Mathematik für Biowissenschaftler

Adolf Riede

Mathematik für Biowissenschaftler

Grundlagen mit Schwerpunkt Statistik für den Bachelor

2., neu bearbeitete Auflage

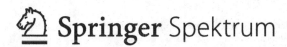

Adolf Riede
Fak. für Mathematik und Informatik
Universität Heidelberg
Heidelberg
Deutschland

Die erste Auflage des Buches erschien unter dem Titel „Mathematik für Biologen: Eine Grund-vorlesung".

ISBN 978-3-658-03686-7   ISBN 978-3-658-03687-4 (eBook)
DOI 10.1007/978-3-658-03687-4

Die Deutsche Nationalbibliothek verzeichnet diese Publikation in der Deutschen Nationalbibliografie; detaillierte bibliografische Daten sind im Internet über http://dnb.d-nb.de abrufbar.

Springer Spektrum
© Springer Fachmedien Wiesbaden 1993, 2015
Gedruckt auf säurefreiem und chlorfrei gebleichtem Papier.

Springer Fachmedien Wiesbaden ist Teil der Fachverlagsgruppe Springer Science+Business Media (www.springer.com).

Aus dem Vorwort der 1. Auflage

Ziel des Buches ist es – in einer dem Biowissenschaftler angemessenen Weise – die mathematischen Begriffe, Methoden und Techniken zu erklären, die zur Aufstellung und Analysierung mathematischer Modelle benötigt werden. Es geht also nicht nur um die Beschreibung der mathematischen Modelle, sondern vor allem um die Vermittlung von mathematischem Verständnis und mathematischen Fertigkeiten, mit denen der Biologe die Modelle in neuen Situationen richtig anwenden kann und auch neue Probleme mindestens bis zu einem gewissen Grade selbst mathematisch modellieren und analysieren kann.

Die dabei benutzte Vermittlungsmethode kann umschrieben werden mit den Worten „Lernen am Beispiel". Das heißt konkret, dass im allgemeinen nicht die abstrakte mathematische Definition der benötigten Begriffe am Anfang steht, sondern das Studium von Beispielen, wobei sich die Intuition von einem dahinter stehenden Begriff entwickeln kann. Dies reicht oft für ein experimentelles mathematisches Arbeiten aus. Besondere Sorgfalt ist jedoch dann bei der Überprüfung der Richtigkeit der erhaltenen Ergebnisse angeraten. Für die Überprüfung wird der Praktiker die Übereinstimmung mit Experimenten heranziehen, so dass ihm damit eine besondere Prüfmöglichkeit gegeben ist. In vielen Fällen wird im Laufe der Untersuchungen eine vollständige mathematische Definition der Begriffe erarbeitet.

Auf viele Beispiele aus Ökologie, Physiologie und Genetik wurde ich durch die im Verzeichnis genannte Literatur aufmerksam. Ich habe ihnen eine didaktische Darstellung gegeben, welche die zum Verständnis benötigten mathematischen Begriffe in möglichst elementarer und übersichtlicher Weise erklärt. Dabei habe ich mich sehr auf graphische Darstellungen gestützt, die dem Leser die Begriffe und Ergebnisse lebendig vor Augen führen.

Mannheim, im September 1992   Adolf Riede

Vorwort zur 2. Auflage

Die Entwicklung und Verwendung von Rechnern hat die quantitative Verarbeitung von Daten, wie sie in den Biowissenschaften vorliegen, heute ermöglicht. Zur sinnvollen Nutzung der neuen Möglichkeiten braucht es Verständnis und Kenntnisse der Grundlagen der Mathematik, auf denen die Funktionsweise der Rechner aufbaut. Dieses Buch ist den Studierenden der Biowissenschaften im Bachelor-Studium zum Erlernen dieser Grundlagen gewidmet. Ein Leitgedanke war dabei, die Sprache der Biowissenschaftler zu benutzen, die Übersetzung in die Sprache der Mathematik so verständnisvoll und einfach wie möglich zu erklären und die Ergebnisse wieder in die Sprache der Biowissenschaftler zurück zu übersetzen.

Eine Besonderheit ist – ähnlich wie in der 1. Auflage – die Verarbeitung von Analysis einer Variablen, quantitativer Erfassung von Entwicklungsprozessen, Wahrscheinlichkeitslehre und Statistik zu einem Ganzen. Der Schwerpunkt der 2. Auflage liegt auf Wahrscheinlichkeitslehre und Statistik, die etwa zwei Drittel des Buches ausmachen.

Zum Arbeiten mit diesem Buch

Die Statistik und Wahrscheinlichkeitsrechnung ist in zwei Teilen behandelt. Zuerst in den Kap. 1 bis 5 geht es um endliche diskrete Wahrscheinlichkeitsmodelle. Wer danach mit Statistik weiter lesen möchte, springt zu Kap. 13. Sollte der Leser oder die Leserin dann mathematische Dinge nachschlagen wollen, so gibt es dazu Querverweise zu den Kap. 6 bis 12, in denen die mathematischen Begriffe bereit gestellt werden. Ein gegenüber der 1. Auflage deutlich erweitertes Stichwortverzeichnis soll das Arbeiten mit diesem Buch erleichtern. Über das Internet gibt es beim Verlag Lösungshinweise zu den Übungsaufgaben und mathematische Zusätze.

Die Differenzial- und Integralrechnung und die mathematische Erfassung von Entwicklungsprozessen einer Variablen durch Differenzen- und Differentialgleichungen werden in den Kap. 6 bis 12 behandelt. Somit werden mathematische Grundlagen für die Systembiologie erklärt.

Durch meine Arbeiten in der ICTMA (International Community of Teachers in Mathematical Modelling and Applications), der Zugehörigkeit zur GDM (Gesellschaft der Didaktik der Mathematik) und viele Lehrveranstaltungen für Lehramtsstudierende habe ich sehr dazu gelernt. Mit diesem Buch möchte ich meine Erfahrungen gerne an die Studierenden der Biowissenschaften weitergeben.

Allen Kollegen der Universität Heidelberg, meinen Freunden und Kollegen aus der ICT-MA und der GDM, Herrn Oberstudienrat Hanspeter Eichhorn und Frau Prof. Ursula Kummer aus dem COS (Centre for Organismal Studies Heidelberg), deren Ratschläge die mathematische Lehre weitergebracht haben, sage ich herzlichen Dank.

Besonders danke ich meiner Familie, die mich in vielfacher Weise unterstützt hat.

Großer Dank gilt auch Frau Ulrike Schmickler-Hirzebruch, Springer Spektrum, für ihre Unterstützung bei der 2. Auflage des Buches.

Mannheim, 2. Juli 2014   Adolf Riede

Inhaltsverzeichnis

1 Zahlen 1
   1.1 Anzahlen 1
   1.2 Reelle Zahlen 10
   1.3 Dokumentation von Messwerten 12
   1.4 Ausgewählte Übungsaufgaben 14

2 Beschreibende Statistik 15
   2.1 Merkmale und ihre Ausprägungen 15
   2.2 Empirische Häufigkeitsverteilung bei endlichem Merkmal 21
   2.3 Empirische Häufigkeitsverteilung bei kontinuierlichem Merkmal 26
   2.4 Ausgewählte Übungsaufgaben 30

3 Statistische Maßwerte 31
   3.1 Das Zentrale Wertepaar und der Median 31
   3.2 Das arithmetische Mittel 34
   3.3 Streuungsmaße 36
   3.4 Der Fall der Klassenbildung 40
   3.5 Ausgewählte Übungsaufgaben 42

4 Endliche Wahrscheinlichkeitsmodelle 45
   4.1 Zufällige Ereignisse 45
   4.2 Wahrscheinlichkeitsverteilungen 50
   4.3 Bedingte Wahrscheinlichkeit und Unabhängigkeit ... 53
   4.4 Die Problematik bei einer Reihenuntersuchung ... 56
   4.5 Ausgewählte Übungsaufgaben 58

5 Kombinatorische Modellbildung 61
   5.1 Modell für unabhängige Messreihen 61
   5.2 Zusammenfassen von Ausprägungen 62
   5.3 Binomialverteilung 63
   5.4 Hypergeometrische Verteilung 65

5.5   Multinomialverteilung 67
5.6   Ausgewählte Übungsaufgaben................................... 70

6   **Diskrete Entwicklungsprozesse** 71
6.1   Aufgabenstellung.. 71
6.2   Lineare Modellierung von Geburtenzahl und Todesfällen 72
6.3   Konvergenz von Folgen 74
6.4   Exponentielle Abnahme bei konstanter Zufuhr 78
6.5   Beschränktes Wachstum 82
6.6   Innerspezifische Konkurrenz 85
6.7   Konstant bleibende Genotypverteilung 87
6.8   Ausgewählte Übungsaufgaben................................... 92

7   **Funktionen** 95
7.1   Grundlagen des Funktionsbegriffs 95
7.2   Grenzwerte von Funktionen und Stetigkeit...................... 100
7.3   Ausgewählte Übungsaufgaben................................... 103

8   **Exponentialfunktion und Logarithmus** 105
8.1   Gleichmäßiges stetiges Wachstum 105
8.2   Potenzen mit reellen Exponenten und Exponentialfunktion 109
8.3   Logarithmen... 111
8.4   Das Webersche Gesetz 115
8.5   Das psycho-physikalische Gesetz von Weber-Fechner 117
8.6   Logarithmische Skalen 122
8.7   Ausgewählte Übungsaufgaben................................... 125

9   **Differenzialrechnung** 127
9.1   Wachstumsrate und Differenzialquotient 127
9.2   Differenziationsregeln 132
9.3   Drittes Modell für gleichmäßiges kontinuierliches Wachstum 134
9.4   Konstante, monotone und konvexe Funktionen 137
9.5   Extremwerte.. 139
9.6   Taylorpolynome und Taylorreihe 142
9.7   Ausgewählte Übungsaufgaben................................... 145

10   **Anwendung auf diskrete Entwicklungsprozesse** 147
10.1   Beschreibung durch die Reproduktionsfunktion.................. 147
10.2   Graphische Methoden 149
10.3   Stabilität von Gleichgewichten 151
10.4   Das logistische Modell 152
10.5   Beziehungen zwischen den Entwicklungsmodellen................. 155
10.6   Ausgewählte Übungsaufgaben................................... 157

11 Integralrechnung 159
    11.1   Integral und Flächeninhalt 159
    11.2   Berechnung von Integralen durch Stammfunktionen 162
    11.3   Integrationsregeln 166
    11.4   Uneigentliche Integrale 170
    11.5   Ausgewählte Übungsaufgaben 172

12 Kontinuierliche Entwicklungsprozesse 173
    12.1   Exponentieller Prozess 173
    12.2   Exponentieller Abbau bei konstanter Zufuhr 175
    12.3   Logistisches Modell und begrenztes Wachstum 177
    12.4   Ein Zwei-Gruppen-Modell für Epidemien 181
    12.5   Ausgewählte Übungsaufgaben 183

13 Unendliche diskrete Wahrscheinlichkeits-Modelle 185
    13.1   Poissonverteilung 185
    13.2   Geometrische Verteilung 189
    13.3   Ausgewählte Übungsaufgaben 192

14 Kontinuierliche Wahrscheinlichkeitsmodelle 193
    14.1   Verteilungsfunktion 193
    14.2   Wahrscheinlichkeitsdichte und Exponentialverteilung 195
    14.3   Die Normalverteilung 199
    14.4   Maßzahlen 200
    14.5   Quantile für kontinuierliche Verteilungen 204
    14.6   Skalenwechsel 206
    14.7   Standardisierung von Verteilungen 207
    14.8   Addition von Zufallsgrößen 210
    14.9   Warum eine Normalverteilung so oft die Norm ist 212
    14.10 Binomialverteilung und Normalverteilung 212
    14.11 Ausgewählte Übungsaufgaben 213

15 Stochastische Abhängigkeit 215
    15.1   Häufigkeitstafel und Punktwolke 215
    15.2   Maßzahlen für lineare Abhängigkeit 218
    15.3   Die Ausgleichsgerade 219
    15.4   Nichtlineare Regression 223
    15.5   Regression eines sinusförmigen Biorhythmus 224
    15.6   Ausgewählte Übungsaufgaben 226

16 Statistische Schätzverfahren 227
    16.1   Punktschätzungen 227
    16.2   Maximum-Likelihood-Schätzungen 231

16.3   Intervallschätzung bei Normalverteilung 235
16.4   Intervallschätzung einer Wahrscheinlichkeit 240
16.5   Schätzung bei hypergeometrischer Verteilung 242
16.6   Ausgewählte Übungsaufgaben 245

17   Statistische Prüfverfahren 253
17.1   Test bei hypergeometrischer Verteilung 254
17.2   Der Gauß-Test 258
17.3   Fehler zweiter Art und Trennschärfe 259
17.4 t-Tests 262
17.5   Der F-Test 267
17.6   Der χ^2-Anpassungstest 269
17.7 χ^2-Verteilungen 271
17.8   Der χ^2-Mehrfelder-Test auf Unabhängigkeit 272
17.9   Der Mediantest als Beispiel eines Vierfeldertestes 275
17.10 Beispiel eines exakten Tests von Fisher 277
17.11 Quantile bei diskretem Ordnungsmerkmal 279
17.12 Exakter Test von Fisher 280
17.13 Zusammenfassung: Fehler 1. und 2. Art und Versuchsplanung 281
17.14 Excel-Eingaben 283
17.15 Ausgewählte Übungsaufgaben 285

Literatur 289

Sachverzeichnis 291

Zahlen

1

Überblick

Messergebnisse in den Biowissenschaften quantitativ auszuwerten, bedeutet, die Messungen durch Zahlen zu beschreiben. Daher steht am Anfang eine kurze Einführung in die natürlichen, ganzen, rationalen und reellen Zahlen. Natürliche Zahlen treten als Anzahlen auf. Die hier behandelten Anzahlen spielen eine Rolle bei der Bestimmung von Wahrscheinlichkeiten in späteren Kapiteln. Messergebnisse sind häufig durch Dezimalzahlen beschrieben. Damit zusammen hängt die n-te Potenz einer reellen Zahl a, wobei n eine ganze Zahl ist. Die grundlegenden Rechenregeln für solche Potenzen werden zusammengestellt. Auf die sinnvolle Darstellung von dezimalen Messwerten durch die signifikanten Stellen wird besonders eingegangen.

1.1 Anzahlen

1.1.1 Ausblick

Eine grundlegende Aufgabe in der Biologie ist das Auswerten einer Messreihe $(x_1, x_2, \ldots, x_l)$, in der x_1 bis x_l die Ergebnisse des ersten bis l-ten Versuches bezeichnen. Nehmen wir einmal an, es seien n verschiedene Versuchsergebnisse möglich. Wir können uns an dem Beispiel orientieren, dass aus einem Gehege von n unterscheidbaren Tieren nacheinander l Tiere herausgefangen werden. Auswerten bedeutet häufig, dass der Messreihe kennzeichnende Zahlen zugeordnet werden, die eine interessante Aussage über die Messreihe darstellen. Zahlen treten zuerst auf als Anzahlen der Elemente von Mengen. Die dabei uns begegnenden Zahlen nennt man bekanntlich die *natürlichen*

© Springer Fachmedien Wiesbaden 2015
A. Riede, *Mathematik für Biowissenschaftler,*
DOI 10.1007/978-3-658-03687-4_1

Zahlen und bezeichnet die Menge der natürlichen Zahlen mit ℕ. Die folgenden Bestimmungen von Anzahlen sind Grundlagen für die Wahrscheinlichkeitsbegriffe in späteren Kapiteln.

1.1.2 Anzahl der Wörter mit drei Buchstaben

Wie viele Wörter mit drei Buchstaben kann man aus den 26 Buchstaben des Alphabets bilden?
Dabei dürfen Buchstaben natürlich wiederholt auftreten und auch alle Wörter ohne Bedeutung sollen betrachtet werden.
Für den ersten Buchstaben haben wir 26 Möglichkeiten, für jede Wahl des zweiten Buchstabens wieder 26 Möglichkeiten, also $26 \cdot 26$ Möglichkeiten für die ersten beiden Buchstaben. Auf jede dieser $26 \cdot 26$ Möglichkeiten kommen nochmals 26 Möglichkeiten für den dritten Buchstaben. Also gibt es insgesamt $26 \cdot 26 \cdot 26 = 26^3$ Wörter mit 3 Buchstaben.
Die allgemeine Formulierung dieses Ergebnisses, speziell im Beispiel der Messreihen, lautet:

1.1.3 Anzahl der geordneten Messreihen mit Wiederholungen

Hat man n verschiedene Arten von Elementen und kann man jedes Element wiederholt auswählen, dann gibt es n^l Möglichkeiten, eine geordnete Folge von l Elementen auszuwählen. Im Kontext der Messreihen bedeutet dies, dass es n^l geordnete Messreihen mit Wiederholungen gibt.

1.1.4 Beispiel

Das Morse-Alphabet besteht aus zwei Zeichen: „ ·" und „−". Damit können $2^{10} = 1024$ verschiedene Wörter mit 10 Zeichen gebildet werden.

1.1.5 Beispiel

Bei unserem Orientierungsbeispiel eines Geheges mit n unterscheidbaren Tieren treten Wiederholungen auf, wenn wir jedes Tier wieder zurück bringen, ehe wir das nächste Tier herausfangen. Dann gibt es n^l mögliche geordnete Beobachtungsreihen $(x_1, x_2, \ldots, x_l)$ von l Tieren mit Wiederholung. In solchen Beispielen verwendet man statt „mit Wiederholung" die Redeweise „mit Zurücklegen".

1.1.6   Anzahl der geordneten Auswahlen ohne Wiederholungen

Hat man n verschiedene Arten von Elementen und kann man jedes Element nur einmal auswählen, dann gibt es n Möglichkeiten für die Wahl des ersten Elementes. Für das zweite Element stehen dann nur noch $n-1$ Elemente zur Verfügung, für das dritte $n-2$ und schließlich für das l-te Element nur noch $n-(l-1)$, weil $l-1$ Elemente schon herausgenommen sind. Man kann aus einer Menge von n Elementen auf genau $n(n-1)(n-2)\cdot\cdots\cdot(n-l+1)$ Weisen l verschiedene Elemente in einer ganz bestimmten Reihenfolge auswählen. Wenn man an Beispiele wie beim Herausfangen von Tieren denkt, spricht man hier auch von Auswahlen ohne Zurücklegen.

1.1.7   Bezeichnungen: Paar, Tripel, Quadrupel, *l*-tupel

l Elemente (auch nicht verschiedene) in einer ganz bestimmten Reihenfolge werden in der Mathematik für $l=2$ ein *Paar*, $l=3$ ein *Tripel*, $l=4$ ein *Quadrupel* und allgemein ein *l-tupel* genannt; z. B. wäre $(5,8,2,1)$ mit der Reihenfolge, in der die Elemente hingeschrieben sind, ein Quadrupel aus der Menge $\{1,2,3,4,5,6,7,8\}$ von 8 Elementen. Allgemein bezeichnet man ein l-tupel von Elementen aus einer Menge M mit $(x_1,x_2,\ldots,x_l)$, wobei $x_i \in M$ für $i=1,2,\ldots,l$ und die Reihenfolge durch die Indizes i gegeben ist. Zur Unterscheidung werden l-tupel mit runden Klammern und Mengen mit geschweiften Klammern bezeichnet.

1.1.8   Auswahlen ohne Reihenfolge und ohne Wiederholungen

Kommt es einem bei der Auswahl auf die Reihenfolge nicht an, d. h. betrachtet man zwei Auswahlen, die sich nur durch die Reihenfolge der Elemente unterscheiden, als identisch, dann dreht es sich um l-elementige Teilmengen. Die Bestimmung aller nicht geordneten Auswahlen ohne Wiederholungen von l Elementen läuft also auf die Bestimmung der Anzahl aller l-elementigen Teilmengen hinaus. Diese Anzahl wird sich aus der Antwort auf folgende Frage ergeben.

1.1.9   Frage

In wieviele Anordnungen kann man n verschiedene Elemente bringen?
So eine Anordnung tritt konkret auf, wenn n unterscheidbare Elemente, etwa n Personen, auf n Plätze zu verteilen sind, und die Plätze von 1 bis n durchnummeriert sind.
An der ersten Stelle kann eine der n Personen sitzen. Für jede dieser n Möglichkeiten gibt es dann $n-1$ mögliche Personen für die zweite Stelle. Für die Personen auf den

ersten beiden Plätzen also $n(n-1)$ Möglichkeiten. Indem wir so von Platz zu Platz fortfahren, erhalten wir $n(n-1)(n-2)\cdot\cdots\cdot 2\cdot 1$ mögliche Anordnungen.

1.1.10 Definition: n!

Dieses Produkt der ersten n natürlichen Zahlen wird mit $n!$ bezeichnet und n-*Fakultät* genannt.

$$n! = n(n-1)(n-2)\cdot\cdots\cdot 2\cdot 1$$

Wir werden bald sehen, dass es für einheitliche Formeln nützlich ist, unter 0-Fakutät die Zahl 1 zu verstehen: $0! = 1$ per Definition.
Wir erhalten auf unsere Frage folgende

1.1.11 Antwort

Die Anzahl der Anordnungen von n verschiedenen Elementen ist $n!$.

1.1.12 Beispiel

Sei $n = 3$. Die 3 Elemente seien mit A, B und C bezeichnet.

$$\begin{matrix} ABC & BAC & CAB \\ ACB & BCA & CBA \end{matrix} \qquad 6 = 3\cdot 2\cdot 1 = 3! \tag{1.1}$$

Im einzelnen ergibt sich für die ersten zehn natürlichen Zahlen die folgende Tabelle:

n	1	2	3	4	5	6	7	8	9	10
$n!$	1	2	6	24	120	720	5040	40320	362880	3628800

(1.2)

Stellt man sich die verschiedenen Anordnungen so vor, dass sie entstanden sind aus einer bestimmten festen Anordnung durch Vertauschung der Elemente, so können wir das Ergebnis auch so formulieren:

1.1.13 Ergebnis

Die Anzahl der *Vertauschungen (Permutationen)* von n Elementen ist $n!$. Dabei ist auch die *identische Permutation* (bei der kein Element vertauscht wird) mitzuzählen.

Wir kommen zurück auf die Bestimmung der Anzahl der l-elementigen Teilmengen einer Menge mit n Elementen. Da es für eine Menge von l Elementen genau $l!$ Reihenfolgen gibt, haben wir bei obiger Zählung 1.1.6 der geordneten Folgen jede l-elementige Menge $l!$-mal gezählt. Wir erhalten daher:

1.1.14 Anzahl der l-elementigen Teilmengen

Eine Menge von n Elementen besitzt genau $\dfrac{n(n-1)\cdot\;\cdots\;\cdot(n-l+1)}{l!}$ Teilmengen mit l Elementen.

1.1.15 Definition: Binomialkoeffizient

Diese hier aufgetretene, von den zwei natürlichen Zahlen n und l abhängige natürliche Zahl wird mit $\binom{n}{l}$ (lies „ n über l") bezeichnet und *Binomialkoeffizient* genannt.

$$\binom{n}{l} := \frac{n(n-1)\cdot\;\cdots\;\cdot(n-l+1)}{l!}$$

Der Doppelpunkt bei einer solchen Gleichung bedeute, dass das Symbol, das auf der Seite des Doppelpunktes steht, durch die andere Seite definiert wird.

Wir wollen zulassen, dass $l = 0$ sein kann. Da es nur eine Teilmenge mit 0 Elementen, die leere Menge $\emptyset$, gibt, wird definiert:

$$\binom{n}{0} := 1$$

1.1.16 Beispiel

Es treffen sich n Personen und jede drückt jeder anderen die Hand. Zu wievielen Händedrücken kommt es?

Dies sind so viele, wie es zwei-elementige Teilmengen einer n-elementigen Menge gibt, also $\binom{n}{2} = \frac{n(n-1)}{2}$ Händedrücke.

1.1.17 Eigenschaften der Binomialkoffizienten

$$\binom{n}{l} = 0 \quad \text{für} \quad l > n \tag{1.3}$$

$$\binom{n}{l} = \frac{n!}{l!(n-l)!} \quad \text{für} \quad l \leq n \tag{1.4}$$

$$\binom{n}{l} = \binom{n}{n-l} \quad \text{für} \quad l \leq n \tag{1.5}$$

$$\binom{n}{0} = \binom{n}{n} \tag{1.6}$$

$$\binom{n+1}{l} = \binom{n}{l} + \binom{n}{l-1} \quad \text{für} \quad 1 \leq l \leq n+1 \tag{1.7}$$

Beweis Zu (1.3): Der Zähler in (1.3) enthält für $l > n$ den Faktor $n - n = 0$.

Zu (1.4): $\binom{n}{l} = \frac{n(n-1)\cdots(n-l+1)}{l!} \cdot \frac{(n-l)\cdots 2\cdot 1}{(n-l)\cdots 2\cdot 1} = \frac{n!}{l!(n-l)!}$

Zu (1.5): Dies folgt aus (1.4).

Zu (1.6): Dies ist ein Spezialfall von (1.5).

Zu (1.7): $M\backslash\{x\}$ bezeichne die Menge der Elemente von M bis auf x, das nicht zu $M\backslash\{x\}$ gehört. Sei x ein festes Element der $(n+1)$-elementigen Menge M. Dann werden die l-elementigen Teilmengen von M gebildet aus

1. allen l-elementigen Teilmengen von $M\backslash\{x\}$, deren Anzahl $\binom{n}{l}$ ist, und

2. allen $(l-1)$-elementigen Teilmengen von $M\backslash\{x\}$, das sind $\binom{n}{l-1}$ Mengen, denen noch x hinzugefügt wird.

Zum Beispiel: $n+1 = 5$, $M = \{1,2,3,4,5\}$, $x = 5$, $l = 3$.

3-elementige aus $M\backslash\{x\}$	2-elementige aus $M\backslash\{x\}$ und x hinzugefügt
$\{1\,2\,3\}$ $\{2\,3\,4\}$	$\{1\,2\}\cup\{5\}$ $\{2\,3\}\cup\{5\}$ $\{3\,4\}\cup\{5\}$
$\{1\,2\,4\}$	$\{1\,3\}\cup\{5\}$ $\{2\,4\}\cup\{5\}$
$\{1\,3\,4\}$	$\{1\,4\}\cup\{5\}$

$$\underbrace{\qquad\qquad}_{4} \qquad \underbrace{\qquad\qquad\qquad\qquad}_{6}$$

$$4 \;+\; 6 \;=\; 10 \qquad 4 = \binom{4}{3} \quad 6 = \binom{4}{2} \quad 10 = \binom{5}{3}$$

$$\binom{4}{3} + \binom{4}{2} = \binom{5}{3}$$

Durch diese Eigenschaften sind die Binomialkoeffizienten alle eindeutig bestimmt, ja sogar, beginnend mit $\binom{n}{0} = \binom{n}{n} = 1$, alle mit Hilfe der Formel (1.7) berechenbar. Dies geschieht am übersichtlichsten, wenn man die Binomialkoeffizienten in einer dreieckigen Tabelle anordnet, dem sogenannten

1.1.18 Pascalschen Dreieck

$$
\begin{array}{ccccccccccccc}
&&&&&& \binom{0}{0} &&&&&& \\
&&&&& \binom{1}{0} && \binom{1}{1} &&&&& \\
&&&& \binom{2}{0} && \binom{2}{1} && \binom{2}{2} &&&& \\
&&& \binom{3}{0} && \binom{3}{1} && \binom{3}{2} && \binom{3}{3} &&& \\
&& \binom{4}{0} && \binom{4}{1} && \binom{4}{2} && \binom{4}{3} && \binom{4}{4} && \\
& \binom{5}{0} && \binom{5}{1} && \binom{5}{2} && \binom{5}{3} && \binom{5}{4} && \binom{5}{5} & \\
\binom{6}{0} && \binom{6}{1} && \binom{6}{2} && \binom{6}{3} && \binom{6}{4} && \binom{6}{5} && \binom{6}{6}
\end{array}
$$

Die rechte und linke Kante besteht aus Einsen. Jede andere Zahl ist die Summe der zwei schräg über ihr stehenden Zahlen. Rechnet man bis $n = 6$ durch, so bekommt man:

$$
\begin{array}{ccccccccccccc}
&&&&&& 1 &&&&&& \\
&&&&& 1 && 1 &&&&& \\
&&&& 1 && 2 && 1 &&&& \\
&&& 1 && 3 && 3 && 1 &&& \\
&& 1 && 4 && 6 && 4 && 1 && \\
& 1 && 5 && 10 && 10 && 5 && 1 & \\
1 && 6 && 15 && 20 && 15 && 6 && 1
\end{array}
$$

1.1.19 Beispiel

Wir betrachten eine Mutterzelle, die zum Zeitpunkt $n = 0$ entstanden sei. Die Zeiteinheit sei so gewählt, dass sich jede Zelle genau nach einer Zeiteinheit teilt, und zwar in zwei Tochterzellen. Dann teilen sich die Tochterzellen dieser Mutterzelle zu den Zeitpunkten $n = 1, 2, 3, \dots$. Von je zwei Tochterzellen derselben Mutterzelle werde eine bestrahlt und eine nicht bestrahlt. Die Bestrahlung vererbe sich auf die Nachkommen. Wir fragen nach der Anzahl der l-fach bestrahlten Zellen in der n-ten Generation. Bezeichnen wir diese Anzahl mit $\begin{bmatrix} n \\ l \end{bmatrix}$. Dann setzen sich die l-fach bestrahlten Zellen der $(n + 1)$-ten Generation zusammen aus

1. allen Tochterzellen der l-fach bestrahlten Zellen der n-ten Generation, die in der $(n + 1)$-ten Generation nicht bestrahlt werden und
2. allen Tochterzellen der $(l - 1)$-fach bestrahlten Zellen der n-ten Generation, die in der $(n + 1)$-ten Generation bestrahlt werden.

Ersteres sind $\begin{bmatrix} n \\ l \end{bmatrix}$ und letzteres $\begin{bmatrix} n \\ l-1 \end{bmatrix}$. Zusammen erhält man also in der $(n + 1)$-ten Generation $\begin{bmatrix} n+1 \\ l \end{bmatrix} = \begin{bmatrix} n \\ l \end{bmatrix} + \begin{bmatrix} n \\ l-1 \end{bmatrix}$ bestrahlte Zellen. Mit der gleichen Idee wird auch klar,

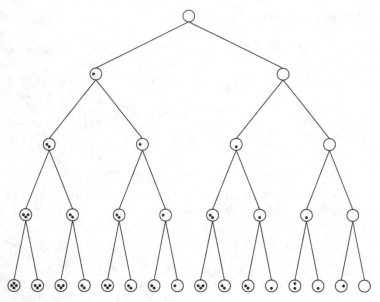

Abb. 1.1 Anzahlen bestrahlter Zellen

dass $\begin{bmatrix} n \\ 0 \end{bmatrix} = \begin{bmatrix} n \\ n \end{bmatrix} = 1$ ist. Nach obigen Überlegungen zum Pascalschen Dreieck müssen die Anzahlen $\begin{bmatrix} n \\ l \end{bmatrix}$ und $\binom{n}{l}$ übereinstimmen. Wir veranschaulichen dieses Beispiel in Abb. 1.1. Zählt man in Abb. 1.1 in der vierten Tochtergeneration, wieviele Zellen k-fach bestrahlt wurden, so findet man die Anzahlen b_k:

k	0	1	2	3	4
b_k	1	4	6	4	1

Durch Vergleich mit der fünften Zeile von 1.1.18 im unteren Dreieck ersieht man, dass dies genau die Binomialkoeffizienten $\binom{4}{k}$ sind.

Den Binomialkoeffizienten begegnen wir auch in der

1.1.20 Binomischen Formel: $(a + b)^n = \sum_{l=0}^{n} \binom{n}{l} a^l b^{n-l}$

Denn beim Ausmultiplizieren der n Faktoren $a + b$ kommt ein Summand $a^l b^{n-l}$ heraus, wenn genau bei l Faktoren das a berücksichtigt wird (und bei den übrigen $n - l$ Faktoren das b). Die Nummern dieser Faktoren bilden eine l-elementige Teilmenge der Menge $\{1, 2, \ldots, n\}$ der Nummern aller Faktoren. Da es nach 1.1.14 genau $\binom{n}{l}$ l-elementige Teilmengen von $\{1, 2, \ldots, n\}$ gibt, bekommt man beim Ausmultiplizieren genau $\binom{n}{l}$ Summanden der Form $a^l b^{n-l}$. Fasst man diese zusammen, erhält man die Binomische Formel.

1.1.21 Beispiel

Die verschiedenen Formen der erblichen Anämie entstehen vermutlich durch abnorme Allele an fünf Genorten. Bezeichnen wir die möglichen Gene an diesen fünf Orten mit A, a; B, b; C, c; D, d; E, e. An jeder dieser fünf Stellen kann also ein normal-homozygotes Genpaar $\mathcal{D}$, z. B. AA, ein heterozygotes Genpaar $\mathcal{H}$, z. B. Aa (beim Genpaar kommt es nicht auf die Reihenfolge an), oder ein abnormal-homozygotes Genpaar $\mathcal{R}$, z. B. aa sitzen. Die Besetzung dieser fünf Genorte wird also gekennzeichnet durch ein Wort mit fünf Buchstaben aus dem Alphabet mit den drei Buchstaben $\mathcal{D}, \mathcal{H}, \mathcal{R}$. Das Wort $\mathcal{D}, \mathcal{D}, \mathcal{R}, \mathcal{H}, \mathcal{D}$ bedeutet also ausführlicher den Genotyp $AA\ BB\ cc\ Dd\ EE$. Es gibt also $3^5 = 243$ Genotypen.

Abschließend befassen wir uns mit dem folgenden Problem:

1.1.22 Auswahlen ohne Reihenfolge mit Wiederholungen

Es gibt $\binom{n+l-1}{l}$ Möglichkeiten, aus einer Menge von n Elementen l Elemente mit Wiederholung auszuwählen ohne Berücksichtigung der Reihenfolge.

Eine Überprüfung an obigem Beispiel ergibt für $n = 3$, $l = 3$:

$$\binom{n+l-1}{l} = \binom{3+3-1}{3} = \binom{5}{3} = \frac{5 \cdot 4 \cdot 3}{3 \cdot 2 \cdot 1} = 10$$

1.1.23 Zusammenfassung

Die Anzahl der Auswahlmöglichkeiten von l Elementen aus einer Menge von n Elementen (z. B. Buchstaben) beträgt

	mit Reihenfolge	ohne Reihenfolge
ohne Wiederholung	$n(n-1) \cdot \ldots \cdot (n-l+1)$	$\binom{n}{l}$
mit Wiederholung	n^l	$\binom{n+l-1}{l}$

Die Anzahl der Anordnungen einer Menge M von n Elementen oder, was auf das selbe hinausläuft, die Anzahl der Vertauschungen (Permutationen) der Elemente von M ist $n!$.

1.2 Reelle Zahlen

1.2.1 Diskrete Messung

Die Bestimmung der Anzahl an obigem Beispiel von bestimmten endlichen Auswahl-möglichkeiten wie im Abschn. 1.1 ergibt stets natürliche Zahlen. Es liegt eine *diskrete Messung* vor. Auch die Zeit maßen wir in Abschn. 1.1.19 in natürlichen Zahlen mit den diskreten Zeitpunkten der Zellteilung. Manchmal interessieren wir uns auch für vergangene Zeitpunkte, wie etwa bei der Altersbestimmung von Fossilien. Dann wird die Zeit in *ganzen Zahlen* gemessen. Diese wollen wir mit $\mathbb{Z}$ bezeichnen. Auch eine Messung mit Werten in $\mathbb{Z}$ wird diskret genannt.

1.2.2 Kontinuierliche Messung

Wollen wir aber das ständige Wachsen eines Lebewesens in seinem zeitlichen Verlauf beschreiben, so ist es angemessen, zur Beschreibung der kontinuierlich wachsenden Länge oder des Gewichtes des Lebewesens auch die Zeit kontinuierlich zu messen. Kontinuierlich heißt nichts anderes als, dass die Messwerte *reelle Zahlen* sind, die man sich als Punkte der *reellen Zahlengeraden* oder als *Dezimalzahlen* darstellen kann. Wir benutzen die übliche Bezeichnung: $\mathbb{R} :=$ {reelle Zahlen} = Menge der reellen Zahlen.

1.2.3 Dezimalzahlen

Die Bedeutung einer endlichen Dezimalzahl können wir uns schnell an ein paar Beispielen verständlich machen:

$$1990 = 1 \cdot 1000 + 9 \cdot 100 + 9 \cdot 10 = 1 \cdot 10^3 + 9 \cdot 10^2 + 9 \cdot 10^1$$

$$5,75 = \quad 5 + \frac{7}{10} + \frac{5}{100} \quad = 5 \cdot 10^0 + 7 \cdot 10^{-1} + 5 \cdot 10^{-2}$$

Dabei ist $10^0 := 1$ und $10^{-n} := \frac{1}{10^n}$ für $n \in \mathbb{N}$.
Bereits manche rationale Zahlen (= Brüche von ganzen Zahlen) lassen sich jedoch nicht als endliche Dezimalzahl darstellen:

$$\frac{20}{9} = 2,222\cdots = 2 + \frac{2}{10} + \frac{2}{100} + \frac{2}{1000} + \cdots$$

$$= 2 \cdot 10^0 + 2 \cdot 10^{-1} + 2 \cdot 10^{-2} + 2 \cdot 10^{-3} + \cdots$$

$$=: \sum_{n=0}^{\infty} 2 \cdot 10^{-n}$$

Auf ähnliche Weise hat jeder unendliche Dezimalbruch eine Erklärung als unendliche Summe.

1.2.4 Bezeichnungsweise

Für $n \in \mathbb{N}$ oder $n = 0$: n-te Stelle $:= (n + 1)$-te Stelle vor dem Komma

Für $n \in \mathbb{N}$: $(-n)$-te Stelle $:= n$-te Stelle nach dem Komma

Zum Beispiel bei $5,73$ steht die 5 an der 0-ten Stelle, die 7 an der (-1)-ten und die 3 an der (-2)-ten.

Das Auftreten von Potenzen nehmen wir zum Anlass, kurz auf das Rechnen mit Potenzen einzugehen; denn sie werden eine wichtige Rolle spielen.

1.2.5 Definition: n-te Potenz

Für $n \in \mathbb{N}$ und $a \in \mathbb{R}$ ist die n-te Potenz a^n von a definiert durch:

$$a^n := a \cdot a \cdot \cdots \cdot a \ (n\text{-mal der Faktor } a)$$

n heißt der Exponent und a die Basis.

Für die n-te Potenz gelten folgende

1.2.6 Rechenregeln

1. Zwei Potenzen werden miteinander multipliziert, indem man die Exponenten addiert: $a^n \cdot a^m = a^{n+m}$
2. Bildet man von einer reellen Zahl die n-te Potenz und davon nochmals die m-te Potenz, so ist dies das selbe, als wenn man nur eine Potenz bildet und zwar die $(n \cdot m)$-te: $(a^n)^m = a^{n \cdot m}$
3. Das Produkt zweier n-ten Potenzen ist die n-te Potenz des Produktes der Basen: $a^n \cdot b^n = (ab)^n$ für $a, b \in \mathbb{R}, n, m \in \mathbb{N}$

1.2.7 Potenzen mit ganzzahligem und rationalem Exponenten

$$a^0 := 1 \quad a^{-n} := \frac{1}{a^n} \text{ mit } a \in \mathbb{R}, \ a \neq 0 \text{ und } n \in \mathbb{N}$$

$$a^{\frac{1}{n}} := \sqrt[n]{a} \quad a^{\frac{m}{n}} := \sqrt[n]{a^m} \quad a^{-\frac{m}{n}} := \frac{1}{a^{\frac{m}{n}}} \text{ für } n, m \in \mathbb{N} \text{ für } a > 0$$

Damit wird die Definition von Potenzen auf die Menge $\mathbb{Q}$ der *rationalen* Zahlen erweitert.

$$\mathbb{Q} := \{x \in \mathbb{R} \, ; \ x = \frac{m}{n} \text{ mit } m, \ n \in \mathbb{Z}\}$$

Es kann nun gezeigt werden, dass diese Definition unabhängig davon ist, wie man eine rationale Zahl x als Quotient zweier ganzer Zahlen darstellt. Dadurch wird die Definition erst sinnvoll.

Beispiel: $x = 75/100 = 3/4 \Rightarrow 2^x = \sqrt[100]{2^{75}} = \sqrt[4]{2^3}$

Bei rationalem Exponenten gelten die gleichen Rechenregeln wie oben, wobei in der 3. Regel auch $b \neq 0$ sein muss. Z. B. sind die Definitionen schon darauf abgestimmt, dass die zweite Regel für folgenden Spezialfall gilt: $(a^m)^{\frac{1}{n}} = \sqrt[n]{a^m} = a^{\frac{m}{n}} = a^{m \cdot \frac{1}{n}}$

1.3 Dokumentation von Messwerten

Bei Messungen muss man stets mit einem Fehler rechnen, der sich z. B. aus dem Ablesefehler oder einer Ungenauigkeit des Messgerätes ergeben kann. Es ergibt sich die Frage, wie man das Messergebnis dokumentiert. Eine Möglichkeit ist, die sogenannten *signifikanten* Stellen anzugeben.

1.3.1 Beispiel

Ein Messergebnis, bei dem bis auf die erste Stelle nach dem Komma abgelesen wurde, sei 27,3. Dann ist $\tilde{x} = 27,3$ ein Näherungswert an die genaue Größe x. Eine positive Zahl Δx, die größer oder gleich dem absoluten Betrag des Fehlers zwischen dem Näherungswert und der genauen Zahl ist, heißt eine *Fehlerschranke*. Beim Ablesen bis auf die erste Stelle nach dem Komma können wir eine Fehlerschranke von $\Delta x = 0,05$ ansetzen. Der Gerätehersteller habe eine Messgenauigkeit von 0,001 angegeben. Die Fehler addieren sich zu einer Fehlerschranke des Gesamtfehlers von 0,051. Dokumentiert man als Ergebnis $x = 27,3$, so hat dies eine Fehlerschranke größer als $0,5 \cdot 10^{-1}$, daher wird die erste Stelle nach dem Komma (d. h. die -1-te) nicht als signifikant angesehen. Der Absolutbetrag des Fehlers ist jedoch kleiner als $0,5 \cdot 10^0$. Daher ist die erste Stelle vor dem Komma (d. h. die 0-te Stelle) signifikant. Das Messergebnis wird dokumentiert durch $x = 27 \pm 0,5$ oder durch $x = 27$, wenn vereinbart wurde, dass genau die signifikanten Stellen angegeben werden. Da man beim Weglassen von Stellen den Fehler i. a. vergrößert, kann die Angabe einer Stelle mehr als die signifikanten angesagt sein. Allgemein wird definiert:

1.3.2 Definition: Signifikante Stelle

Eine Dezimalstelle k heißt *signifikant*, wenn die Fehlerschranke kleiner oder gleich $0,5 \cdot 10^k$ ist.

1.3.3 Beachte

Beim Runden wird stets der Ausgangswert $\tilde{x}$ auf die k-te Stelle gerundet und nicht ein gerundeter Wert nochmals gerundet etc; denn das letztere kann zu einem größeren Genauigkeitsverlust führen, z. B.: Für $\tilde{x} = 184,5$ ergibt das Runden auf die 0-te Stelle 185 und 185 auf die erste Stelle gerundet ist 190. Dabei wurde die Fehlerschranke um $5,5$ vergrößert. Aber direktes Runden von $184,5$ auf die erste Stelle liefert 180. Jetzt hat sich die Fehlerschranke nur um $4,5$ vergrößert.

1.3.4 Beispiel

Beachte, dass bei dieser Dokumentationsweise, wenn an der letzten Stelle die Ziffer Null steht, genau dann 0 auch hingeschrieben wird, wenn sie signifikant ist. Das macht jedoch ein Problem, wenn diese letzte Stelle eine Stelle *vor* dem Komma ist. Angenommen wir haben einen Näherungswert $\tilde{x} = 199,3$ und die Fehlerschranke $\Delta x = 2$. Runden auf die erste Stelle (die zweite vor dem Komma!) ergibt: $\tilde{x} = 200$; $\Delta x = 2 + (200 - 199,3) = 2 + 0,7 = 2,7$
Die erste Stelle ist signifikant ($k = 1$); denn $\Delta x \leq 0,5 \cdot 10^k = 0,5 \cdot 10^1 = 5$.
Die Dokumentation der signifikanten Ziffer 0 an der ersten Stelle erfolgt entweder durch Unterstreichen der kleinsten signifikanten Stelle $x = 2\underline{0}0$ oder durch $x = 20 \cdot 10^1$ mit der Vereinbarung, dass bei dieser Dokumentationsweise die vor der Zehnerpotenz stehenden Ziffern die signifikanten sind.

1.3.5 Relativer und absoluter Fehler

Bei Messgeräten wird die Genauigkeit häufig in %, also in Hundertstel angegeben. Dabei handelt es sich dann um den *relativen Fehler*, genauer, die *relative Fehlerschranke*. Sie ist definiert durch:

$$\Delta_r x := \frac{\Delta x}{x}$$

Δx wird im Gegensatz dazu *absoluter Fehler*, genauer, *absolute Fehlerschranke*, genannt.

1.3.6 Genauigkeit eines Tachometers

Laut der Vorschriften des Straßenverkehrs darf ein Tachometer nie eine zu geringe Geschwindigkeit anzeigen und nach oben einen relativen Fehler von 10 % haben zuzüglich 4 km/h. Bei tatsächlicher Geschwindigkeit von 50 km/h darf der Tacho also bis zu 59 km/h anzeigen, bei 130 km/h darf die Abweichung sogar satte 17 km/h betragen.

1.4 Ausgewählte Übungsaufgaben

1.4.1 Aufgabe

Auf wieviele Weisen kann man aus einem Kader von 14 Spielern

a) eine Mannschaft von 11 Spielern
b) eine Mannschaftsaufstellung mit 11 Spielern auswählen?

1.4.2 Aufgabe

a) An einem Genort seien 6 verschiedene Allele $A_1, A_2, A_3, A_4, A_5, A_6$ möglich. Wieviele Genotypen gibt es an diesem Genort?
b) Im Beispiel 1.1.22 gilt ein Genotyp genau dann als abnormal, wenn an mindestens einem der fünf Genorte ein Genpaar $\mathcal{R}$, also aa, bb, cc, dd oder ee sitzt. Wieviele normale und abnormale Genotypen gibt es?

1.4.3 Aufgabe

a) Eine Million Liter Wasser wird von einem Liter eindringenden Rohöls ungenießbar. Wieviel Liter Rohöl genügen, um den Jahresbedarf von ca. $1,5 \cdot 10^{10}$ l einer Großstadt von 100 000 Einwohnern ungenießbar zu machen.
b) Der Durchmesser eines Wassermoleküls beträgt ca. $2,5 \cdot 10^{-10}$ m. In einem Liter Wasser befinden sich etwa $3,3 \cdot 10^{25}$ Wassermoleküle. Wie lange wäre die Kette, wenn man alle diese Moleküle aneinander reihte? Vergleichen Sie mit der Entfernung Erde zur Sonne von ca. $1,5 \cdot 10^{18}$ km.

1.4.4 Aufgabe

Dokumentieren Sie die folgenden Messungen mit den signifikanten Stellen.
  a) $0,113 \pm 0,032$ b) $6,28 \pm 0,62$ c) $3,14 \pm 0,07$.

Beschreibende Statistik

2

Überblick

In diesem Kapitel geht es um die Ausprägungen von Merkmalen und um die Skalen, auf denen sie dargestellt werden: Nominale, ordinale Skalen, Intervallskalen und Verhältnisskalen. Der zweite Abschnitt behandelt die Häufigkeiten, mit denen die Ausprägungen in einer Messreihe vorkommen, und ihre übersichtliche graphische Darstellung.

Zur Beschreibenden Statistik gehört auch das Kap. 3, für dessen Inhalt ein eigenes Kapitel angemessen ist, und für zwei miteinander zusammenhängenden Merkmale das Kap. 15.

2.1 Merkmale und ihre Ausprägungen

2.1.1 Grundgesamtheit

In der Biologie führt man Beobachtungen oder Versuch an *gleichartigen* Untersuchungsobjekten durch. Diese bilden die sogenannte *Grundgesamtheit*. Gleichartig bedeutet dabei, dass die Untersuchungsobjekte in einer Reihe von *Merkmalen* „hinreichend gut" übereinstimmen. Was dies letztlich bedeutet, hängt vom Versuchsziel ab und muss in einer sorgfältigen Versuchsplanung festgelegt werden. Untersucht werden dann ein oder mehrere Merkmale, in denen sich die Untersuchungsobjekte in der Regel unterscheiden.

© Springer Fachmedien Wiesbaden 2015
A. Riede, *Mathematik für Biowissenschaftler,*
DOI 10.1007/978-3-658-03687-4_2

2.1.2   Beispiel

Eine gewisse Menge von Menschen wird als gleichartig angesehen. Beobachtet werden die Merkmale Haarfarbe, Augenfarbe oder die Körperlänge. Bei letzterem Merkmal wird man als gleichartig verlangen, dass die Menschen etwa alle das gleiche Alter haben oder dass es lauter Erwachsene sind.
Die Versuchsplanung wird nach biologischen, chemischen, technischen und anderen außermathematischen Gesichtspunkten durchgeführt. In der Mathematik befassen wir uns mit der Frage, wie das Beobachtungsmaterial sinnvoll verarbeitet wird. Der erste Punkt dabei ist die Aufstellung einer *Skala* für die Versuchsausgänge.

2.1.3   Nominale Skala

Ein Merkmal kommt bei den Versuchsobjekten in gewissen *Ausprägungen* vor, z. B.:

Versuchsobjekte: Menschen

Merkmal: Haarfarbe

Ausprägungen: blond, braun, schwarz, rot, grau

Die mathematische Forderung für die Aufstellung einer solchen Liste dabei ist, dass genau eine Ausprägung des Merkmales für jeden Versuchsausgang vorliegen muss. Nicht zulässig wäre in diesem Beispiel:

- blond, braun (für manche Objekte keine dieser Ausprägungen vorliegend)
- blond, hell, braun, schwarz, grau, rot, dunkel (für manche Objekte lägen mehrere vor)

Im übrigen ist der Experimentator frei, je nach Zweckmäßigkeit eine solche Liste aufzustellen und dabei etwa nach folgenden Gesichtspunkten vorzugehen:

- nach dem vorliegenden Datenmaterial oder
- nach dem ins Auge gefassten Ziel der Untersuchungen.

Will man z. B. die Menschen auf ihre Empfindlichkeit gegen UV-Strahlen testen, wäre auch folgende Skala der Haarfarbe denkbar: blond, nicht blond
Eine solche Liste von Ausprägungen heißt eine *namensmäßige* oder eine *nominale Skala*. Kennzeichen einer nominalen Skala ist also, dass *jedem* Versuchsausgang *in eindeutiger Weise* eine Marke, d. h. ein Name auf der Skala zugeordnet ist; durch diese werden die Beobachtungsergebnisse klassifiziert, wobei es auf die Reihenfolge der Messmarken auf der Skala nicht ankommt (nur beim Anschreiben der Liste muss man in irgendeiner Reihenfolge vorgehen). Man denke z. B. an die Klassifizierung der Wirbeltierarten durch die nominale Skala:

Vögel, Säugetiere, Fische, usw.

2.1.4 Ordinale Skala

In der Biologie spricht man jedoch statt von einer Tierart auch von einer Tierordnung und tatsächlich ist mit der Einteilung in die Tierarten auch eine Anordnung verbunden unter dem Gesichtspunkt von höheren und niederen Tieren:

Säugetiere, Vögel, Fische, usw.

Haben die Namen einer Skala eine ganz bestimmte Ordnung, so spricht man von einer *ordinalen* Skala.

2.1.5 Diskretes Merkmal

Ein Merkmal nennt man *diskret*, wenn es nur endlich viele Ausprägungen hat, oder wenn man die Ausprägungen mit den natürlichen Zahlen nummerieren kann. (In der Mathematik spricht man von *abzählbar unendlich vielen* Ausprägungen.) Die bisher betrachteten Merkmale waren also diskret.

2.1.6 Weiteres Beispiel

Eine Krankheit wird manchmal in verschiedene Stadien eingeteilt, z. B.

Stufe 1: A = Anfangsstadium

Stufe 2: F = Fortgeschrittene Erkrankung

Stufe 3: K = Kritischer Zustand

Diese ordinale Skala ist also geordnet nach der Schwere der Erkrankung.

Auch wenn man diese Stufen mit den Zahlen 1, 2, 3 kenntlich machen kann, darf man bei *nur* ordinalen Skalen nicht darauf schließen, dass dem Stufenunterschied eine Bedeutung zukommt. Die Stufenunterschiede können gekennzeichnet sein dadurch, dass gewisse neue Symptome dazukommen. Aber ein Maß dafür ist nicht gegeben, um wieviel in Stufe 2 die Krankheit schwerer geworden ist als in Stufe 1. Die Stufendifferenz $2 - 1$ ist kein Maß für die Erschwerung. Man kann nicht sagen, dass von Stufe 1 zu Stufe 2 die gleiche Erschwerung besteht wie von Stufe 2 zu Stufe 3, nur weil die Stufendifferenzen $2 - 1$ und $3 - 2$ übereinstimmen. Man hätte die Stadien auch bezeichnen können mit Stufe 1, Stufe 10 und Stufe 100, und hätte ganz andere Stufendifferenzen bekommen. Wenn die Marken einer *nur* ordinalen Skala überhaupt durch Zahlen ausgedrückt sind, dann haben die Differenzen von Skalenwerten keine Bedeutung. Statt Differenz sagt man hier auch *Intervall* (präziser: *Intervall-Länge*).

Nun gibt es viele Erscheinungen, bei denen man eine *Zahlenskala* einführen kann, bei der die *Differenz zweier Skalenwerte sinnvoll* ist. Solche Skalen heißen

2.1.7   Intervall-Skalen

Da jetzt die Intervalle ein sinnvolles Maß sind, gehören die Intervall-Skalen zu den
quantitativen Skalen, während nominale und ordinale Skalen nur *qualitativ* sind.

2.1.8   Beispiel: Die Celsius-Skala der Temperatur

Um die Temperatur von einem Liter Wasser um $1°\,C$ zu erhöhen, muss man immer die
gleiche Energiemenge dem Wasser zuführen, gleich ob man von 10 auf 11 oder von
47 auf $48°\,C$ erhöht. Temperaturdifferenzen in $°\,C$ gemessen haben also eine strenge
physikalische Bedeutung. Der Nullpunkt ist ziemlich willkürlich beim Gefrierpunkt des
Wassers bei einer Atmosphäre Druck festgelegt.

2.1.9   Beispiel: Die Zeit

Zeitpunkte werden auf einer Intervallskala dargestellt. Es gibt kein in der Natur der Zeit
begründetes Kriterium, einen Nullpunkt für die Zeitrechnung festzulegen. Er wird also
stets willkürlich festgelegt. Aber Zeitdifferenzen haben eine klare Bedeutung.
In einer zahlenmäßigen Skala, in der der Nullpunkt willkürlich gewählt wurde, macht
es keinen Sinn, etwa zu sagen, dass ein Skalenwert viermal so groß sei wie ein anderer;
z. B. dass es an einem Sommertag bei $20°\,C$ viermal so warm sei wie an einem Wintertag
mit $5°\,C$. Sondern es ist eben dann um die Differenz von $15°\,C$ wärmer. Hätte man den
Nullpunkt in einer Skala D mit der gleichen Intervalleinteilung wie der C-Skala auf
$-10°\,C$ gelegt, dann hätte man an dem Sommertag also $30°\,D$ und an dem Wintertag
$15°\,D$. Bezüglich der D-Skala käme also heraus, dass es zweimal wärmer ist, ein ganz
anderer Faktor.

2.1.10   Merke

Ist eine Skala *nur* eine Intervallskala, so haben Verhältnisse von Maßzahlen keine
Bedeutung.

2.1.11   Verhältnisskalen

Für manche Größen gibt es Skalen, für die zusätzlich Verhältnisse von Maßzahlen eine
Bedeutung haben. Solche Skalen heißen *Verhältnisskalen*.

2.1.12 Beispiel: Gewicht eines Körpers

Beim Gewicht muss der Nullpunkt nicht willkürlich gewählt werden, sondern er ist von Natur aus gegeben. Dass ein Tier das doppelte Gewicht hat wie ein anderes, hat einen Sinn, ebenso, dass ein Tier um 2 % zugenommen hat. Jedoch macht es keinen Sinn, zu sagen, dass die Zeit um 2 % vorgerückt sei.

2.1.13 Beispiel: Kelvin-Skala der Temperatur

Die Physik lehrt, dass die Temperatur eine Verhältnisskala besitzt, die Kelvin-Skala, bei der die Temperatur in ° Kelvin gemessen wird. Für 1° K sagt man auch ° absolut. Der Nullpunkt liegt bei −273° C und die Intervalleinteilung ist wie bei der C-Skala.

2.1.14 Kontinuierliches Merkmal

Ein nicht diskretes Merkmal, dessen Ausprägungen durch reelle Zahlen auf einer Intervall- oder einer Verhältnis-Skala gekennzeichnet sind, heißt ein *kontinuierliches Merkmal*. Typische Beispiele sind: Größe, Länge, Durchmesser, Gewicht, kontinuierlich gemessene Zeit (vgl. 1.2.2) etc. Bei einem kontinuierlichen Merkmal besteht die Skala also nicht mehr aus einer endlichen Liste von Ausprägungen, sondern die Ausprägungen werden normalerweise ein Intervall reeller Zahlen ausfüllen. Als Beispiel könnte das Zeitintervall von 1900 bis 2000 betrachtet werden.

2.1.15 Zusammenstellung

Skala	nominal	ordinal	Intervall-	Verhältnis-
Zur Klassifizierung	x	x	x	x
Zur Anordnung		x	x	x
Differenzen bedeutungsvoll			x	x
Nullpunkt nicht willkürlich				x
Verhältnisse sinnvoll				x

2.1.16 Versuchsreihen und Messreihen

Unternimmt man einen Versuch, bei dem ein endliches Merkmal (vgl. 2.1.5) untersucht werden soll, dann stellt man wie in Abschn. 2.1.3 zuerst eine Liste von Ausprägungen auf:

$$(a_1, a_2, ..., a_k)$$

Beim k-tupel der Ausprägungen sind die einzelnen Elemente a_i für $i = 1, 2, ..., k$ verschieden voneinander. Hat man nur eine nominale Skala, so wird die Nummerierung willkürlich vorgenommen, bei ordinaler Skala wird man die Ausprägungen ihrer Ordnung entsprechend nummerieren. Wir können auch die *Menge*

$$\Omega = \{a_1, a_2, ..., a_k\}$$

aller k Ausprägungen betrachten. Für eine klare Protokollierung kann man in der Praxis die Ausprägungen auch in Tabellenform aufschreiben:

i	1	2	...	k
a_i	a_1	a_2	...	a_k

Wir befassen uns mit einer *Versuchsreihe,* bei welcher der Versuch n-mal durchgeführt wird. Nach jedem Versuch notieren wir, welche Ausprägung aufgetreten ist, und erhalten eine *Messreihe*, die auch *Urliste* genannt wird. n wird die *Länge* oder der *Umfang* der Messreihe genannt. Sie kann einfach als n-tupel von Elementen von Ω oder in Tabellenform dargestellt werden:

$$(x_1, x_2, ..., x_n)$$

j	1	2	...	n
x_j	x_1	x_2	...	x_n

$x_j \in \Omega$

x_1 ist also die Ausprägung, die man bei der ersten Durchführung des Versuches gefunden hat, x_2 diejenige beim zweiten Versuch, usw. Im Gegensatz zum k-tupel der Ausprägungen werden die x_j i. a. nicht mehr voneinander verschieden zu sein.

2.1.17 Beispiel für endliches Merkmal

In einem Aufzuchtbecken werden aus einem Gelege Fische gezüchtet.

Grundgesamtheit: Das gesamte Gelege

Untersuchungsmerkmal: Entwicklungsstadium zu einem bestimmten Zeitpunkt

Ausprägungen:

i	1	2	3	4
a_i	Ei	Larve	frei schwimmend	abgestorben

oder kurz: (E,L,f,a)

Es ist also $k = 4$. Es seien $n = 100$ Eier abgelaicht worden. Einige Wochen nach der Eiablage könnte man etwa folgende Messreihe beobachten:

j	1	2	3	4	5	6	7	...	100
x_j	E	E	f	L	L	f	a	...	f

kürzer: $(E, E, f, L, L, f, a, \ldots, f)$

2.1.18 Beispiel für kontinuierliches Merkmal

Grundgesamtheit: Eine Menge von erwachsenen Personen

Merkmal: Körperlänge

Ausprägungen: Alle reellen Zahlen oder

alle positiven reellen Zahlen oder

alle reellen Zahlen – sagen wir – zwischen 100 und 250

Messreihe: (Einheit 1 cm) $(157, 168, 172, 157, 172, 197, 168, 172)$

2.2 Empirische Häufigkeitsverteilung bei endlichem Merkmal

2.2.1 Absolute Häufigkeiten

Um Aussagen über eine Messreihe zu machen, kann man zunächst einmal zählen, wie oft jede der Ausprägungen a_i ($i = 1, 2, \ldots, k$) unter den x_j ($j - 1, 2, \ldots n$) vorkommt; dies hält man zweckmäßigerweise zuerst in einer Strichliste fest und notiert anschließend die Häufigkeitszahlen $h(a_i)$ der Ausprägungen a_i, die also angeben, wie oft a_i unter den x_j, $j = 1, 2, \ldots, n$ auftrat. $h(a_i)$ heißt *absolute Häufigkeit* der Ausprägung a_i in der Messreihe. Siehe die ersten drei Zeilen von 2.2.5.

Aus den Bedingungen 2.1.16 an eine Liste von Ausprägungen erhalten wir folgende

2.2.2 Eigenschaften der absoluten Häufigkeiten

1. $h(a_i) \in \mathbb{N}_0 := \{0, 1, 2, 3, \ldots\}$
2. $0 \leq h(a_i) \leq n$
3. $h(a_1) + h(a_2) + \ldots + h(a_k) = n$

2.2.3 Definition: Relative Häufigkeit

Die *relative Häufigkeit von* a_i wird definiert durch:

$$r(a_i) := \frac{h(a_i)}{n} \quad i = 1, 2, \ldots, k$$

$r(a_i)$ wird oft in % angegeben (s. 2.2.5, letzte Zeile).

2.2.4 Eigenschaften der relativen Häufigkeiten

1. $r(a_i) \in \mathbb{Q} := \{\text{rationale Zahlen}\}$
2. $0 \leq r(a_i) \leq 1$
3. $r(a_1) + r(a_2) + \ldots + r(a_k) = 1$

2.2.5 Auflistung

Wir verwenden im Folgenden den Dezimalpunkt an Stelle des Dezimalkommas.

Ausprägungen $(k = 5)$	a_1	a_2	a_3	a_4	a_5	$n = \sum_{i=1}^{k} h(a_i)$
Strichliste		|||| |||| ||| ||||	
Absolute Häufigkeiten	1	4	5	3	7	20
Relative Häufigkeiten	0.05	0.20	0.25	0.15	0.35	
in %	5	20	25	15	35	

2.2.6 Graphische Darstellung

Trägt man die Häufigkeit jeder Ausprägung a_i als Stab auf, dessen Länge gleich $h(a_i)$ ist, so erhält man ein *Stabdiagramm* oder *Histogramm*. Die Histogramme der absoluten und relativen Häufigkeiten für die Daten von 2.2.5 sind in Abb. 2.1 gezeichnet. Zur Zeichnung des Histogramms der relativen Häufigkeiten braucht man am Histogramm der absoluten Häufigkeiten nur eine Skalenänderung an der vertikalen Achse vorzunehmen. Man gibt daher meistens beide Histogramme durch *eine* Zeichnung wieder mit zwei Skalen an der vertikalen Achse.

2.2.7 Beispiel: Häufigkeitspolygon einer zeitlichen Entwicklung

Zu 2.1.17: In der folgenden Tabelle von absoluten Häufigkeiten ist in der ersten Spalte die Zeit in Tagen nach der Eiablage angegeben. Für jeden Tag (vom 35. bis zum 42.) ist eine Messreihe aufgestellt worden.

Tage	Ei	Larve	freischwimmend	abgestorben
35	74	0	0	26
36	56	18	0	26
37	43	30	0	27
38	15	38	18	29
39	0	21	48	31
40	0	14	54	32
41	0	0	67	33
42	0	0	67	33

Dann kann die zeitliche Entwicklung etwa der Larven durch ein Histogramm graphisch dokumentiert werden, oder auch durch ein sogenanntes *Häufigkeitspolygon* (s. Abb. 2.2).

2.2.8 Balkendiagramm und Komponenten-Balkendiagramm

Zur deutlicheren Dokumentation der Messwerte wird ein *Balken-* oder *Säulendiagramm* verwendet. Die Messreihe des 38. Tages aus den obigen Daten ist als Balkendiagramm in Abb. 2.3 dargestellt. Die Balken eines Balkendiagramms übereinander gesetzt ergeben ein Komponenten-Balkendiagramm (s. ebenfalls Abb. 2.3).

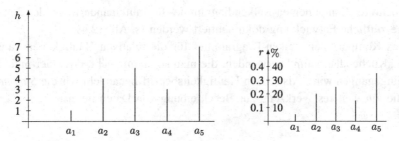

Abb. 2.1 Histogramme der absoluten und relativen Häufigkeiten

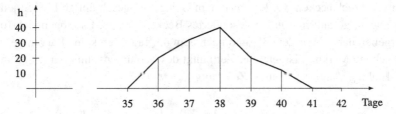

Abb. 2.2 Häufigkeitspolygon der Larvenentwicklung

Abb. 2.3 Balkendiagramm
und Komponenten-
Balkendiagramm

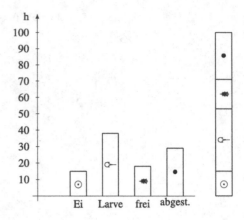

Abb. 2.4 Komponenten-
Balkendiagramme vom 35. bis
42. Tag

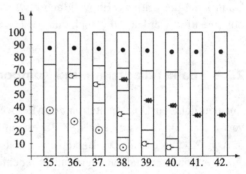

Durch mehrere Komponenten-Balkendiagramme für aufeinanderfolgende Zeitpunkte kann eine zeitliche Entwicklung dokumentiert werden (s. Abb. 2.4).

Statt eines Komponenten-Balken-Diagrammes für die relativen Häufigkeiten kann man auch ein „Kuchendiagramm" verwenden, die man so häufig sieht, dass hier nicht weiter auf sie eingegangen wird. Als letzten Häufigkeitsbegriff behandeln wir die *Summenhäufigkeit*, die ein weiteres Werkzeug zur Beschreibung von Daten liefert.

2.2.9   Beispiel: Zeitliche Entwicklung von Larven

Aus einem Aufzuchtbecken werden aus einem Gelege die geschlüpften Larven jeden Tag herausgefangen, gezählt und in ein gesondertes Becken gesetzt. Es mögen sich folgende Zahlen ergeben haben: Vor dem 35. und nach dem 43. Tag seien keine Larven geschlüpft. Das beobachtete Merkmal ist jetzt der Zeitpunkt des Schlüpfens, hier gemessen in Tagen nach der Eiablage, die sogenannte *Zeitigungsdauer*.

a_i	35	36	37	38	39	40	41	42	43	$k = 9$
$h(a_i)$	0	6	18	36	36	20	8	4	0	$n = 128$

In diesem Beispiel kann man auch fragen: Wieviele Larven sind bis zum Ende des i-ten Tages geschlüpft ? Zur Beantwortung müssen nur die Häufigkeiten sukzessive aufaddiert werden.

$$h(35) =: hh(35)$$

$$h(35) + h(36) =: hh(36)$$

$$h(35) + h(36) + h(37) =: hh(37)$$

$$\text{etc.}$$

$$h(35) + h(36) + h(37) + \ldots + h(43) =: hh(43)$$

Wir erhalten:

a_i	35	36	37	38	39	40	41	42	43
$hh(a_i)$	0	6	24	60	96	116	124	128	128

$hh(35), hh(36), \ldots, hh(43)$ heißen *Summenhäufigkeiten*; sie geben in unserem Beispiel die Anzahl der bis zu dem betreffenden Tag insgesamt geschlüpften Larven an.

2.2.10 Definition: Summenhäufigkeit

Wenn die Ausprägungen ordinalskaliert sind, wird definiert:

1. Die *absolute Summenhäufigkeit der Ausprägung* a_i ist erklärt durch:
   $hh(a_i) := h(a_1) + h(a_2) + \ldots + h(a_i) = \sum_{m=1}^{i} h(a_m) = \sum_{a_m \le a_i} h(a_m)$, $hh(a_i)$ gibt an, wie oft eine der ersten i Ausprägungen unter den Messwerten vorkommt.
   Entsprechend wird definiert:
2. Die *relative Summenhäufigkeit der Ausprägung* a_i ist:
   $rr(a_i) := r(a_1) + r(a_2) + \ldots + r(a_i) = \sum_{m=1}^{i} r(a_m) = \sum_{a_m \le a_i} r(a_m)$

Für die höchste Ausprägung a_k gilt (Vgl. die 3. Eigenschaft von 2.2.4):

$$rr(a_k) = \sum_{m=1}^{k} r(a_m) = 1$$

2.3 Empirische Häufigkeitsverteilung bei kontinuierlichem Merkmal

2.3.1 Klassenbildung

Es bietet sich an, in der Praxis genauso vorzugehen wie bei diskretem Merkmal. Etwa im Beispiel 2.1.18:

a_i [cm]	100	157	...	168	...	172	...	197	...	250
$h(a_i)$	0	2	0	2	0	3	0	1	0	0

Tatsächlich haben die Personen nicht genau die Körperlängen 157 cm, 168 cm usw. Die abgelesenen Werte basieren auf einer vorher vereinbarten Messgenauigkeit – in diesem Beispiel von einer Dezimalen – und einer Rundung – in diesem Beispiel auf die Einerstelle. Körperlänge 157 bedeutet also genau genommen, dass die Länge im Intervall [156.5, 157.5[liegt. Bei dieser Bezeichnung gehört die linke Intervallgrenze 156.5 dem Intervall an die rechte Intervallgrenze 157.5 dagegen nicht. In 7.1.3 werden Intervalle systematisch beschrieben werden. Weiter haben wir den Dezimalpunkt verwendet, weil das Komma schon zur Bezeichnung für das Intervall benutzt wurde. Dabei ist die Maßeinheit immer 1 cm, was wir jetzt nicht mehr mit anschreiben. Bei dieser Messung sind also alle Ausprägungen, die zwischen 156.5 und 157.5 liegen, zu einer Klasse zusammengefasst. Mit a_i sind hier die Klassen

$$[99.5, \; 100.5[, \; [100.5, \; 101.5[, \; [101.5, \; 102.5[, \; ... \; [249.5, \; 250.5[$$

gemeint, die – wie in diesem Beispiel – (meist) durch die Klassenmitten bezeichnet werden. Durch die *Klassenbildung* erhält man eine endliche Liste von Ausprägungen und hat das seiner Natur nach kontinuierliche Merkmal Körperlänge als ein diskretes aufgefasst. Jede Ausprägung dieser endlichen Liste besteht also aus einer Klasse von Ausprägungen des kontinuierlichen Merkmals. Eine Klasse wird dabei von einem Intervall der Länge 1 cm gebildet. Je nach Versuchsziel sind andere Intervalllängen möglich.

2.3.2 Graphische Darstellung der Summenhäufigkeit bei Klassenbildung

Auch absolute wie relative Summenhäufigkeiten können natürlich graphisch wieder durch Stab- und Balkendiagramme und durch einen Polygonzug dargestellt werden. Dabei gibt es eine Besonderheit zu beachten:

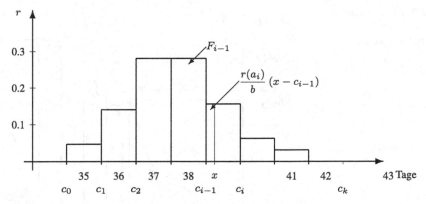

Abb. 2.5 Balkendiagramm der relativen Häufigkeit bei Klassenbildung

Besonderheit bei Klassenbildung
Bei Klassenbildung werden die Stäbe der absoluten bzw. relativen Summenhäufigkeiten stets im Endpunkt des Teilintervalles, also bei c_i, angebracht.

Das liegt daran, dass $hh(a_i)$ die Häufigkeit angibt, dass die Messung im Intervall $[c_0, c_i[$ liegt. Wir müssen berücksichtigen, dass im Beispiel 2.2.9 der Zeitpunkt des Schlüpfens ein kontinuierliches Merkmal ist und dass oben eine Klassenbildung vorgenommen ist mit einer Klassenbreite b von einem Tag.

Im folgenden bezeichne $F_m = r(a_m) \cdot b$ die Fläche eines Balkens, $m = 1, 2, \ldots, k$. (Vgl. Abb. 2.5, bei der $b = 1$ ist.) Wir fassen das Polygon der relativen Summenhäufigkeit auf als Graph einer Funktion $F(x)$ mit:

$$F(c_i) = \sum_{m \leq i} r(a_m) = \sum_{m \leq i} (F_m/b) = \frac{1}{b} \sum_{m \leq i} F_m$$

$\sum_{m \leq i} F_m$ ist die Fläche des Balkendiagramms für die relativen Häufigkeiten links von c_i.

Die Gesamtfläche des Balkendiagramms ist b; denn die Gesamtfläche ist gleich

$$\sum_{m=1}^{k} F_m = \sum_{m=1}^{k} r(a_m)\, b = \left(\sum_{m=1}^{k} r(a_m) \right) b = 1 \cdot b = b$$

(s. Abb. 2.5). Daher ist $F(c_i)$ der Flächen-*Anteil* links von c_i. Von c_{i-1} bis c_i wird die Funktion F durch lineare Interpolation festgelegt:

$$F(x) = F(c_{i-1}) + \frac{r(a_i)}{b} (x - c_{i-1}) \quad \text{für} \quad c_{i-1} \leq x \leq c_i \qquad (2.1)$$

Abb. 2.6 Histogramm und
Polygonzug der
Summenhäufigkeiten

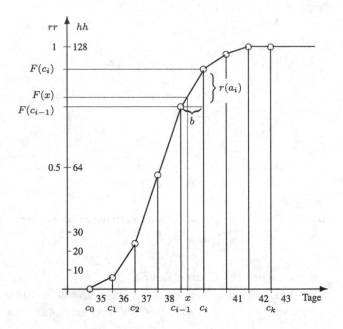

Aus Abb. 2.5 ersehen wir, dass ganz allgemein $F(x)$ der Flächenanteil links der Stelle x ist. Wir können F für alle reellen Zahlen definieren durch:

$$F(x) := 0 \quad \text{für} \quad x \leq c_0, \quad F(x) := 1 \quad \text{für} \quad x \geq c_k$$

2.3.3 Definition: Empirische Verteilungsfunktion bei Klassenbildung

Die Funktion F wird *empirische Verteilungsfunktion* genannt.

2.3.4 Zusammenfassung der Klassenbildung

Kurze Beschreibung
Die Messreihe enthält einen

$$\text{kleinsten Wert} \quad x_{\text{Min}} \quad := \quad \text{Min}\{x_1, x_2, \ldots, x_n\} \text{ und einen}$$
$$\text{größten Wert} \quad x_{\text{Max}} \quad := \quad \text{Max}\{x_1, x_2, \ldots, x_n\}.$$

Man wählt *Klassengrenzen* $c_0 < c_1 < c_2 < \ldots < c_k$, so dass $c_0 < x_{\text{Min}}$ und $x_{\text{Max}} < c_k$.

Meist wählt man eine konstante *Klassenbreite* $b = c_i - c_{i-1}$, $i = 1, 2, \ldots, k$.
Die Ausprägungen sind die Intervalle $[c_{i-1}, c_i[$ von c_{i-1} bis c_i mit Einschluss von c_{i-1} und Ausschluss von c_i; d. h. die Ausprägung a_i liegt vor, wenn der Messwert in das Intervall $[c_{i-1}, c_i[$ fällt. Als andere Bezeichnung für die Ausprägung a_i, d. h. für die Klasse $[c_{i-1}, c_i[$ wird auch die *Klassenmitte* gewählt:

$$a_i = \frac{c_{i-1} + c_i}{2}$$

Diese Bezeichnung wird immer in Beispielen wie in 2.3.1 verwendet.
In einem Balkendiagramm wählt man bei Klassenbildung als Balkenbreite die Klassenbreite (s. Abb. 2.5).
Bei Klassenbildung werden die Stäbe der absoluten bzw. relativen Summenhäufigkeiten stets im Endpunkt des Teilintervalles, also bei c_i, angebracht.
Die empirische Verteilungsfunktion ist im Intervall $[c_{i-1}, c_i]$ gegeben durch Gl. (2.1).

2.3.5 Ausblick auf die weiteren Kapitel über Stochastik

Die Rolle der Klassenbildung für das weitere Verständnis der Wahrscheinlichkeitsrechnung und Statistik
Die Wahl von Balkenbreite als Klassenbreite und die Anbringung der Balken zwischen den Klassengrenzen werden sehr wichtig werden, wenn wir in Kap. 14 kontinuierliche Merkmale systematisch behandeln.
Das Analogon der Summenhäufigkeit wird uns in der Wahrscheinlichkeitsrechnung und Statistik als Verteilungsfunktion wieder begegnen (vgl. Abschn. 14.1). Der Polygonzug der Summenhäufigkeit spielt insbesondere bei statistischen Maß-werten (Zentralwerte und Quantile) im Falle einer Klassenbildung eine Rolle (s. Abschn. 3.4).
Die Larvenentwicklung ist natürlich nur ein Demonstrations-Beispiel. Um aus einer Messreihe in der Praxis Nutzen zu ziehen, sollte sie so groß sein, dass in jede Klasse „ausreichend viele" Messwerte fallen. Steht jedoch nur eine begrenzte Anzahl von Messwerten zur Verfügung, so kann man sich manchmal damit helfen, die Klassenbreite so groß zu wählen, dass in jede Klasse „einige" Messwerte fal-

len. Dabei ist am praktischen Beispiel zu entscheiden, was „ausreichend viele"
oder „einige" bedeuten soll. In der Regel ist das eine Aufgabe der beurteilenden
Statistik, die in den letzten beiden Kapiteln dieses Buches behandelt wird.

2.4   Ausgewählte Übungsaufgaben

2.4.1   Aufgabe

Stellen Sie für die beiden folgenden Messreihen die Balkendiagramme für die Häufigkeit
und die relative Summenhäufigkeit auf. Dabei liege die Ordinalskala L, M, S, G zugrunde.
(Definitionen von L, M, S, G wie in Abschn. 3.1.4).)

$$x = (LSLGSL) \quad x = (LSMSLSGM)$$

Statistische Maßwerte

3

Überblick

Der Stoff dieses Kapitels gehört noch zur Beschreibenden Statistik, wurde aber zweckmäßigerweise in einem eigenen Kapitel gestaltet. Statistische Maßwerte sind Werte, die über die Messreihe $x = (x_1, x_2, \ldots, x_n)$ eine wesentliche Information liefern. Zwei statistische Maßwerte bei einem Merkmal mit Ordinalskala haben wir bereits kennengelernt, x_{Min} und x_{Max} (vgl. 2.3.4). Des weiteren werden hier behandelt: Der Zentralwert oder Median, das Zentrale Wertepaar, das arithmetische Mittel und Streuungsmaße, die die Streuung der Daten um den Mittelwert beschreiben. Eine Besonderheit stellen Merkmale dar, deren Ausprägungen nur auf einer Ordinalskala und nicht auf einer Intervallskala liegen. Für sie kann man nicht allgemein einen Zentralwert definieren jedoch ein Zentrales Wertepaar. Auf die Bedeutung des Zentralen Wertepaares wird in einfachen Beispielen besonders hingewiesen und zwar bei Erkrankungsgraden. Abschließend wird die graphische Darstellung der statistischen Maßwerte durch eine Kastengraphik (engl. boxplot) beschrieben. Liegen die Ausprägungen in einem Intervall reeller Zahlen, dann teilt man das Intervall in Klassen ein und kann dann die Maßwerte bilden. Dies wird u. a. wesentlich zum Verständnis der Kontinuierlichen Wahrscheinlichkeitsmodelle und ihrer Maßzahlen.

3.1 Das Zentrale Wertepaar und der Median

Wir definieren zunächst einen Begriff, den wir später brauchen werden. Die Messwerte seien (mindestens) ordinalskaliert in diesem Abschnitt.

© Springer Fachmedien Wiesbaden 2015
A. Riede, *Mathematik für Biowissenschaftler,*
DOI 10.1007/978-3-658-03687-4_3

3.1.1   Definition: Variationsreihe

Die Messreihe $x = (x_1, x_2, \ldots, x_n)$ der Ordnung nach angeschrieben, heißt die *Variationsreihe* $y = (y_1, y_2, \ldots, y_n)$. Sie besteht also aus den gleichen Elementen wie die ursprüngliche Messreihe x, die Elemente sind aber in die richtige Reihenfolge gebracht. Genauer: Zuerst kommen alle x_i, die gleich a_1 sind in irgendeiner Reihenfolge, dann die x_i, die gleich a_2 sind in irgendeiner Reihenfolge usw.

3.1.2   Definition des unteren und oberen Zentralwertes

Das Merkmal habe die Ausprägungen $a_1, a_2, \ldots, a_k$, die der Ordnung nach aufgeschrieben seien. Dann ist der *untere Zentralwert* Z_u dasjenige a_r, bei dem die relative Summenhäufigkeit zum ersten Mal den Wert 0,5 erreicht oder übersteigt. D. h. $rr(a_{r-1}) < 0{,}5$ und $rr(a_r) \geq 0{,}5$. Der *obere Zentralwert* Z_o ist dasjenige a_s mit $r(a_k)+r(a_{k-1})+\ldots+r(a_{s+1}) < 0{,}5$ und $r(a_k) + r(a_{k-1}) + \ldots + r(a_s) \geq 0{,}5$. I. a. ist $Z_u \leq Z_o$. Für $Z_u < Z_o$ heißt (Z_u, Z_o) das *zentrale Wertepaar*, im Falle $Z = Z_u = Z_o$ heißt Z der *Zentralwert* oder *Median*.

Aus der Variationsreihe liest man das zentrale Wertepaar wie folgt ab:

Es gibt zwei Fälle:

1. n gerade
   Dann kann die Variationsreihe in zwei gleich lange Stücke aufgeteilt werden:
   $(y_1, \ldots, y_{\frac{n}{2}}, y_{\frac{n}{2}+1}, \ldots, y_n)$ Es ist: $Z_u := y_{\frac{n}{2}}, \quad Z_o := y_{\frac{n}{2}+1}$
2. n ungerade
   In diesem Falle gibt es ein mittleres Element, nämlich $y_{\frac{n+1}{2}}$, in dem Sinne, dass vor und nach ihm gleich viele Elemente kommen
   $(y_1, \ldots, y_{\frac{n+1}{2}-1}, y_{\frac{n+1}{2}}, y_{\frac{n+1}{2}+1}, \ldots, y_n)$. Dann ist $Z_u = Z_o = Z = y_{\frac{n+1}{2}}$.

3.1.3   Definition

Bilden die Ausprägungen eine Intervallskala, so kann man als Zentralwert definieren:

$$Z = \frac{Z_u + Z_o}{2}$$

3.1.4   Beispiele: Untersuchung von Kranken auf den Erkrankungsgrad

Bei einer Massenerkrankung ist es wichtig für die Gesundheitsdienste zu wissen, welchen Anteil die leicht Erkrankten ausmachen, welchen die mittelschwer Erkrankten usw. Dies kann durch Angabe der Zentralwerte erfolgen. Die Schweregrade werden angegeben durch die Ausprägungen:

$$L \qquad M \qquad S \qquad G$$

leicht   mittel   schwer   lebensgefährlich

Die Skala ist nur eine Ordinalskala. Dem Gradunterschied kommt keine quantitative Bedeutung zu, was wir in 2.1.6 schon genauer dargelegt hatten.

$$\text{Sei} \quad x = (L, M, M, L, S, S, M, G) \quad n = 8 \tag{3.1}$$

	L	M	S	G
h	2	3	2	1
r	2/8	3/8	2/8	1/8
rr	2/8	5/8	7/8	8/8
	<0,5	≥0,5		
	$Z_u = M = a_2$			

$r(G) = 1/8 < 0,5$, $r(G) + r(S) = 3/8 < 0,5$, $r(G) + r(S) + r(M) = 6/8 \geq 0,5$
$\Rightarrow Z_o = M = a_2 \quad Z_u = Z_o$.
Fazit in Worten: Bei mindestens der Hälfte der Patienten ist die Krankheit höchstens mittelschwer und bei mindestens der Hälfte der Patienten ist sie mindestens mittelschwer.

$$\text{Sei} \quad x = (L, S, S, L, G, L) \quad n = 6 \tag{3.2}$$

	L	M	S	G
h	3	0	2	1
r	3/6	0	2/6	1/6
rr	3/6	3/6	5/6	6/6
	≥0,5			
	$Z_u = L = a_1$			

$r(G) = 1/6 < 0,5$, $r(G) + r(S) = 3/6 \geq 0,5 \Rightarrow Z_o = S = a_3 \quad Z_u < Z_o$.
Das Ergebnis in Worten: Bei mindestens der Hälfte der Patienten ist die Krankheit nur leicht und bei mindestens der Hälfte der Patienten ist sie mindestens schwer.

$$\text{Sei} \quad x = (G, M, L, M, S, G, L, G, G, M) \quad n = 10 \tag{3.3}$$

	L	M	S	G
h	2	3	1	4
r	2/10	3/10	1/10	4/10
rr	2/10	5/10	6/10	10/10
	<0,5	≥0,5		
$Z_u = M = a_2$

$r(G) = 4/10 < 0{,}5$, $r(G) + r(S) = 5/10 \geq 0{,}5 \Rightarrow Z_o = S = a_3 \quad Z_u < Z_o$.

Das bedeutet in Worten: Bei mindestens der Hälfte der Patienten ist die Krankheit höchstens mittelschwer und bei mindestens der Hälfte der Patienten ist die Krankheit mindestens schwer.

3.1.5 Bemerkung

Ändern sich die Messwerte so, dass diejenigen unterhalb Z unterhalb Z bleiben und diejenigen oberhalb Z oberhalb Z bleiben, so ändert sich Z nicht. Das bedeutet, dass Z gegen einen „Ausreißer" nach oben oder unten unempfindlich ist.

3.2 Das arithmetische Mittel

In diesem Abschnitt betrachten wir ein quantitatives Merkmal mit einer Intervallskala.

3.2.1 Definition

Die Zahl $\quad \bar{x} = \frac{1}{n}(x_1 + x_2 + \cdots + x_n) = \frac{1}{n} \sum_{j=1}^{n} x_j$ heißt *das arithmetische Mittel* der Messreihe $(x_1, x_2, \ldots, x_n)$.

3.2.2 Berechnung aus den absoluten und relativen Häufigkeiten

Kommen unter den $x_1, x_2, \ldots, x_n$ genau die Ausprägungen $a_1, a_2, \ldots, a_k$ vor und jedes a_i $h(a_i)$-mal, so berechnet sich das arithmetische Mittel aus den Häufigkeiten und relativen Häufigkeiten wie folgt:

$$\bar{x} = \sum_{i=1}^{k} \frac{h(a_i)}{n} a_i = \sum_{i=1}^{k} r(a_i) a_i$$

3.2.3 Beispiel

Im Beispiel 2.2.9 erhalten wir als mittlere Zeitigungsdauer:

$$\bar{x} = \frac{1}{128}\,(0{\cdot}35+6{\cdot}36+18{\cdot}37+36{\cdot}38+36{\cdot}39+20{\cdot}40+8{\cdot}41+4{\cdot}42+0{\cdot}43) = 38{,}7 \text{ Tage}$$

3.2.4 Eigenschaften des arithmetischen Mittels

Für eine Konstante c gilt:

1. Ersetzt man die Messreihe $(x_1, x_2, \ldots, x_n)$ durch
   $(y_1, y_2, \ldots, y_n) := (x_1 - c, x_2 - c, \ldots, x_n - c)$, dann ist
   $\bar{y} = \bar{x} - c$ oder nach $\bar{x}$ aufgelöst: $\bar{x} = \bar{y} + c$
2. Für $y = (cx_1, cx_2, \ldots, cx_n)$ ist $\bar{y} = c\,\bar{x}$

Zu 1:
(Hier werden Klammern weggelassen und stattdessen die Terme, die zuerst auszurechnen sind, näher zusammengerückt.)

$$\bar{y} = \frac{1}{n}\sum_{j=1}^{n} y_j = \frac{1}{n}\sum_{j=1}^{n}(x_j - c) = \frac{1}{n}\sum_{j=1}^{n} x_j \;-\; \frac{1}{n}\sum_{j=1}^{n} c$$

$$= \frac{1}{n}\sum_{j=1}^{n} x_j \;-\; \frac{1}{n}\,nc = \bar{x} - c$$

Zu 2:

$$\bar{y} = \frac{1}{n}\sum_{j=1}^{n} y_j = \frac{1}{n}\sum_{j=1}^{n} c\,x_j = c\,\frac{1}{n}\sum_{j=1}^{n} x_j = c\,\bar{x}$$

Davon gibt es den Formeln 3.2.2 entsprechende Ausdrücke:

3.2.5 Formeln mit den Häufigkeiten

$$\bar{x} = \frac{1}{n}\sum_{i-1}^{k} h(a_i)\,(a_i - c) + c$$

$$\bar{x} = \sum_{i=1}^{k} r(a_i)\,(a_i - c) + c$$

Als c verwendet man in der Praxis einen Näherungswert für $\bar{x}$. Der praktische Nutzen
dieser Formeln liegt dann darin, dass die auftretenden Zahlen in ihrer Größenordnung
weniger stark voneinander abweichen; dies hilft, Rundungsfehler klein zu halten.

3.2.6 Bemerkung

$\bar{x}$ ist abhängig von der Größe jedes einzelnen Messwertes x_i. Das bedeutet, dass ein
„Ausreißer" das arithmetische Mittel bei kleinen Messreihen stark beeinflussen kann,
weil er nicht durch die Masse der anderen Messwerte ausgeglichen werden kann. Bei
kleinen Messreihen nimmt man daher stattdessen oft lieber den Zentralwert (vgl. 3.1.2).

3.3 Streuungsmaße

In diesem Abschnitt betrachten wir wieder ein Merkmal mit einer Intervallskala aus
reellen Zahlen.
Man stellt sich nun vor, dass alle Messwerte irgendwie um den Mittelwert $\bar{x}$ gestreut
liegen. Streuungsmaße sollen dies quantitativ fassen. Das einfachste Streuungsmaß ist
folgendes (vgl. 2.3.4):

3.3.1 Definition: Variationsbreite

$$\textit{Variationsbreite} \quad v := x_{\text{Max}} - x_{\text{Min}}$$

Die Variationsbreite wird auch *Spannweite* genannt.
Als ein interessanteres Streuungsmaß könnte man folgendes vermuten:
$w_j = x_j - \bar{x}$ ist die Abweichung des j-ten Messwertes von Mittelwert. Nun könnte man
das arithmetische Mittel der w_j bilden. Dies ist jedoch immer Null, also keineswegs in
irgendeiner Weise charakteristisch für eine bestimmte Messreihe; denn es gilt:

$$\frac{1}{n}\sum_{j=1}^{n} w_j = \frac{1}{n}\sum_{j=1}^{n}(x_j - \bar{x}) = \frac{1}{n}\sum_{j=1}^{n} x_j - \frac{1}{n}\sum_{j=1}^{n}\bar{x} = \bar{x} - \frac{1}{n}n\bar{x} = \bar{x} - \bar{x} = 0$$

Eher geeignet ist das arithmetische Mittel der $|w_j| = |x_j - \bar{x}|$:

3.3.2 Definition: Mittlere absolute Abweichung

$$d = \frac{1}{n} \sum_{j=1}^{n} |w_j| = \frac{1}{n} \sum_{j=1}^{n} |x_j - \bar{x}|$$

d heißt *mittlere absolute Abweichung*.
Die meist verwendeten Maßzahlen für die Streuung sind die folgenden:

3.3.3 Definition: Mittlere quadratische Abweichung oder Varianz

$$s_n^2 = \frac{1}{n} \sum_{j=1}^{n} (x_j - \bar{x})^2 = \frac{1}{n} \sum_{j=1}^{n} w_j^2$$

heißt *mittlere quadratische Abweichung* oder *(empirische) Varianz*. Später wird sich unter anderen Gesichtspunkten ergeben, dass man statt $\frac{1}{n}$ besser $\frac{1}{n-1}$ nimmt (s. 16.1.6 bis 16.1.13).

3.3.4 Definition: Empirische Standardabweichung

$$s_n = \sqrt{\frac{1}{n} \sum_{j=1}^{n} (x_j - \bar{x})^2} = \sqrt{\frac{1}{n} \sum_{j=1}^{n} w_j^2}$$

heißt *(empirische) Standardabweichung*.

3.3.5 Vergleich

der mittleren absoluten und der Standardabweichung in Beispielen

1.

x_j	26	13	17	25	24	27	12	27	26	13	$\bar{x} = 21$
$|x_j - \bar{x}|$	5	8	4	4	3	6	9	6	5	8	

2.

x_j	4	25	23	21	11	21	40	22	19	24	$\bar{x} = 21$
$|x_j - \bar{x}|$	17	4	2	0	10	0	19	1	2	3	

	$\sum |w_j|$	d	s_n^2	s_n
Im 1. Beispiel	58	5,8	37,1	6,10
Im 2. Beispiel	58	5,8	78,4	8,85

3.3.6 Kommentar

Die zweite Messreihe besitzt stärkere Abweichungen vom Mittelwert, was nur dadurch kompensiert wird, dass manche Messwerte eine sehr kleine Abweichung (z. B. 0) vom Mittelwert haben, so dass die mittlere absolute Abweichung beider Messreihen gleich wird. Die stärkere Schwankung der zweiten Messreihe um den Mittelwert drückt sich aber bei der Standardabweichung aus, sie ist für die zweite Messreihe größer.

Die Varianz kann auch auf andere Weisen berechnet werden:

3.3.7 Formeln für die Varianz

(Klammern weglassen, zuerst auszurechnende Terme näher zusammengerückt.)

1. $s_n^2 = \frac{1}{n} \sum_{j=1}^{n} x_j^2 \quad - \quad \bar{x}^2$

2. $s_n^2 = \frac{1}{n} \sum_{i=1}^{k} h(a_i)(a_i - \bar{x})^2 = \frac{1}{n} \sum_{i=1}^{k} h(a_i)a_i^2 \quad - \quad \bar{x}^2$

3. $s_n^2 = \sum_{i=1}^{k} r(a_i)(a_i - \bar{x})^2 = \sum_{i=1}^{k} r(a_i)a_i^2 \quad - \quad \bar{x}^2$

4. $s_n^2 = \frac{1}{n} \sum_{i=1}^{k} h(a_i)(a_i - c)^2 \quad - \quad (\bar{x} - c)^2$

5. $s_n^2 = \sum_{i=1}^{k} r(a_i)(a_i - c)^2 \quad - \quad (\bar{x} - c)^2$

Dabei wird als Konstante c in der Praxis ein Schätzwert für $\bar{x}$ genommen.

Wir rechnen die erste Formel nach:

$$s_n^2 = \frac{1}{n} \sum_{j=1}^{n} (x_j - \bar{x})^2$$

$$= \frac{1}{n} \sum_{j=1}^{n} (x_j^2 - 2x_j\bar{x} + \bar{x}^2)$$

$$= \frac{1}{n} \sum_{j=1}^{n} x_j^2 \quad - \quad 2\bar{x}\frac{1}{n} \sum_{j=1}^{n} x_j \quad + \quad \frac{1}{n} \sum_{j=1}^{n} \bar{x}^2$$

$$= \frac{1}{n} \sum_{j=1}^{n} x_j^2 \quad - \quad 2\bar{x}^2 \quad + \quad \bar{x}^2 = \frac{1}{n} \sum_{j=1}^{n} x_j^2 \quad - \quad \bar{x}^2$$

Abb. 3.1 Box-Plot

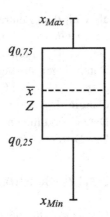

3.3.8 Beispiel: Körperlänge von Erwachsenen

a_i	150	160	170	180	190	n
$h(a_i)$	18	52	41	50	10	171
$a_i - c$	-20	-10	0	10	20	

Schätzwert $c = 170$

In der letzten Zeile stehen die Abweichungen der a_i vom Schätzwert. Nach 3.2.5 und nach der 4. Formel von 3.3.7 ergibt sich: $\bar{x} = 168.95$ $s_n^2 = 125.14$ $s_n = 11.19$
Die Bedeutung von s_n besteht unter anderem darin, dass im Intervall $]\bar{x} - s_n, \bar{x} + s_n[$ „viele" Messwerte liegen. In unserem Beispiel ist $]\bar{x} - s_n, \bar{x} + s_n[\,= \,]157.76, 180.14[$. In diesem Intervall liegen 143 der 171 Messwerte, das sind 84 %.

3.3.9 Definition

$]\bar{x} - s_n, \bar{x} + s_n[$ heißt *Standard-Streuintervall*.

3.3.10 Box-Plots

Box-Plots geben in graphischer Form einen schnellen Überblick über vorliegende Daten (Abb. 3.1).
Zur Beschreibung wird der Begriff eines Quartils benötigt.

3.3.11 Definition: Quartile

Grob gesagt: Der Wert, bis zu dem 1/4 d. h. 25 % aller Daten liegen, heißt das 1. Quartil. Das 2. Quartil ist der Wert, bis zu dem 2/4 d. h. 50 % auftreten; das 2. Quartil stimmt

also mit dem Zentralwert überein. Das 3. Quartil ist der Wert, bis zu dem 3/4 d. h. 75 %
der Daten vorkommen.

Genaue Beschreibung: Der kleinste Wert, bis zu dem mindestens 1/4 d. h. 25 % aller
Daten liegen, heißt das 1. Quartil. Das 2. Quartil ist der kleinste Wert, bis zu dem mindestens 2/4 d. h. 50 % auftreten; das 2. Quartil stimmt also mit dem unteren Zentralwert
überein. Das 3. Quartil ist der kleinste Wert, bis zu dem mindestens 3/4 d. h. 75 % der
Daten vorkommen.

Der Differenz von 3. und 1. Quartil wird *Quartilsabstand* genannt.

3.3.12   Beschreibung eines Box-Plots

Die Skala für die Daten wird auf die vertikale Achse gelegt. Zunächst zeichnet man
vom 1. Quartil $q_{0,25}$ bis zum 3. Quartil $q_{0,75}$ eine Box (deutsch: einen Kasten), in der
man mit einer durchgezogenen Linie den Zentralwert und einer gestrichelten Linie das
arithmetische Mittel angibt. Grob gesagt: Im Kasten liegen die mittleren 50 % der Werte,
darunter die unteren 25 % und darüber die oberen 25 %. Die Box erhält Antennen (auch
Schnurrhaare genannt) vom minimalen Messwert bis zum 1. Quartil und vom 3. Quartil
bis zum maximalen Wert. Verfeinerungen dieses Boxplots sind üblich, in denen z. B. die
Kandidaten für Ausreißer eingetragen werden.

3.4   Der Fall der Klassenbildung

3.4.1   Der klassifizierte Zentralwert

Sei F die Funktion, die den Polygonzug der Summenhäufigkeit beschreibt. (vgl. 2.3.2).
Der *klassifizierte Zentralwert* ist die kleinste Stelle, für die $F(Z) = 0,5$ ist.

Mit den Daten von Beispiel 2.2.9 erhalten wir $Z = 38,1$. Dies bestimmen wir graphisch
wie in Abb. 3.2 mit dem Polygonzug der Summenhäufigkeit. Dieses Vorgehen wird in
Abb. 3.3 mit dem Balkendiagramm der relativen Häufigkeiten nochmals erläutert.

Wir können Z auch ausrechnen nach der Formel (2.1):

$$0,5 = F(38) + \frac{r(39)}{1}(Z - 38)$$

$$0,5 = \frac{60}{128} + \frac{36}{128}(Z - 38)$$

$$Z = \left(0,5 - \frac{60}{128}\right)\frac{128}{36} + 38$$

$$Z = 38,11$$

Abb. 3.2 Klassifizierter
Zentralwert im Polygonzug
der Summenhäufigkeiten

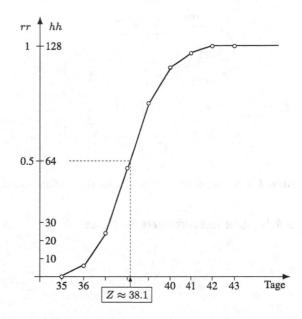

3.4.2 Das klassifizierte arithmetische Mittel

Wir bezeichnen die Klasse $[c_{i-1}, c_i[$ durch die Klassenmitte a_i. Sei $h(a_i)$ die Anzahl der x_j mit $x_j \in [c_{i-1}, c_i[$.

3.4.3 Definition: Klassifiziertes arithmetisches Mittel

$$M = \frac{1}{n} \sum_{i=1}^{k} h(a_i)\, a_i = \sum_{i=1}^{k} r(a_i)\, a_i \quad \text{heißt } \textit{klassifiziertes arithmetisches Mittel.}$$

Im Beispiel 3.2.3 handelt es sich in der Tat um das klassifizierte arithmetische Mittel, da ja bereits eine Klassenbildung bei Aufstellung der Tab. 2.2.9 vorgenommen ist. Im allgemeinen ist $M \neq \bar{x}$.

3.4.4 Ein Zahlenbeispiel

Wir verwenden den Dezimalpunkt statt des Dezimalkommas. Für die Messreihe $x = (1.7, 2.6, 1.9, 2.1, 1.8)$ ist $\bar{x} = 2.02$. Wir bilden zwei Klassen $[1.5, 2.5[$ und $[2.5, 3.5[$ mit $a_1 = 2$ und $a_2 = 3$, dann ist $h(a_1) = 4$ und $h(a_2) = 1$. Wir bekommen $M = \frac{1}{5}(4 \cdot 2 + 1 \cdot 3) = \frac{11}{5} = 2{,}2$. M ist also verschieden von $\bar{x}$. Wir vermerken jedoch, ohne näher darauf einzugehen, dass bei „großen" Messreihen M „praktisch" gleich $\bar{x}$ ist, insbesondere ist es dann bei Verwendung „kleine" Klassenbreiten unabhängig von der Klassenbreite.

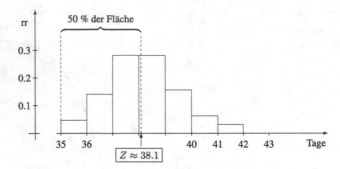

Abb. 3.3 Klassifizierter Zentralwert im Balkendiagramm der relativen Häufigkeit

3.4.5 Die klassifizierte Varianz

$$S^2 := \sum_{i=1}^{k} r(a_i)(a_i - M)^2 = \sum_{i=1}^{k} r(a_i)a_i^2 \quad - \quad M^2$$

heißt *klassifizierte Varianz, S klassifizierte Standardabweichung.*

3.5 Ausgewählte Übungsaufgaben

3.5.1 Aufgabe

Bestimmen Sie für die folgenden Messreihen jeweils die zentralen Wertepaare bzw. wenn möglich den Median.

a) $x = (LSLGSL)$
b) $x = (LSMSLSGM)$
c) $x = (LMMLSSMG)$.

Formulieren Sie mit der Alltagssprache, was das Ergebnis in der Praxis für die Erkrankten bedeutet. (Definitionen von L, M, S, G wie in Abschn. 3.1.4.)

3.5.2 Aufgabe

Betrachten Sie die folgende auf einer Intervallskala liegende Messreihe:
11 25 21 24 19 25 28 24 22 23

Zu bestimmen sind die folgenden Maßzahlen: a) Arithmetisches Mittel b) Median c) Minimum d) Maximum e) Spannweite (Variationsbreite) f) unteres Quartil $q_{0,25}$ g) oberes Quartil $q_{0,75}$ h) Quartilsabstand i) Varianz j) Standardabweichung. Zeichnen Sie den Box-Plot.

3.5.3 Aufgabe

Gegeben sei die Messreihe eines quantitativen Merkmals. Es liege also eine Intervallskala vor.

7,2 4,8 6,2 5,6 5,7 5,3 6,9 7,8

a) Bestimmen Sie den Zentralwert wie in Definition 3.1.3.
b) Führen Sie eine Klasseneinteilung durch mit konstanter Klassenbreite 1 und den Klassenmitten $m_i = 5, 6, 7, 8$ für $i = 1, 2, 3, 4$. Stellen Sie dafür die Tabelle der Summenhäufigkeiten auf und bestimmen Sie wie in 3.4.1 den klassifizierten Zentralwert. Verwenden Sie die Formel (2.1) aus Abschn. 2.3.2.
c) Bestimmen Sie graphisch den klassifizierten Zentralwert durch Betrachtung des Polygons der relativen Summenhäufigkeit.

Endliche Wahrscheinlichkeitsmodelle

4

Überblick

Hier wird für den endlichen Fall der grundlegende Begriff eines Wahrscheinlichkeitsmodells entwickelt, in dem sich alle weiteren Überlegungen und Berechnungen abspielen. Für Wahrscheinlichkeitsmodelle gibt es die entsprechenden Maßzahlen wie in der Beschreibenden Statistik. Statt Mittelwert sagt man Erwartungswert und statt Streuung Varianz.

Die Unabhängigkeit von Ereignissen wird mit dem Begriff der bedingten Wahrscheinlichkeit für einen rechnerischen Umgang erschlossen und auf die Problematik von Reihenuntersuchungen am Beispiel der Mammographie angewandt.

4.1 Zufällige Ereignisse

Wir befassen uns mit Versuchen, deren Ausgang vom Zufall abhängt.

Die Menge $\Omega := \{a_1, a_2, \ldots, a_k\}$ der Ausprägungen a_i, $i = 1, 2, \ldots, k$ enthält alle Ausgänge eines Versuchs über ein bestimmtes Merkmal X mit endlich vielen Ausprägungen a_i. Da der Beobachtungswert x bei der Beobachtung des Merkmals X vom Zufall abhängt, nennt man X ein *Zufallsmerkmal*.

4.1.1 Beispiel

An einem bestimmten Genort seien zwei Gene möglich: E und e. Die Untersuchung des Genpaares hat folgende Menge von Ausgängen:

$$\Omega = \{EE, Ee, ee\}$$

© Springer Fachmedien Wiesbaden 2015
A. Riede, *Mathematik für Biowissenschaftler,*
DOI 10.1007/978-3-658-03687-4_4

Bei diesem Beispiel kann man auch fragen: Ist das Genpaar homozygot? Homozygot bedeutet, dass man *EE* oder *ee* beobachtet. Homozygot ist also ein aus mehreren Ausprägungen zusammengesetztes Ereignis des Versuchs. Es ist gekennzeichnet dadurch, dass für den Messwert x gilt:

$$x \in \{EE, ee\}$$

4.1.2 Definition: Zufälliges Ereignis

Ein Versuchsergebnis, das durch $x \in A$ beschrieben werden kann, wobei A eine Teilmenge von Ω ist, heißt in der *Stochastik, der Lehre vom Zufall*, ein *zufälliges Ereignis*. Da die Ereignisse umkehrbar eindeutig den Teilmengen A, B etc. von Ω entsprechen, werden die Ereignisse auch mit A, B etc. bezeichnet.

Die einelementigen Teilmengen $\{a_i\}$ gehören zu den sogenannten *Elementarereignissen* $x = a_i$, $i \in \{1, 2, \ldots, k\}$. Zu ganz Ω gehört das *sichere Ereignis* $x \in \Omega$. Zur *leeren Menge* $\emptyset$ gehört das *unmögliche Ereignis* $x \in \emptyset$. $x \in \emptyset$ und $x \in \Omega$ nennt man auch *triviale Ereignisse*.

In obigem Beispiel 4.1.1 hat man folgende Ereignisse:

4.1.3 Ereignisse des obigen Beispiels

$\emptyset$	unmöglich
$\{ee\}$	rezessiv − homozygot
$\{EE\}$	dominant − homozygot $\Big\}$ Elementar − Ereignisse
$\{Ee\}$	heterozygot
$\{EE, ee\}$	homozygot
$\{ee, Ee\}$	rezessives Allel vorhanden
$\{EE, Ee\}$	dominantes Allel vorhanden
Ω	sicher

4.1.4 Der Würfel als Demonstrationsbeispiel

Die Zufallsgröße X ist die Augenzahl.

$$x \text{ ungerade} \quad \text{bedeutet} \quad x \in \{1,3,5\}$$
$$x \text{ gerade} \quad \text{bedeutet} \quad x \in \{2,4,6\}$$
$$x \text{ mindestens } 3 \quad \text{bedeutet} \quad x \in \{3,4,5,6\}$$

Zwei Ereignisse $x \in A$ und $x \in B$ bestimmen ein drittes Ereignis, das darin besteht, dass die beiden Ereignisse gleichzeitig eintreten.

4.1.5 Das Durchschnittsereignis

$$(x \in A \text{ und } x \in B) \; = \; (x \in A \cap B)$$

Diese Identität gilt dabei, weil der *Durchschnitt von zwei Mengen* definiert ist durch:

4.1.6 Definition: Durchschnitt von zwei Mengen

$$A \cap B := \{x; \; x \in A \text{ und } x \in B\}$$

4.1.7 Beispiel

Beim Würfeln sind die folgenden Ereignisse gleich
$(x \text{ gerade und } x \text{ mindestens } 3) \; = \; (x \in \{2,4,6\} \text{ und } x \in \{3,4,5,6\}) \; = \; (x \in \{4,6\})$,
da $\{4,6\} = \{2,4,6\} \cap \{3,4,5,6\}$.

4.1.8 Sich gegenseitig ausschließende Ereignisse

Haben A und B gar keine gemeinsamen Elemente, $A \cap B = \emptyset$, d. h. *schließen sich A und B gegenseitig aus*, so ist $(x \in A$ und $x \in B)$ das unmögliche Ereignis $x \in \emptyset$. Durch die Einführung des Symbols $\emptyset$ fügt sich dieser Spezialfall also in das allgemeine Schema ein. Ist $A \cap B = \emptyset$, so spricht man auch von *disjunkten* Mengen und nennt auch die zugehörigen Ereignisse *disjunkt*.
Außerdem können wir aus A und B das folgende Ereignis bilden:

4.1.9 Das Vereinigungsereignis

$$(x \in A \text{ oder } x \in B) \;=\; (x \in A \cup B)$$

Dabei sind die angegebenen Ereignisse gleich, weil die Vereinigung von zwei Mengen A und B gerade erklärt ist durch:

4.1.10 Definition: Vereinigung von zwei Mengen

$$A \cup B := \{x; \; x \in A \text{ oder } x \in B\}$$

4.1.11 Beispiel

Beim Würfeln haben wir $(x$ gerade oder x mindestens 3$) \;=\; (x$ mindestens 2$)$, weil $\{2,4,6\} \cup \{3,4,5,6\} \;=\; \{2,3,4,5,6\}$ ist. Man beachte, dass hier das nicht ausschließende „oder" gemeint ist, das manchmal zur besseren Deutlichkeit mit „und/oder" bezeichnet wird.

Das *Gegenereignis* zu einem Ereignis E ist das Ereignis, dass E nicht eintrifft. Ist E gekennzeichnet durch die Menge $A \subset \Omega$, so ist das Gegenereignis gekennzeichnet durch die *Komplementärmenge* von A in Ω, für die es verschiedene Bezeichnungen gibt:

4.1.12 Gegenereignis

$$\overline{A} = \mathcal{C}(A) = \mathcal{C}A = \mathcal{C}_\Omega(A) = \Omega \backslash A := \{z; \; z \in \Omega \text{ und } z \notin A\}$$

Die Bezeichnungen $\overline{A}$ und $\mathcal{C}(A)$ werden nur dann verwendet, wenn klar ist, bezüglich welcher Menge Ω die Komplementärmenge gebildet wird. Beim Würfeln ist z. B. das Ereignis „gerade" charakterisiert durch $A \;=\; \{2,4,6\}$, das Gegenereignis „ungerade" durch $\{1,3,5\} = \{1,2,3,4,5,6\} \backslash \{2,4,6\}$.

$$\mathcal{C}(\mathcal{C}(A)) = A, \; A \cap \mathcal{C}(A) = \emptyset \text{ und } A \cup \mathcal{C}(A) = \Omega \tag{4.1}$$

D. h. A ist auch das Gegenereignis von $\mathcal{C}(A)$, Gegenereignisse schließen sich aus und eines von beiden trifft stets ein.

4.1.13 Zusammenfassung

Begriffe, Regeln und Beispiele

	Begriffe	Beispiele
Bezeichnungen:	$\Omega := \{a_1, a_2, \cdots, a_k\} :=$ Menge aller Ausprägungen Eine Ausprägung wird auch Versuchsausgang genannt	Genpaar: $\Omega = \{Ee, EE, ee\}$ (Paar in dem Sinne, dass Ee und eE dasselbe bedeuten) Würfeln: $\Omega = \{1, 2, 3, 4, 5, 6\}$
Definitionen:	Für $A \subset \Omega$ heißt $x \in A$ ein *zufälliges Ereignis*. Die Menge A und das Ereignis $x \in A$ werden beide mit A bezeichnet.	$H = \{EE, ee\} \subset \Omega$ ist das Ereignis $H =$ homozygot $\{1, 3, 5\} =$ ungerade $\{3, 4, 5, 6\} =$ mindestens 3
	$\{a_i\}$ heißen für $i = 1, 2, \ldots, k$ *Elementar-Ereignisse*	$\{EE\}, \{ee\}, \{Ee\}$
Regeln:	A und B entspricht $A \cap B$ A oder B entspricht $A \cup B$	Ungerade und mindestens 3 entspricht $\{3, 5\}$ ungerade oder mindestens 3 entspricht $\{1, 3, 4, 5, 6\}$
Definition:	Das *Gegenereignis* zu $x \in A$ ist $x \notin A$. Zum Gegenereignis gehört die Menge: $\overline{A} = \mathcal{C}(A) = \mathcal{C}A = \mathcal{C}_\Omega A = \Omega \backslash A = \{x \in \Omega; x \notin A\}$	$A = \{EE, ee\}$ homozygot $\overline{A} = \{Ee\}$ heterozygot
Regeln:	A und B *schließen sich gegen= seitig aus* bedeutet: $A \cap B = \emptyset$ $\mathcal{C}\mathcal{C}A = A$; A ist auch das Gegenereignis von $\mathcal{C}A$ (s. u.) $A \cap \overline{A} = \emptyset$ A und $\overline{A}$ schließen sich aus. $A \cup \overline{A} = \Omega$; d. h. eines von den beiden Ereignissen A, $\overline{A}$ trifft immer ein	$\{EE, ee\} \cap \{Ee\} = \emptyset$ homozygot und heterozygot schließen sich gegenseitig aus

4.2 Wahrscheinlichkeitsverteilungen

Wenn man immer längere Versuchsreihen anstellt und bei jeder Länge n der Versuchsreihe die relative Häufigkeit $r_n(a_i) = \frac{h_n(a_i)}{n}$ berechnet, so stellt man in vielen Fällen
fest, dass sich die $r_n(a_i)$ mit immer größer werdendem n kaum noch ändern. Dies nennt
man *ein empirisches Gesetz der großen Zahlen*. Es liegt die Annahme nahe, dass es
reelle Zahlen $p(a_i)$ gibt für alle $i \in \{1, 2, \dots, k\}$, die erstens die Wahrscheinlichkeit dafür
angeben, dass bei einem Versuch das Elementar-Ereignis a_i eintritt und zweitens für
hinreichend großes n beliebig genau durch $r_n(a_i)$ approximiert werden. Es ist dann zu
erwarten, dass die Wahrscheinlichkeiten $p(a_i)$ die entsprechenden Regeln erfüllen wie
die relativen Häufigkeiten:

4.2.1 Eigenschaften von Wahrscheinlichkeiten

$$0 \le p(a_i) \le 1$$

$$p(a_1) + p(a_2) + \cdots + p(a_k) = 1$$

4.2.2 Definition: Wahrscheinlichkeitsverteilung

Ist jedem $a_i \in \Omega$ eine reelle Zahl $p(a_i)$ so zugeordnet, dass die Bedingungen 4.2.1
gelten, dann liegt eine *Wahrscheinlichkeitsverteilung auf* Ω vor. Für eine Wahrscheinlichkeitsverteilung einer Zufallsvariablen X auf der Menge Ω wählen wir die übersichtliche
Bezeichnung:

$$X : \begin{array}{c|c|c|c} a_1 & a_2 & \dots & a_k \\ \hline p_1 & p_2 & \dots & p_k \end{array} \tag{4.2}$$

Manchmal können diese Wahrscheinlichkeiten theoretisch bestimmt werden.

4.2.3 Beispiel

Bei Nachkommen von Eltern vom Genotyp *EE* und *Ee* verbindet sich jedes Gen *E* vom
EE-Individuum entweder mit dem Gen *E* oder *e* des *Ee*-Individuums. Die befruchteten
Zellen sind vom Genotyp *EE* oder *Ee*. Beobachten wir den Genotyp der Nachkommen,
so haben wir $\Omega = \{EE, Ee\}$. Dabei ist in vielen Fällen kein Grund, anzunehmen, dass
das eine häufiger eintritt als das andere; deshalb muss wegen der zweiten Formel von
4.2.1 gelten

$$p(EE) = \frac{1}{2} \text{ und } p(Ee) = \frac{1}{2}.$$

Diese Überlegungen werden durch die tatsächlich beobachteten Genotypverteilungen bestätigt.

Das Analoge geschieht beim Würfeln. Bei einem „ehrlichen" Würfel, der also bezüglich aller seiner sechs Seiten gleichmäßig gefertigt ist, wird jede Augenzahl gleich wahrscheinlich sein. Wegen der zweiten Formel von 4.2.1 ergibt sich $p(i) = \frac{1}{6}$ für $i = 1, 2, 3, 4, 5$ oder 6.

Auf Grund von praktischen Erfahrungen –etwa beim Würfeln– wird erklärt: Die Wahrscheinlichkeit $P(A)$ eines beliebigen Ereignisses A ist definiert durch:

4.2.4 Definition: Die Wahrscheinlichkeit eines Ereignisses

Die Wahrscheinlichkeit eines Ereignisses A ist $P(A) := \sum_{a \in A} p(a)$

Dann gilt:

Für $A \cap B = \emptyset$ ist $P(A \cup B) = \sum_{a \in A \cup B} p(a) = \sum_{a \in A} p(a) + \sum_{a \in B} p(a) = P(A) + P(B)$.

Es gelten also gewisse Regeln für das Rechnen mit Wahrscheinlichkeiten. Der russische Mathematiker Kolmogorov hat 1933 folgende Regeln als Grundlage der Wahrscheinlichkeitstheorie eingeführt.

4.2.5 Grundregeln

1. $0 \leq P(A) \leq 1$
2. $P(\Omega) = 1$
3. $P(A \cup B) = P(A) + P(B)$, falls $A \cap B = \emptyset$.

Diese Regel nennt man auch die *Oder-Regel*. Wenn $x \in A$ *oder* $\in B$, dann *addieren* sich für disjunkte Mengen A und B die Wahrscheinlichkeiten von A und B.

Dann ist $1 = P(\Omega) = P(A \cup (\Omega \backslash A)) = P(A) + P(\Omega \backslash A)$ und hieraus erhält man die

4.2.6 Folgerung

$$P(\Omega \backslash A) = 1 - P(A), \text{ insbesondere } P(\emptyset) = 0 \text{ für } A = \Omega.$$

Die *Additionsregel* Punkt 3 von 4.2.5 verallgemeinert sich auf endliche Vereinigungen von Ereignissen:

4.2.7 Verallgemeinerung

Falls $A_i \cap A_j = \emptyset$ für alle $i \neq j$. ist, gilt

$$P(A_1 \cup A_2 \cup \cdots \cup A_r) = P(A_1) + P(A_2) + \cdots + P(A_r)$$

4.2.8 Definition: Endliches Wahrscheinlichkeitsmodell

Eine endliche Menge Ω, bei der jeder Teilmenge A von Ω eine reelle Zahl $P(A)$ mit den Eigenschaften 1 bis 3 von 4.2.5 zugeordnet ist, heißt ein *endliches Wahrschein-lichkeitsmodell*.

4.2.9 Gleichverteilung

Sind alle Elementar-Ereignisse (d. h. Versuchsausgänge) gleichwahrscheinlich, so heißt die Wahrscheinlichkeitsverteilung eine *Gleichverteilung*. Es ist dann

$$p(a) \quad = \quad 1/\text{Anzahl aller Versuchsausgänge und}$$

$$P(A) \quad = \quad \frac{\text{Anzahl der möglichen Versuchsausgänge, bei denen } A \text{ eintritt}}{\text{Anzahl aller Versuchsausgänge}}$$

4.2.10 Definition: Zufallsgröße

Ein quantitatives Zufallsmerkmal X heißt auch eine *Zufallsgröße*. Hat man für eine Zufallsgröße ein Wahrscheinlichkeitsmodell aufgestellt, so hat dieses Modell die folgenden *Maßzahlen*:

4.2.11 Definition: Erwartungswert

$$\mu = E(X) := \sum_{i=1}^{k} p(a_i) a_i$$

4.2.12 Definition: Varianz

$$\sigma^2 = V(X) := \sum_{i=1}^{k} p(a_i)(a_i - \mu)^2$$

Statt Varianz sagt man auch *mittlere quadratische Abweichung*. σ heißt *Standard-Abweichung*.

4.2.13 Beispiel

$$X = \text{Augenzahl beim Würfeln:} \quad \mu = \sum_{i=1}^{6} \frac{1}{6} i = \frac{1}{6} \sum_{i=1}^{6} i = \frac{1}{6} 21 = 3,5$$

$$\sigma^2 = \frac{1}{6}((-2,5)^2 + (-1,5)^2 + (-0,5)^2 + (0,5)^2 + (1,5)^2 + (2,5)^2) = 2,92; \quad \sigma = 1,71$$

4.3 Bedingte Wahrscheinlichkeit und Unabhängigkeit

4.3.1 Beispiel

Beim Würfeln sei $A = \{1,2\}$, $B = \{2,4,6\}$. Wir würfeln n-mal. Dabei sei die Augenzahl l-mal gerade mit $l > 0$. Unter diesen l Würfen sei k-mal die Zahl 2. Beachte $\{2\} = A \cap B$. Unter den l Versuchen, die „gerade" als Ergebnis hatten, ist k/l der Anteil derjenigen, bei denen A und B gleichzeitig eingetroffen sind. Daher kommt folgende Definition.

4.3.2 Definition: Relative Häufigkeit

Sei $B \neq \emptyset$. Die *relative Häufigkeit von A unter der Bedingung B* ist:

$$r_n(A|B) := \frac{\# \text{ Ausgänge mit } A \text{ und } B}{\# \text{ Ausgänge mit } B}$$

Dabei bedeutet # „Anzahl der". Es folgt:

$$r_n(A|B) = \frac{k}{l} = \frac{k/n}{l/n} = \frac{r_n(A \cap B)}{r_n(B)}$$

Bedenkt man nun, dass die relativen Häufigkeiten Näherungen an Wahrscheinlichkeiten sind, so kommt man von dieser Beziehung auf die folgende

4.3.3 Definition: Bedingte Wahrscheinlichkeit

Für $P(B) > 0$ heißt $P(A|B) := \frac{P(A \cap B)}{P(B)}$ *Wahrscheinlichkeit von A unter der Bedingung B.*

Im Beispiel 4.3.1 ist: $P(A \cap B) = P(\{2\}) = 1/6$ und $P(B) = 1/2$, folglich $P(A|B) = \frac{1/6}{1/2} = \frac{1}{3}$.

4.3.4 Beispiel

Die gleichzeitige Beobachtung mehrerer Merkmale betrachten wir etwas systematischer erst in Kap. 15. Hier befassen wir uns mit den Merkmalen Farbenblindheit (genauer: Rot-Grün-Blindheit) und Geschlecht. Die Elementarereignisse schreiben wir in einem rechteckigen Schema auf.

$$(f \text{ und } m) \quad (f \text{ und } w)$$
$$(n \text{ und } m) \quad (n \text{ und } w)$$

Dabei bedeutet f farbenblind, n nicht farbenblind, m männlich und w weiblich.
Es wurden folgende relativen Häufigkeiten beobachtet:

	m	w	
f	4,23 %	0,65 %	4,88 %
n	48,48 %	46,64 %	95,12 %
	52,71 %	47,29 %	100,00 %

Dabei bedeutet z. B. 4,23 % die relative Häufigkeit des Ereignisses (f und m), die wir auch als Wahrscheinlichkeit ansehen. In der untersten Zeile sind die Wahrscheinlichkeiten von m und von w angegeben, die sich als Summe der darüberstehenden Wahrscheinlichkeiten ergeben; in der Spalte ganz rechts stehen die Wahrscheinlichkeiten von f und von n, die sich als Summe der links davon stehenden Wahrscheinlichkeiten ergeben. Zur Kontrolle kann man überprüfen, ob $P(m) + P(w) = 100\%$ und $P(f) + P(n) = 100\%$ ist. Wir berechnen:

$$P(f|m) = \frac{P(f \cap m)}{P(m)} = \frac{4,23}{52,71} = 0,0803 = 8,03\%$$

$$P(f|w) = \frac{P(f \cap w)}{P(w)} = \frac{0,65}{47,29} = 0,0137 = 1,37\%$$

Unter der Bedingung, dass die Person männlichen Geschlechts ist, ist die „Chance" farbenblind zu sein 8,03 %, bei weiblichem Geschlecht 1,37 %.
Wir stellen weiter die

4.3.5 Frage

Wie groß ist die Häufigkeit von Männern unter den Farbenblinden?
Es ist die Frage nach $P(m|f)$ und entsprechend können wir fragen nach $P(w|f)$.

$$P(m|f) = \frac{P(m \cap f)}{P(f)} = \frac{4,23}{4,88} = 0,87 = 87\%$$

$$P(w|f) = \frac{P(w \cap f)}{P(f)} = \frac{0,65}{4,88} = 0,13 = 13\%$$

4.3.6 Definition: Unabhängige Ereignisse

Für $P(B) \neq 0$ heißt A *unabhängig von B*, falls gilt: $\quad P(A|B) = P(A)$
Aus 4.3.3 folgt in diesem Falle: $P(A \cap B) = P(A) \cdot P(B)$
Ohne vorauszusetzen, dass $P(B) \neq 0$ oder $P(A) \neq 0$ ist, wird allgemeiner definiert:

4.3.7 Allgemeinere Definition: Unabhängige Ereignisse

A ist *unabhängig von B*, falls die folgende *Multiplikationsregel für unabhängige Ereignisse* gilt:

$$P(A \cap B) = P(A) \cdot P(B) \tag{4.3}$$

Es ist dann offensichtlich auch B unabhängig von A, und man kann sagen, A und B sind *unabhängig voneinander*. Die Gl. (4.3) nennt man auch die *Und-Regel*: Die Wahrscheinlichkeit dafür, dass das Ereignis A *und* das Ereignis B eintreten, ist das *Produkt* der Wahrscheinlichkeiten von A und von B, vorausgesetzt die Ereignisse sind unabhängig voneinander.
Im Beispiel 4.3.4 erhalten wir: $P(f|m) = 8,03$ und $P(f) = 4,88$ Insbesondere ist $P(f|m) \neq P(f)$. Farbenblindheit ist daher geschlechtsabhängig.

4.3.8 Beispiel

Angenommen, ein Wissenschaftler will feststellen, ob Farbenblindheit f und Taubheit t voneinander abhängig sind. Es mögen folgende Wahrscheinlichkeiten vorliegen:

	t	$\bar{t}$	
f	0.0004	0,0796	0,0800
$\bar{f}$	0,0046	0,9154	0,9200
	0,0050	0,9950	1,0000

Wir berechnen:

$$P(t|f) = \frac{P(t \cap f)}{P(f)} = \frac{0,0004}{0,0800} = 0,0050 = P(t)$$

$$P(\bar{t}|f) = \frac{P(\bar{t} \cap f)}{P(f)} = \frac{0,0796}{0,0800} = 0,9950 = P(\bar{t})$$

Wir kommen zu dem Ergebnis, dass f und t nicht voneinander abhängig sind.
Anwendung findet die Multiplikationsregel, wenn ein Versuch mehrmals durchgeführt wird, etwa zweimaliges Würfeln:

Sei A das Ereignis, dass beim ersten Wurf eine 2 gewürfelt wird und B das Ereignis, dass beim zweiten Wurf ein 3 gewürfelt wird. Dann sind dies bei „ehrlichem" Würfeln zwei unabhängige Ereignisse.

$$P(A \cap B) = P(A) \cdot P(B) = \frac{1}{6} \cdot \frac{1}{6} = \frac{1}{36}$$

Das heißt, die Wahrscheinlichkeit $P((2,3))$ der Beobachtungsreihe $(2,3)$ ist $\frac{1}{36}$. Allgemein bekommen wir

$$P((i,j)) = \frac{1}{36} \quad \text{für } i \text{ und } j \in \{1,2,3,4,5,6\},$$

was wir auch unter dem Prinzip der Gleichverteilung erhalten.

4.4 Die Problematik bei einer Reihenuntersuchung

4.4.1 Beispiel: Mammographie

Bei 40-jährigen symptomfreien Frauen rechnet man mit 1 % Erkrankungen an Brustkrebs. Um die Erkrankten herauszufinden, wurde eine Röntgenreihenuntersuchung, die Mammographie, entwickelt, die eine *Sensitivität* von 80 % besitzt, d. h. bei 80 % der Erkrankten liefert sie ein positives Ergebnis. Außerdem hat die Mammographie eine *Spezifität* von 90 %, d. h. bei 90 % der Gesunden bringt sie ein negatives Ergebnis. Beides sind recht hohe Prozentsätze, die für die Mammographie sprechen. Machen wir uns an einem Zahlenbeispiel klar, was der Test quantitativ genau bringt. In Abb. 4.1 mit den sogenannten Baumdiagrammen und später im Text bedeuten *k* krank, *g* gesund, *pos* oder kurz *p* positiv und *neg* oder kurz *n* negativ. Nehmen wir an, 1000 40-jährige symptomfreie Frauen unterziehen sich einer Mammographie. Davon sind 99 % d. h. 990 Frauen gesund. Bei denen bringt die Untersuchung zu 90 % ein negatives, also ein richtiges Ergebnis. Das kann man als einen hohen Prozentsatz ansehen. Jedoch bei 10 % erhalten wir positive Ergebnisse. Man nennt dies die *falsch-positiven* Ergebnisse. 10 % von 990 Frauen sind 99 Menschen, die einem Wechselbad der Gefühle ausgesetzt werden, bis geklärt ist, dass sie trotz des positiven Tests nicht erkrankt sind. Andererseits haben wir 1 % von 1000 d. h. 10 Kranke, von denen 80 % d. h. 8 positiv getestet werden. Dem steht mehr als die zwölffache Anzahl von falsch-positiven Fällen gegenüber. Ein weiteres Licht können wir auf den Test werfen, indem wir den Anteil der tatsächlich Kranken unter den positiv Getesteten bestimmen. Positiv getestet werden 99 von den Gesunden und 8 von den Kranken, also zusammen 107 Menschen. Von 107 sind nur 8 krank; das ist ein Anteil von nur $8/107 = 7,5 \%$. Dies ist ein rechnerischer Hinweis, bei einer Entscheidung für oder gegen eine Mammographie sehr genau abzuwägen. Außer dem Zahlenwerk gibt es eine Reihe weiterer Punkte, die es zu bedenken gilt, z. B. ob man das Risiko eingehen will, dass durch die Röntgenuntersuchung ein Krebs ausgelöst wird.

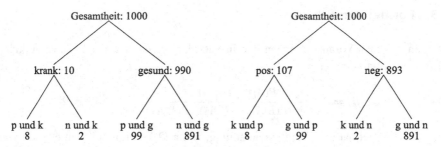

Abb. 4.1 Baumdiagramm und umgekehrtes Baumdiagramm

Nachdem man mit Hilfe der Baumdiagramme verstanden hat, wie das zweite, das umgekehrte, Baumdiagramm zustande kommt, kann man sich noch einmal klar machen, wie man gerechnet hat. k und g sind einander ausschließende Ereignisse, folglich auch $p \cap k$ und $p \cap g$ und
$p = (p \cap k) \cup (p \cap g)$. Bezeichnet # die Anzahl von Elementen, dann folgt
$\#(p) = \#(p \cap k) + \#(p \cap g)$. Nach Division durch die Gesamtzahl $G = 1000$ erhält man die relativen Häufigkeiten, die wir mit Wahrscheinlichkeiten gleich setzen:
$P(p) = P(p \cap k) + P(p \cap g)$ Nach Definition der bedingten Wahrscheinlichkeiten ergibt sich: $P(p) = P(p|k)P(k) + P(p|g)P(g)$
Dies ist eine Anwendung des folgenden Satzes, den man wie auch die folgende Formel von Bayes zum Berechnen benutzen kann. Will man eine Situation einem Laien z. B. einem Patienten verständlich machen oder auch selbst besser verstehen, sollte man die Baumdiagramme verwenden.

4.4.2 Satz von der totalen Wahrscheinlichkeit

Sei P eine Wahrscheinlichkeitsverteilung auf der Menge Ω, A_1 und A_2 sich gegenseitig ausschließende Ereignisse mit $\Omega = A_1 \cup A_2$ und B irgendein Ereignis. Dann ist

$$P(B) = P(B|A_1)P(A_1) + P(B|A_2)P(A_2) \tag{4.4}$$

Das Entsprechende gilt auch, wenn Ω Vereinigung von endlich vielen statt nur zwei sich gegenseitig ausschließenden Ereignissen ist.
Weiter haben wir so gerechnet:
$P(k|p) = \frac{\#(k \cap p)}{\#(p)} = \frac{P(k \cap p)G}{P(p)G} =$ (Nach Definition der bedingten Wahrscheinlichkeit)
$\frac{P(p|k)P(k)}{P(p)} = \frac{P(p|k)P(k)}{P(p|k)P(k) + P(p|g)P(g)}$ (Am Schluss wurde (4.4) verwendet.)
Dies ist die Formel von Bayes. Sie ist benannt nach Thomas Bayes, der etwa von 1701 bis 1761 lebte und englischer Mathematiker und presbyterianischer Pfarrer war. Allgemein lautet die Formel so:

4.4.3 Formel von Bayes

Unter den gleichen Voraussetzungen wie in Satz 4.4.2 lässt sich die Wahrscheinlichkeit $P(A_i|B)$ wie folgt berechnen:

$$P(A_i|B) = \frac{P(A_i) \cdot P(B|A_i)}{P(A_1) \cdot P(B|A_1) + P(A_2) \cdot P(B|A_2)} \quad \text{für} \quad i = 1, 2.$$

Auch diese Formel hat eine Verallgemeinerung, wenn Ω Vereinigung von endlich vielen statt nur zwei sich gegenseitig ausschließenden Ereignissen ist. Man nennt $P(A_i|B)$ eine *à posteriori Wahrscheinlichkeit*, während die Wahrscheinlichkeiten, die man für diese Berechnung schon kennen muss, *à priori Wahrscheinlichkeiten* genannt werden.

4.5 Ausgewählte Übungsaufgaben

4.5.1 Aufgabe

Unter den Hörern einer Vorlesung wird eine Person zufällig ausgewählt. Mit A werde das Ereignis bezeichnet, dass die Person männlichen Geschlechtes ist, mit B das Ereignis, dass die Person nicht raucht, und mit C das Ereignis, dass sie im Studentenheim wohnt.

a) Beschreiben Sie das Ereignis $A \cap (\overline{B \cap C})$.
b) Was drückt die Gleichung $A \cap B \cap C = A$ aus ?
c) Was bedeutet die Beziehung $\overline{C} \subset B$?
d) Was beschreibt die Gleichung $\overline{A} = B$?
e) Wie kann durch eine Gleichheit von Ereignissen beschrieben werden, dass genau alle weiblichen Personen rauchen?

4.5.2 Aufgabe

Für ein (endliches) Wahrscheinlichkeitsmodell ist aus der 3. Grundregel von 4.2.5 zu schließen:

a) Für $A \subset B \subset \Omega$ gilt: $P(B \backslash A) = P(B) - P(A)$
b) Für beliebiges $A \subset \Omega$ und beliebiges $B \subset \Omega$ ist $P(A \cup B) = P(A) + P(B) - P(A \cap B)$.
c) Angenommen*, in einer menschlichen Population sei die Wahrscheinlichkeit für Taubheit etwa 0,0050, für Blindheit 0,0085 und für Taubblindheit 0,0006. Die Gruppe der Personen, die blind *oder* taub sind, das sind die Blinden *und* die Tauben. Um die Wahrscheinlichkeit für das Ereignis "blind oder taub" zu berechnen, geht das nach der

Oder-Regel oder nach der Und-Regel oder nach einer anderen Regel. Die Antworten bitte begründen. Berechnen Sie die Wahrscheinlichkeit von "blind oder taub".

*Statistiken über Blinde und Taube sind anscheinend umstritten; deshalb sind die Wahrscheinlichkeiten als Annahmen aufgeführt.

4.5.3   Aufgabe

Nehmen Sie an, dass das Geschlechterverhältnis 1:1 sei. Wenn wir schon wissen, dass eine Familie zwei Kinder hat und dass eines davon ein Mädchen ist, mit welcher Wahrscheinlichkeit ist dann das andere ebenfalls ein Mädchen?

4.5.4   Aufgabe

Untersuchen Sie, ob beim Würfeln das Ereignis A unabhängig ist vom Ereignis "gerade" in folgenden Fällen:

a) $A = \{1, 2\}$ b) $A = \{2\}$ c) $A = \{1, 2, 4\}$

Kombinatorische Modellbildung

5

Überblick

Mit Hilfe der in Kap. 1 berechneten Anzahlen werden die grundlegenden endlichen Wahrscheinlichkeitsmodelle berechnet: Die Binomialverteilung im Zusammenhang mit Bernoulli-Experimenten, die Hypergeometrische Verteilung und die Multinomialverteilung. Außerdem werden ihre Erwartungswerte und Varianzen teils berechnet teils angegeben. Für die Überlebensfähigkeit eines Wildtierbestandes ist die augenblickliche Größe der Population wichtig. Ein adäquates Mittel, die Populationsgröße zu schätzen, ist die sogenannte Rückfangmethode, bei der eine Anwendung der Hypergeometrischen Verteilung behandelt wird. Die Multinomialverteilung wird am Beispiel der Blutgruppen erläutert.

5.1 Modell für unabhängige Messreihen

Sei X ein Zufallsmerkmal mit einer Menge Ω von Ausprägungen. Wir können eine Messreihe vom Umfang n für X ansehen als Ergebnis eines Versuches, dessen Ausgänge die n-tupel von Elementen von Ω sind. Wir nehmen an, dass jede Messung x_j *unabhängig* von den anderen Messungen durchgeführt wird.

5.1.1 Beispiel

Ziel einer Untersuchung sei, die körperliche Verfassung einer Tierpopulation herauszufinden. Wir fangen n-mal hintereinander ein Tier heraus, stellen fest, ob das Tier Untergewicht hat oder nicht und geben es in die Population zurück. Dabei warten wir jeweils so lange mit dem nächsten Fang bis sich die ganze Population wieder beruhigt

© Springer Fachmedien Wiesbaden 2015
A. Riede, *Mathematik für Biowissenschaftler,*
DOI 10.1007/978-3-658-03687-4_5

hat und gewährleistet ist, dass wir rein nach dem Prinzip des Zufalls das nächste Tier fangen können.

Wegen der Unabhängigkeit erhalten wir nach der Und-Regel 4.3.7

$$p_n(x_1, x_2, \ldots, x_n) = p(x_1) \cdot p(x_2) \cdot \cdots \cdot p(x_n), \tag{5.1}$$

wobei wir die Wahrscheinlichkeit der Messreihe $(x_1, \ldots, x_n)$ mit $p_n(x_1, \ldots, x_n)$ bezeichnet haben. Es folgt

$$0 \leq p_n(x_1, \ldots, x_n) \leq 1 \text{ und } \sum p_n(x_1, \ldots, x_n) = 1,$$

wobei über alle n-tupel von Ω summiert wird. Die Menge der n-tupel von Ω wird mit Ω^n bezeichnet. Indem wir wie in 4.2.4 vorgehen, erhalten wir ein Wahrscheinlichkeitsmodell für Ω^n mit den n-tupeln von Elementen aus Ω als Elementarereignissen.

5.1.2 Zu Beispiel 5.1.1

Wir wollen einmal annehmen, dass Untergewicht mit einer Wahrscheinlichkeit von 5 % auftritt. Bezeichnen wir die Ausprägungen mit U (= Untergewicht) und $\overline{U}$ (= kein Untergewicht). Dann haben wir $p(U) = 0,05$ und $p(\overline{U}) = 0,95$.

Das Ereignis $(x_1, x_2, x_3, x_4, x_5) = (\overline{U}, \overline{U}, U, \overline{U}, U)$ hat die Wahrscheinlichkeit

$$p_5(\overline{U}, \overline{U}, U, \overline{U}, U) = 0,95 \cdot 0,95 \cdot 0,05 \cdot 0,95 \cdot 0,05 = 0,95^3 \cdot 0,05^2 = 0,002 = 0,2\,\%$$

5.1.3 Wahrscheinlichkeit einer Messreihe im Beispiel 5.1.1

Allgemein erhalten wir $0,05^l \cdot 0,95^{(n-l)}$ als Wahrscheinlichkeit einer Messreihe der Länge n, in der genau l-mal ein U auftaucht.

5.2 Zusammenfassen von Ausprägungen

Aus einer Liste von Ausprägungen kann man eine neue bilden, indem man gewisse Ausprägungen zu einer neuen Ausprägung zusammenfasst.

5.2.1 Beispiele

1. Haarfarbe

    hell   = {blond,grau,rot} =: A_1

    dunkel = {braun,schwarz} =: A_2

2. Zweimaliges Würfeln unter Beachtung der Reihenfolge der Würfe Es ist $\Omega^2 = \{(i,j);\ i,j = 1,2,3,4,5,6\}$. Dem Ereignis, Würfelsumme ist l, für $l = 2,\ldots,12$ entspricht die Menge $W_l := \{(i,j) \in \Omega^2;\ i+j = l\}$.

Die zusammengefassten Ausprägungen sind Teilmengen W_l von Ω^2. Damit die so erhaltenen W_l wieder die Bedingungen für eine Liste von Ausprägungen erfüllen, müssen sie eine Zerlegung von Ω^2 bilden.

5.2.2 Definition: Zerlegung einer Menge

Teilmengen A_1, A_2, ... A_r von Ω bilden eine *Zerlegung von* Ω, wenn gilt:

$$\Omega = A_1 \cup A_2 \cup \cdots \cup A_r \text{ und } A_l \cap A_m = \emptyset \text{ für alle } l \text{ und alle } m \text{ mit } l \neq m.$$

Für letzteres sagt man, die Teilmengen sind *paarweise durchschnittsleer* oder *disjunkt*. Dann gibt es zu jedem Ergebnis x des Versuches genau ein A_l mit $x \in A_l$. Ist für Ω eine Wahrscheinlichkeitsverteilung gegeben, so können wir immer, wenn eine Zerlegung von Ω vorliegt, setzen:

$$\hat{p}(A_l) := P(A_l).$$

Dann gilt: $0 \le \hat{p}(A_l) \le 1$ und $\hat{p}(A_1) + \cdots + \hat{p}(A_r) = 1$, letzteres wegen 5.2.2 und 4.2.7. Wir erhalten also eine Wahrscheinlichkeitsverteilung für die neue Menge von Ausprägungen $\hat{\Omega} := \{A_1,\ldots,A_r\}$.

Beim zweimaligen Würfeln bekommen wir für die Augensumme S folgende Wahrscheinlichkeiten der Elementar-Ereignisse:

S	2	3	4	5	6	7	8	9	10	11	12
$\hat{p}$	1/36	2/36	3/36	4/36	5/36	6/36	5/36	4/36	3/36	2/36	1/36

Denn, nehmen wir beispielsweise das Ereignis W_6 („Augensumme gleich 6"), dann kann das bei 5 Elementarereignissen auftreten, nämlich (1,5), (2,4), (3,3), (4,2), (5,1), von denen jedes die Wahrscheinlichkeit 1/36 hat. $P(W_6) = P((1,5)) + P((2,4)) + P((3,3)) + P((4,2)) + P((5,1)) = 5 \cdot 1/36 = 5/36$.

5.3 Binomialverteilung

5.3.1 Bernoulli-Experimente

Jeder Zufallsversuch mit genau zwei Ausgängen heißt ein *Bernoulli-Experiment*. Der eine Ausgang U trete mit der Wahrscheinlichkeit p der andere $\overline{U}$ mit der Wahrscheinlichkeit $1 - p$ auf.

5.3.2 Beispiele

1. Tiere untersuchen auf Untergewicht oder kein Untergewicht.
2. Wurf einer Münze: Zahl oder Rückseite
3. Urnen-Modell: Zufälliges Ziehen von Kugeln aus einer Urne, die zwei Kugelarten (etwa rote und grüne) enthält.
4. Untersuchung von Buchstaben: Vokal oder Konsonant
5. Geschlecht: Männlich oder weiblich

Wir betrachten die Menge $\Omega^n = \{U, \overline{U}\}^n$ der Messreihen vom Umfang n mit Wiederholungen, d. h., beim Urnenmodell wird nach jeder Messung das Element zurück gelegt.

Die Menge Ω^n können wir zerlegen in die Teilmengen

$$A_l = \{(x_1, \ldots, x_n) \in \Omega^n; \ x_j = U \text{ für genau } l \text{ Werte von } j\}.$$

Mit anderen Worten, A_l ist das Ereignis, dass der Messwert U in der Messreihe genau l-mal auftritt. Dann bilden die A_l für $l = 0, 1, 2, \ldots, n$ eine Zerlegung von Ω^n. Wir erhalten eine Wahrscheinlichkeitsverteilung für $\hat{\Omega} = \{A_0, A_1, \ldots, A_n\}$, die sich wie folgt berechnet: Zunächst haben alle $(x_1, x_2, \ldots, x_n) \in A_l$ nach Gl. (5.1) von Abschn. 5.1 die gleiche Wahrscheinlichkeit

$$p(x_1, x_2, \ldots, x_n) = p(x_1)p(x_2) \cdot \cdots \cdot p(x_n) = p^l (1 - p)^{n-l}.$$

(vgl. 5.1.3.) Zwei verschiedene n-tupel von A_l unterscheiden sich durch die Stellen, an denen die U stehen. Diese l Stellen bilden eine l-elementige Teilmenge aller n Stellen; deren Anzahl ist $\binom{n}{l}$ nach 1.1.15 und 1.1.16. Also hat A_l $\binom{n}{l}$ Elemente. Daraus folgt:

$$P(A_l) = \binom{n}{l} \cdot p^l \cdot (1 - p)^{n-l} =: b_{n,p}(l). \tag{5.2}$$

$b_{n,p}(l)$ bezeichnet also die Wahrscheinlichkeit dafür, dass bei n-facher Wiederholung eines Bernoulli-Experiments genau l-mal U auftritt, wenn U die Wahrscheinlichkeit p hat.

5.3.3 Definition: Binomialverteilung

Die durch die $b_{n,p}(l)$ in Gl. (5.2) für $l = 1, 2, \ldots, n$ gegebene Wahrscheinlichkeitsverteilung auf $\hat{\Omega} = \{A_1, A_2, \ldots A_n\}$ heißt *(n,p)-Binomialverteilung*, für $n = 1$ *Bernoulli-Verteilung* $B_p = b_{1,p}$.

5.3.4 Beispiel

Sei die Wahrscheinlichkeit, dass ein Kind ein Junge ist gleich $p = 0,52$. Die Wahrscheinlichkeit, dass eine Familie mit 4 Kindern l Söhne hat, ist dann

$$\binom{4}{l} (0,52)^l (0,48)^{4-l};$$

das ergibt genau:

l	0	1	2	3	4
$b_{4,p}(l)$	$(0,48)^4 =$	$4 \cdot 0,52 \cdot 0,48^3 =$	$6 \cdot 0,52^2 \cdot 0,48^2 =$	$4 \cdot 0,52^3 \cdot 0,48 =$	$0,52^4$
	0,0531	0,2300	0,3738	0,2700	0,0731
	$\approx 5\%$	$\approx 23\%$	$\approx 37\%$	$\approx 27\%$	$\approx 7\%$

$\approx$ bedeutet „ungefähr gleich".

Welches ist der Erwartungswert der (n,p)-Binomialverteilung?
Die Antwort lautet:

5.3.5 Erwartungswert der (n,p)-Binomialverteilung

Der Erwartungswert der (n,p)-Binomialverteilung ist $\mu_{n,p} = np$. Das ist diejenige Stelle, die das Intervall von 0 bis n im Verhältnis $p : (1-p)$. teilt.
Die nächste Frage ist die nach der Varianz $\sigma_{n,p}^2$ der (n,p)-Binomialverteilung. Eine Rechnung liefert folgende Antwort:

5.3.6 Varianz der (n,p)-Binomialverteilung

$$\sigma_{n,p}^2 = np(1-p) = npq$$

Die Binomialverteilung gilt nur bei Auswahl mit Wiederholung bzw. bei Auswahl mit Zurücklegen, bevor man das nächste Element auswählt. Oft ist diese Bedingung nicht erfüllt. Dann geht man wie im folgenden Abschnitt vor.

5.4 Hypergeometrische Verteilung

5.4.1 Beispiel

Es werden n Tiere aus einer Population von N Tieren zufällig herausgefangen, alle zusammen auf eine Krankheit untersucht und alle zusammen wieder zurückgegeben. Die

n Tiere werden also ohne Zurücklegen entnommen. Sind m von den N Tieren erkrankt, dann gibt es $\binom{m}{l} \cdot \binom{N-m}{n-l}$ Möglichkeiten, genau l kranke Tiere *und* $(n-l)$ gesunde Tiere zu fangen. Die Wahrscheinlichkeit, gefangen zu werden, wird als für jedes Tier gleich angenommen. Für den Fang von n Tieren gibt es insgesamt $\binom{N}{n}$ Möglichkeiten. Bei zufälliger Auswahl von n Tieren ist also die Wahrscheinlichkeit, l kranke Tiere zu erwischen gleich:

$$\binom{m}{l} \binom{N-m}{n-l} \Bigg/ \binom{N}{n} =: P_{n,N,m}(l) \tag{5.3}$$

Wir befassen uns hier also wieder mit einem Merkmal mit zwei Ausprägungen U und $\bar{U}$. $\Omega = \{U, \bar{U}\}$. $A_l = \{(x_1,\ldots,x_n) \in \Omega^n;\ x_j = U$ für genau l Werte von $j\}$ für $l = 0,1,\ldots,n$. $\hat{\Omega} = \{A_0, A_1, A_2, \ldots A_n\}$.

5.4.2 Hypergeometrische Verteilung

Die $P_{n,N,m}(l)$ bilden eine Wahrscheinlichkeitsverteilung auf $\hat{\Omega}$. Diese heißt *Hypergeometrische Verteilung*.

Wir sehen $P_{n,N,m}(l)$ als definiert an für $l = 0,1,2,\ldots,n$, wobei wir beachten, dass $\binom{m}{l} := 0$ ist für $l > m$. Sie ist im Gegensatz zur Binomialverteilung auch abhängig von N. Die Hypergeometrische Verteilung hat folgende Maßzahlen:

5.4.3 Erwartungswert

$$\mu_{n,N,m} = n\,\frac{m}{N}$$

Setzt man $p = \frac{m}{N}$, so erhält man $\mu_{n,N,m} = n\,p = \mu_{n,p}$. Die Hypergeometrische Verteilung $P_{n,N,m}$ und die Binomialverteilung $b_{n,p}$ mit $p = \frac{m}{N}$ haben also denselben Erwartungswert.

5.4.4 Varianz

$$\sigma^2_{n,N,m} = n\,p\,(1-p)\,\frac{N-n}{N-1}$$

$n\,p\,(1-p)$ ist die Varianz $\sigma^2_{n,N,m}$ der Binomialverteilung $b_{n,p}$ mit $p = \frac{m}{n}$. Daher ist $\sigma^2_{n,N,m} = \sigma^2_{n,p}\,\frac{N-n}{N-1}$. Die Hypergeometrische Verteilung hat also eine etwas kleinere Varianz als die Binomialverteilung, was, wenn N groß gegenüber n ist, nicht ins Gewicht fällt.

5.4.5 Rückfangmethode

Das Ausgangsproblem ist, herauszufinden, wieviele Tiere in einem bestimmten Öko-system leben. Um diese Zahl zu schätzen, fängt man einige – sagen wir – m Tiere, markiert sie (Vögel werden z. B. beringt) und lässt sie wieder frei. Nach einiger Zeit, wenn sich die markierten Tiere völlig vermischt haben mit den anderen, fängt man eine „Stichprobe" – sagen wir – von n Tieren und schließt aus der Anzahl l der darin enthaltenen markierten Tiere auf die Gesamtzahl N zurück. Wenn wir die Vorstellung eines Urnenmodells des 3. Beispiels von 5.3.2 benutzen wollen, so entspricht der Urne das Ökosystem, den roten Kugeln die nicht markierten und den grünen Kugeln die markierten Tiere. Dann kann man annehmen, dass der Anteil der markierten Tiere in der Stichprobe etwa gleich dem Anteil der markierten Tiere in der Gesamtpopulation ist:

$$\frac{l}{n} \approx \frac{m}{N} \quad \text{daraus folgt:} \quad N \approx \frac{m\,n}{l} =: \hat{N}$$

Man wird also $\hat{N}$ als „Schätzwert" für N nehmen.

Es seien $m = 20$ Tiere markiert worden, eine Stichprobe von $n = 20$ Tieren wird wieder eingefangen, worunter sich $k = 5$ markierte Tiere befinden. Als Schätzwert für die Größe der Gesamtpopulation erhalten wird

$$\hat{N} = \frac{20 \cdot 20}{5} = 80$$

Über die Güte von solchen Schätzwerten etwas auszusagen, ist Aufgabe der *Beurteilenden Statistik* (vgl. 16.5) unter Verwendung der Hypergeometrischen Verteilung. Bei großem N ist es dabei praktisch gleichgültig, ob man mit der Hypergeometrischen oder der Binomialverteilung arbeitet, da sie dann annähernd gleich sind.

5.5 Multinomialverteilung

5.5.1 Definition: Multinomialverteilung

Mit der in Gl. (4.2) von Abschn. 4.2.2 eingeführten Bezeichnung betrachten wir eine Wahrscheinlichkeitsverteilung für ein Zufallsmerkmal X mit k Ausprägungen.

$$X : \quad \begin{array}{c|c|c|c} a_1 & a_2 & \dots & a_k \\ \hline p_1 & p_2 & \dots & p_k \end{array}$$

Beobachten wir das Merkmal n-mal, dann ist die Wahrscheinlichkeit dafür, dass a_1 k_1-mal, a_2 k_2-mal, $\dots$, a_r k_r-mal eintrifft, gleich:

$$P(k_1, k_2, \dots, k_r) = \frac{n!}{k_1!\, k_2!\, \dots\, k_r!}\, p_1^{k_1}\, p_2^{k_2}\, \dots\, p_r^{k_r},$$

wobei $k_1 + k_2 + \dots + k_r = n$ und $0 \le k_1 \le n$, $0 \le k_2 \le n$, $\dots$, $0 \le k_r \le n$.
Diese Verteilung heißt *Multinomialverteilung*.
Ohne näher auf die Berechnung einzugehen, geben wir ihre Maßzahlen an:

5.5.2 Erwartungswert

$$\mu = (n\,p_1,\ n\,p_2,\ \ldots,\ n\,p_r)$$

5.5.3 Varianz

$$\sigma^2 = (n\,p_1\,q_1,\ n\,p_2\,q_2,\ \ldots,\ n\,p_r\,q_r)$$

Die Multinomialverteilung gehört zu den mehrdimensionalen Verteilungen, welche sonst nicht Thema dieses Buches sind. Wir erläutern die Anwendung durch Beispiele.

5.5.4 Beispiel

Kreuzung zweier Aa-Individuen ergibt für die Nachkommen folgende Anteile:

$$
\begin{array}{lll}
1/4 & AA\text{-Individuen} & p_1 = 1/4 \\
1/2 & Aa\text{-Individuen} & p_2 = 1/2 \\
1/4 & aa\text{-Individuen} & p_3 = 1/4
\end{array}
$$

Bei $n = 20$ Nachkommen wird

$$\mu = \left(20 \cdot \frac{1}{4},\, 20 \cdot 1/2,\, 20 \cdot \frac{1}{4}\right) = (5, 10, 5).$$

Es sind also im Mittel 5 AA-, 10 Aa-, und 5 aa-Individuen zu erwarten.
Wir können auch Fragen wie folgende beantworten:
Wie groß ist die Wahrscheinlichkeit dafür, dass unter den zwanzig Nachkommen 6 AA-, 9 Aa- und 5 aa-Individuen sind?
Die Antwort lautet: $P((6,9,5)) = \frac{20!}{6!\,9!\,5!}\,(1/4)^6\,(1/2)^9\,(1/4)^5 = 0,036.$

5.5.5 Zur Bezeichnung von Genotypen

Wenn nichts anderes ausdrücklich vermerkt ist, benutzen wir bei zwei Allelen die folgenden Bezeichnungen: Ist eines der Gene dominant, so ist mit A das dominante bezeichnet und mit a das rezessive; D bezeichnet den dominant homozygoten Genotyp AA, H den heterozygoten Aa und R den rezessiv homozygoten aa.
Ist jedoch keines der Gene dominant, so sind A und a einfach die Bezeichnungen für die beiden Gene, die wir einer Bezeichnung etwa mit A_1 und A_2 vorgezogen haben. D ist dann der eine homozygote Genotyp AA (ohne mit der Bezeichnung etwas über Dominanz aussagen zu wollen), H der heterozygote und R der andere homozygote Genotyp.

5.5.6 Beispiel

Für die Blutgruppe sind drei Allele zuständig: Das rezessive 0-Gen und die über 0 dominanten Gene A und B. Davon hat jeder Mensch ein Genpaar, von denen ein Gen von der Mutter, das andere vom Vater stammt. Folgende *rein theoretische* Kombinationen sind möglich:

$$
\begin{array}{lll}
(A,A) & (A,B) & (A,0) \\
(B,A) & (B,B) & (B,0) \\
(0,A) & (0,B) & (0,0)
\end{array}
\qquad
\begin{array}{lll}
p^2 & pq & pr \\
qp & q2 & qr \\
rp & rq & r^2
\end{array}
$$

Ganz rechts sind die Wahrscheinlichkeiten der entsprechenden Kombinationen angegeben, wenn p die relative Häufigkeit des Gens A in der betrachteten Population, q diejenige von B und r die von 0 ist. Biologisch ist nicht unterscheidbar bei den Nachkommen, welches Gen von der Mutter und welches vom Vater kommt. Daher gibt es biologisch nur die folgenden Typen mit folgenden Wahrscheinlichkeiten:

			Wahrscheinlichkeiten der	
Genotypen		Phänotypen	Genotypen	Phänotypen
00		$0 = a_1$	r^2	$r^2 = p_1$
AA	homozygot	$a = a_2$	p^2	$p^2 + 2pr = p_2$
$A0$	heterozygot		$2pr$	
BB	homozygot	$b = a_3$	q^2	$q^2 + 2qr = p_3$
$B0$	heterozygot		$2qr$	
AB		$AB = a_4$	$2pq$	$2pq = p_4$

Dabei ist angenommen, dass die Gene sich unabhängig vererben.
Dann gilt für $k_1 + k_2 + k_3 + k_4 = n$ und $0 \le k_j \le n$:

$$
P(k_1, k_2, k_3, k_4) = \frac{n!}{k_1! \, k_2! \, \ldots \, k_r!} \, p_1^{k_1} \, p_2^{k_2} \, p_3^{k_3} \, p_4^{k_4}
$$

$$
P(k_1, k_2, k_3, k_4) = \frac{n!}{k_1! \, k_2! \, k_3! \, k_4!} \, (r^2)^{k_1} \, (p^2 + 2pr)^{k_2} \, (q^2 + 2qr)^{k_3} \, (2pq)^{k_4}
$$

Dies ist also die Wahrscheinlichkeit dafür, dass in einer Stichprobe von n Menschen k_1 die Blutgruppe 0, k_2 die Gruppe A, k_3 die Gruppe B und k_4 die Gruppe AB haben.

5.6 Ausgewählte Übungsaufgaben

5.6.1 Aufgabe

Bei einer bestimmten Samenart sei die Keimfähigkeit 99 %. Ein Gärtner sagt sich: „Wenn ich 100 Samen sähe, bekomme ich etwa 99 Pflanzen, ich möchte aber mindestens 100 Pflanzen haben, dafür dürfte es genügen, 101 Samen zu säen."
Wie sicher kann er sein, beim Säen von 101 Samen mindestens 100 Keimlinge zu bekommen, und wieviele Keimlinge kann er erwarten?
Schätzen Sie einmal, bevor Sie rechnen, wie groß die Wahrscheinlichkeit für mindestens 100 Keimlinge ist.

5.6.2 Aufgabe

Bezüglich der Blutgruppen habe eine Bevölkerung die folgenden relativen Häufigkeiten der Phänotypen:
$$P(0) = 0,350, \quad P(A) = 0,447, \quad P(B) = 0,139, \quad P(AB) = 0,064$$

a) Berechnen Sie die relativen Genhäufigkeiten $p = P(A), \quad q = P(B), \quad r = P(0)$.
b) Ein Krankenhaus benötige dringend Blut der Blutgruppe 0. Wie groß ist die Wahrscheinlichkeit, dass unter einer Gruppe von drei zufällig und unabhängig sich eingefundenen Blutspendern mindestens einer sich befindet mit Blutgruppe 0.

Diskrete Entwicklungsprozesse 6

Überblick

Hier wird die Entwicklung einer Population in diskreten Zeitschritten wie etwa einem Jahr studiert. Ein Hauptziel ist die Vorhersage der zukünftigen Entwicklung. Die dabei benötigten mathematischen Begriffe sind u. a. konvergente Folgen und Reihen, die unmittelbar an Beispielen aus den Biowissenschaften erklärt werden. Bei einer ohne Zuwanderung aussterbenden Population wird untersucht, wie eine konstante Zuwanderung die Population stabilisieren kann. Eine einfache Modellierung von Geburtenzahl und Todesfällen hat zu einem Modell geführt, bei dem die Population bis ins Unendliche wächst und daher nur bei kleinen Populationen sinnvoll ist. Wenn die Population eine gewisse Größe erreicht haben wird, wird sich die Beschränkung des Lebensraumes und die innerspezifische Konkurrenz bemerkbar machen und ein unbegrenztes Wachstum drosseln. Eine andere Anwendung ist die Einstellung eines Patienten auf ein Medikament. Das kann in einem mathematischen Modell quantitativ dargestellt werden. Das Kapitel wird abgerundet durch ein Modell, das zeigt, wie es zu einer zeitlich konstant bleibenden Genotypverteilung kommen kann, die nach ihren Entdeckern Hardy-Weinberg-Gleichgewicht genannt wird.

6.1 Aufgabenstellung

Die Entwicklung einer Tierpopulation erfolgt oft in einem ganz bestimmten Wechsel von Generation zu Generation, so dass eine Beschreibung der Entwicklung darin bestehen kann, die Populationsgröße x_n in der n-ten Generation anzugeben. Wir wollen dabei mit der Zählung bei $n = 0$ anfangen, mit der Muttergeneration als Anfangsgeneration. Außerdem können wir *jegliche* Populationsentwicklung zu bestimmten

© Springer Fachmedien Wiesbaden 2015
A. Riede, *Mathematik für Biowissenschaftler,*
DOI 10.1007/978-3-658-03687-4_6

- diskreten Zeitpunkten $t_0, t_1, t_2, \ldots$ betrachten und durch
- die Populationsgrößen $x_0, x_1, x_2, \ldots$ zu diesen Zeitpunkten beschreiben.

Meist wird dabei $t_{n+1} - t_n = \Delta t$ konstant sein, z. B. ein Jahr, und wir können durch Wahl von t_0 als Nullpunkt der Zeitrechnung und durch Δt als Zeiteinheit erreichen, dass gilt:

$$t_0 = 0, \ t_1 = 1, \ t_2 = 2, \ldots$$

Ein Modell zu finden für eine bestimmte Populationsentwicklung besteht darin, ein Gesetz aufzustellen, durch das die Populationsgröße x_n für alle n festgelegt ist, falls die *Anfangsgröße* x_0 bekannt ist. Solche Modelle heißen *deterministisch*, im Gegensatz zu *stochastischen* Modellen, bei denen durch x_0 die weitere Entwicklung nicht eindeutig festgelegt ist, aber vielleicht nach gewissen stochastischen Gesetzmäßigkeiten verläuft. Wir befassen uns also hier mit *deterministischen Prozessen*.

6.2   Lineare Modellierung von Geburtenzahl und Todesfällen

Bei diesem ersten Modell nehmen wir an, dass sich die Populationsgröße vom n-ten Jahr zum $(n + 1)$-ten Jahr um die *Geburtenzahl* G_n vergrößert und um die *Todesfälle* T_n verringert. (Genauer muss man sagen: G_n sollen die in der Zeit von t_n bis t_{n+1} Geborenen sein, die zum Zeitpunkt t_{n+1} noch leben.)

$$x_{n+1} = x_n + G_n - T_n$$

Die Populationsgröße messen wir in der Anzahl von Individuen. Von G_n wie T_n nehmen wir an, dass sie proportional zur Populationsgröße im n-ten Jahr sind.

$G_n = \gamma x_n$ mit dem Proportionalitätsfaktor $\gamma > 0$

$T_n = \tau x_n$ mit dem Proportionalitätsfaktor $\tau \geq 0$ und ≤ 1

$$\gamma = \frac{G_n}{x_n} \quad \text{bzw.} \quad \tau = \frac{T_n}{x_n}$$

ist dann die *(spezifische) Geburten-* bzw. *Todesrate*. Durch Einsetzen erhalten wir:

$$x_{n+1} = x_n + \gamma x_n - \tau x_n = (1 + \gamma - \tau)x_n$$

6.2.1   Lineares Modell

$$x_{n+1} = q x_n \quad \text{mit} \quad q = 1 + \gamma - \tau > 0 \quad \text{für alle n} \in \mathbb{N}_0$$

Es ist $q > 0$ wegen $\gamma > 0$ und $0 \leq \tau \leq 1$. Dies ist ein sogenanntes *lineares* Modell für die Populationsentwicklung, weil x_n nur linear und nicht quadratisch als x_n^2 oder kubisch als x_n^3 etc. vorkommt oder sonst ein Ausdruck in x_n ist.

In diese Gleichung können wir anstelle von n auch $n-1$, $n-2$, ..., 1 oder 0 einsetzen und erhalten eine richtige Gleichung, weil 6.2.1 für *alle* $n \in \mathbb{N}_0$ gültig ist. Somit folgt:

$$x_n = qx_{n-1} = q(qx_{n-2}) = q^2 x_{n-2} = q^2(qx_{n-3}) = q^3 x_{n-3} = \cdots = q^n x_0$$

Damit haben wir alle Populationsentwicklungen bestimmt, die die Modellgleichung 6.2.1 erfüllen. Mathematisch ausgedrückt: Wir haben alle Lösungen von 6.2.1 gefunden; sie sind alle durch x_0 eindeutig bestimmt.

6.2.2 Lösungen der Modellgleichung

$$x_n = q^n x_0 \text{ für alle } n \in \mathbb{N}_0$$

6.2.3 Beispiel

Bei folgenden Ausgangsdaten erhält man im 1., 2. und im 100. Jahr:

x_0	=	3.000.000	x_1	=	$1{,}002\, x_0 = 3.006.000$
γ	=	10 pro 1.000 = 0,010	x_2	=	$1{,}002\, x_1 = 3.012.012$
τ	=	8 pro 1.000 = 0,008	x_{100}	=	$(1{,}002)^{100} x_0 = 3.663.476$
$\gamma - \tau$	=	0,002			
q	=	1,002			

6.2.4 Eigenschaften der Populationsentwicklungen nach dem Modell 6.2.1

1. $x_0 = 0 \ \Rightarrow \ x_n = 0$ für alle $n \in \mathbb{N}_0$
2. Für $q = 1$, d. h. Geburtenrate = Todesrate, bleibt die Population konstant, wie auch immer die Anfangsgröße war.
   Für $x_0 > 0$ gilt:
3. Für $q \neq 1$ hängt die Populationsgröße x_n *exponentiell* von der Zeit n ab, d. h. die Zeit n steht im Exponenten.
4. $x_n > 0$ für alle $n \in \mathbb{N}_0$
5. $q > 1$, d. h. Geburtenrate > Todesrate, $\Rightarrow \ q \cdot x_n > 1 \cdot x_n$ d. h. $x_{n+1} > x_n$,
   d. h. die Population ist *streng monoton wachsend*, es liegt *exponentielles Wachstum* vor. Wenn n hinreichend groß ist, dann übersteigt die Populationsgröße sogar

jede Schranke. Sie „*konvergiert nach* ∞" (vgl. 6.3.9). Dieses Modell ist in der Praxis verwendbar bei frisch angesetzten Kulturen, die im Labor unter gleichmäßigen Wachstumsbedingungen gehalten werden. Auch ein junger Wald wächst von Jahr zu Jahr exponentiell.

6. $q < 1$, d. h. Geburtenrate < Todesrate, $\Rightarrow$ $q \cdot x_n < 1 \cdot x_n$ d. h. $x_{n+1} < x_n$,

d. h. die Population ist *streng monoton fallend*, es liegt ein *exponentieller Abnahmeprozess* vor. Für genügend großes n kommt die Größe beliebig nahe an die Null heran; x_n „*konvergiert gegen 0*" (vgl. 6.3.6).

Statt um eine Tier- oder Pflanzenpopulation kann es sich auch um irgendeine andere sich zeitlich ändernde Zustandsgröße handeln. Zum Beispiel um die Menge eines radioaktiven Stoffes oder um die Konzentration eines Medikamentes oder eines Giftstoffes im menschlichen Körper. Sowohl der radioaktive Zerfall, wie auch die Abbauprozesse von Medikamenten oder Giftstoffen durch die Körperorgane sind Beispiele für exponentielles Abnehmen.

6.3   Konvergenz von Folgen

6.3.1   Beispiel

Wird einem Patienten ein Medikament mit einer täglichen Dosis gegeben, so wirkt dem Aufbau einer gewissen Medikament-Konzentration im Blut der Abbau des Medikamentes durch die Körperorgane entgegen. Aber im Laufe der Tage spielt sich die Konzentration auf einem gewissen Niveau ein. Dieses *Einspielen* (s. 6.4) wie auch das *Langzeitverhalten* der Populationen im vorigen Abschnitt werden mathematisch beschrieben durch den Begriff der Konvergenz von Folgen. Wir stellen in diesem Abschnitt einige mathematische Handwerkzeuge bereit.

6.3.2   Definition: Folge reeller Zahlen

Ist jeder natürlichen Zahl n eindeutig eine reelle Zahl x_n zugeordnet, so ist eine *Folge reeller Zahlen* gegeben. Eine Folge wird bezeichnet mit $(x_1, x_2, \ldots, x_n, \ldots \ldots)$ oder $(x_n)_{n \in \mathbb{N}}$ oder abgekürzt (x_n). x_n heißt n-tes Glied der Folge. Manchmal ist auch noch ein Glied x_0 gegeben.

6.3.3 Beispiele

1. $0, 1, 2, 3, \ldots$ $x_n = n$ Streng monoton wachsend
2. $1, 2, 4, 8, \ldots$ $x_n = 2^n$ Streng monoton wachsend
3. $1, 1/2, 1/3, \ldots$ $x_n = 1/n, \ n \geq 1$ Streng monoton fallend
4. $1, 1/2, 1/4, 1/8, \ldots$ $x_n = (1/2)^n$ Streng monoton fallend

6.3.4 Definitionen: Monotone und beschränkte Folgen

1. (x_n) monoton wachsend : $\Leftrightarrow$ $x_n \leq x_{n+1}$ für alle n.
2. (x_n) monoton fallend : $\Leftrightarrow$ $x_n \geq x_{n+1}$ für alle n.
3. *streng* monoton bedeutet dabei, dass das Zeichen $<$ bzw. $>$ gilt.
4. Eine Folge heißt *nach oben* bzw. *nach unten beschränkt*, falls es eine *Schranke* $S \in \mathbb{R}$ gibt mit $x_n \leq S$ bzw. $x_n \geq S$ für alle n.
5. (x_n) heißt *beschränkt*, wenn sie nach unten und oben beschränkt ist.

6.3.5 Definition: Rekursiv definierte Folge, geometrische Folge

Eine Folge kann auch dadurch gegeben werden, dass man eine Rechenvorschrift angibt, nach der man x_{n+1} aus x_n berechnen kann. Man sagt, x_{n+1} wird durch *Rückgriff auf* x_n definiert oder x_n ist *rekursiv* definiert. Rekursiv definierte Folgen treten bei Populationsentwicklungen auf, wie z. B. in 6.2.1

$$x_{n+1} = q x_n \text{ mit einer Konstanten } q.$$

Eine solche Folge hat die Form (vgl. 6.2.2)

$$x_n = x_0 q^n$$

und heißt *geometrische Folge*. Die Folgen im 2. und 4. Beispiel von 6.3.3 sind geometrische Folgen.

6.3.6 Definition: Konvergenz, Limes

Dass eine Folge (x_n) gegen ein $x \in \mathbb{R}$ konvergiert, bedeutet folgendes: Für jeden Abstand $\epsilon > 0$ liegen die x_n näher als ϵ bei x für alle hinreichend großen n. Letzteres besagt, es muss $n \geq n_\epsilon$ sein für ein geeignetes n_ϵ. Kurz gesagt, die x_n müssen beliebig nahe bei x

liegen für alle hinreichend großen n. Konvergiert x_n gegen x, so heißt x *Grenzwert* oder *Limes* von (x_n). Das Zeichen

$$x = \lim_{n \to \infty} x_n$$

bedeutet erstens, dass die Folge (x_n) konvergiert und zweitens, dass der Grenzwert x ist. Dafür, dass eine Folge konvergiert, sagt man auch: *Der Grenzwert* $\lim_{n \to \infty} x_n$ *existiert.* Wenn eine Folge nicht konvergiert, so wird von einer *divergenten* Folge gesprochen. Häufig kann auf Konvergenz geschlossen werden mit Hilfe von folgendem

6.3.7 Konvergenzkriterium

(x_n) monoton wachsend und nach oben beschränkt $\quad \Rightarrow \quad (x_n)$ konvergent
(x_n) monoton fallend und nach unten beschränkt $\quad \Rightarrow \quad (x_n)$ konvergent

6.3.8 Beispiel

$\lim_{n \to \infty} aq^n = 0$ für $|q| < 1, a \in \mathbb{R}$, d. h.:
Eine geometrische Folge mit $|q| < 1$ konvergiert gegen 0.

6.3.9 Definition: Konvergenz gegen ∞

Gibt es für jede Schranke $S \in \mathbb{R}$ eine natürliche Zahl n_S, so dass $x_n \geq S$ für alle $n \geq n_S$ ist, dann konvergiert die Folge (x_n) nach ∞. Kurz gesagt: Die Folge wird beliebig groß für alle hinreichend großen n. Dafür wird das folgende Zeichen verwendet:

$$\lim_{n \to \infty} x_n = \infty$$

6.3.10 Beispiel

$\lim_{n \to \infty} aq^n = \infty$ für $q > 1$, $a \in \mathbb{R}$ und $a > 0$, d. h.: Eine geometrische Folge mit $q > 1$ und $a > 0$ konvergiert gegen ∞.

6.3.11 Beispiele von Reihen

1. $\sum_{k=1}^{\infty} k = 1 + 2 + 3 + 4 + 5 + \ldots$

2. $\sum_{k=0}^{\infty} \left(\frac{1}{2}\right)^k = 1 + \frac{1}{2} + \frac{1}{2^2} + \frac{1}{2^3} + \ldots$

3. $\displaystyle\sum_{k=0}^{\infty} q^k = 1 + q + q^2 + q^3 + q^4 + \ldots$

Dies sind Beispiele von *(unendlichen) Reihen reeller Zahlen*. Die Reihe $\sum_{k=0}^{\infty} q^k$ heißt *geometrische Reihe*.

6.3.12 Definitionen: Konvergente Reihen

Eine *Reihe* ist also zunächst nur ein formaler Ausdruck der Form

$$\sum_{k=0}^{\infty} x_k = x_0 + x_1 + x_2 + x_3 + \ldots,$$

wobei $(x_k)_{k \in \mathbb{N}_0}$ eine Folge reeller Zahlen ist.

$$s_n := \sum_{k=0}^{n} x_k$$

heißt *n-te Teilsumme* der Reihe.

Eine Reihe heißt *konvergent*, falls die Folge der Teilsummen (s_n) konvergent ist.

$s := \lim_{n \to \infty} s_n$ heißt, falls die Reihe konvergiert, *Wert* oder *Summe* der Reihe. Die Schreibweise

$$\sum_{k=0}^{\infty} x_k = s$$

bedeute, dass die Reihe konvergiert und die Summe s hat.

6.3.13 Summe der ersten n natürlichen Zahlen

$$\sum_{k=1}^{n} k = 1 + 2 + \cdots + n = \frac{n(n+1)}{2}.$$

6.3.14 Die n-te Teilsumme der geometrischen Reihe

$$\sum_{k=0}^{n} q^k = \frac{1 - q^{n+1}}{1 - q}$$

Daraus ergibt sich:

6.3.15 Konvergenz der geometrischen Reihe

$$\sum_{k=0}^{\infty} q^k = 1 + q + q^2 + q^3 + \dots \quad = \quad \frac{1}{1-q} \quad \text{für} \quad |q| < 1.$$

In Worten: Die geometrische Reihe konvergiert für $|q| < 1$ gegen $\frac{1}{1-q}$.

6.4 Exponentielle Abnahme bei konstanter Zufuhr

6.4.1 Beispiele

1. Entwicklung einer Bevölkerung bei gleichbleibender Einwanderung
2. Ausscheidung eines Medikamentes bei konstanter Einnahme

Um etwas konkretes vor Augen zu haben, erläutern wir das Vorgehen am Beispiel der Medikament-Konzentration im Blut. Das Modell gilt aber bei jedem exponentiellen Abnahmeprozess mit konstanter Zufuhr.

Scheiden die Körperorgane von einem Medikament pro Tag p Prozent aus und erhält der Patient eine tägliche Zufuhr von d mg/l (Milligramm pro Liter), so bekommen wir mit $q = 1 - \frac{p}{100}$ das folgende Modell für die Medikament-Konzentration x_n am n-ten Tag:

6.4.2 Modellgleichung

$$x_{n+1} = qx_n + d, \; 0 < q < 1$$

Wir weisen besonders auf die Bedingung $q < 1$ hin. Wir betrachten also Prozesse, bei denen ohne einen konstanten Zuwachs von außen ein exponentieller Abnahmeprozess vorliegt. Um eine Lösung zu bestimmen, machen wir den

6.4.3 Ansatz

$$x_n = Aq^n + B \;\; \text{für alle } n \in \mathbb{N}_0 \text{ und Konstante } A, B \in \mathbb{R}$$

Einsetzen in die Modellgleichung 6.4.2 liefert:

$$x_{n+1} = qx_n + d$$
$$Aq^{n+1} + B = q(Aq^n + B) + d$$
$$Aq^{n+1} + B = Aq^{n+1} + Bq + d$$
$$B = Bq + d$$
$$B - Bq = d$$
$$B(1 - q) = d$$
$$B = \frac{d}{1-q}$$

Da diese Umformungen auch von unten nach oben durchgeführt werden können, erhalten wir den

6.4.4 Satz

Der Ansatz 6.4.3 liefert genau dann eine Entwicklung, die der Modellgleichung 6.4.2 genügt, wenn gilt:

$$B = \frac{d}{1 - q}$$

A kann eine beliebige Konstante sein. A ist durch die Anfangsgröße x_0 bestimmt:

$$A = x_0 - B$$

Um die letzte Behauptung einzusehen, setze man in 6.4.3 $n = 0$. Zusammengefasst erhalten wir als

6.4.5 Lösung mit Anfangswert x_0

$$x_n = \left(x_0 - \frac{d}{1 - q}\right) q^n + \frac{d}{1 - q}$$

6.4.6 Frage

Ist es möglich, dass die Konzentration konstant bleibt?

$$x_{n+1} = x_n \text{ für alle } n \in \mathbb{N}_0?$$

$$x_{n+1} = x_n$$
$$Aq^{n+1} + B = Aq^n + B$$
$$Aq^{n+1} = Aq^n$$
$$Aq = A$$
$$A(q - 1) = 0$$
$$A = 0$$

Da dies lauter umkehrbare Umformungen sind, erhalten wir die

6.4.7 Antwort

Die einzige konstante Entwicklung ist $x_n = \frac{d}{1-q}$ für alle $n \in \mathbb{N}_0$.
Weiter gilt:

6.4.8 Satz

Für $A > 0$ ist (x_n) streng monoton fallend und immer $> B$.
Für $A < 0$ ist (x_n) streng monoton wachsend und immer $< B$.
Dies kann man wie in 6.4.6 ausrechnen, indem man statt mit einem Gleichheitszeichen
mit einem Größer-Zeichen beginnt.

6.4.9 Satz

$$\lim_{n \to \infty} x_n = B$$

Die Konvergenz folgt aus dem Konvergenzkriterium 6.3.7.

6.4.10 Beispiel

Bei täglicher Dosis von 15 mg, die durch eine Spritze direkt ins Blut gelangt, hat man
bei etwa 5 l Blut eines Erwachsenen eine Zufuhr von etwa $d = 3$ mg/l. Beträgt die
Ausscheidung 50 % pro Tag, so wird $q = 1 - \frac{50}{100} = 0{,}5$. Die Modellgleichung lautet
also:

$$x_{n+1} = 0{,}5x_n + 3$$

Das Niveau, auf das sich die Konzentration auf jeden Fall einspielt, ist:

$$B = \frac{3}{0{,}5} = 6 \text{ mg/l}$$

Bei $x_0 = 0$ wird $A = -6$ und $x_n = -6(0,5)^n + 6$

Wir können fragen: Nach wieviel Tagen ist das Niveau von 6 mg/l bis auf $\pm 0,2$ mg/l erreicht? Wir erhalten $x_4 = 5,3$ mg/l und $x_5 = 5,8$ mg/l. Die Antwort lautet also: Nach 5 Tagen.

6.4.11 Einstellung eines Patienten auf ein Medikament

Angenommen, die Konzentration x des Medikamentes im Blut soll auf $K = 12$ mg/l eingestellt werden. Dann erhält der Patient etwa eine Tablette mit $D_0 = 50$ mg des Medikamentes. Wir nehmen einmal an, dass sich die Aufnahme ins Blut binnen einer Stunde nach der Tabletteneinnahme abspielt. Dann wird eine Stunde nach der Tabletten-einnahme die Konzentration im Blut gemessen zu 5 mg/l. Dies entspricht dem Anteil des eingenommenen Medikaments, der tatsächlich ins Blut gelangt, dies ist also die Konzentrationserhöhung $d_0 = 5$ mg/l. Weitere 24 h später wird erneut die Medikament-Konzentration im Blut gemessen. Dies ergebe den Wert $x_1 = 2$ mg/l. Es gilt nach unserem Modell:

$$x_1 = q\,d_0 \quad \Rightarrow \quad 2 = q\,5 \quad \Rightarrow \quad q = \frac{2}{5} = 0,4$$

$p = 1 - q = 0,6 = 60\,\%$ ist dann des Patienten individuelle Abbaurate pro Tag für das betreffende Medikament.

Jetzt können wir die täglich notwendige Konzentrationserhöhung d berechnen, um im Laufe der Zeit auf eine Konzentration von $K = \frac{d}{1-q}$ zu kommen:

$$d = K \cdot (1 - q) = 12 \cdot 0,6 = 7,2 \text{ mg/l}$$

Eine Konzentrationszufuhr von $d_0 = 5$ mg/l wurde bewirkt durch eine Tabletten-Dosis von $D_0 = 50$ mg.

Eine Konzentrationszufuhr von 1 mg/l wird dann bewirkt durch eine Tabletten-Dosis von $D_0/d_0 = 50/5$ mg $= 10$ mg.

Eine Konzentrationszufuhr von $d = 7,2$ mg/l wird bewirkt durch eine Tabletten-Dosis von $(D_0/d_0) \cdot d = 10 \cdot 7,2$ mg $= 72$ mg.

6.4.12 Proportionalitätsannahme

Damit diese *Dreisatz-Rechnung* überhaupt funktioniert, ist angenommen worden, dass die Konzentrationserhöhung d im Blut proportional zur eingenommenen Tablettendosis D ist: $d = c \cdot D$ mit Proportionalitätsfaktor c

Mit den gemessenen Daten kann c wie folgt ausgerechnet werden:

$$d_0 = c \cdot D_0 \Rightarrow c = d_0/D_0 = 5/50 = 0,1$$

Die gesuchte Tablettendosis D erhalten wir aus der Proportionalitätsannahme 6.4.12:

$$7{,}2 = 0{,}1 \cdot D \quad \Rightarrow \quad D = 72 \text{ mg.}$$

Statt des Dreisatzes haben wir bei dieser zweiten Methode die „funktionale" Formulierung verwendet. Sie hat den großen Vorteil, dass man sieht, dass man eine modellmäßige Annahme hineingesteckt hat, nämlich die Proportionalität 6.4.12. Die Annahme 6.4.12 besagt, dass d eine lineare Funktion von D ist mit y-Achsenabschnitt 0, deren Graph eine Gerade durch den Nullpunkt ist mit Steigung c. Erweist sich ein Modell als nicht ausreichend in Übereinstimmung mit den Beobachtungsdaten, so kann man versuchen, eine modellmäßige Annahme wie 6.4.12 zu verbessern, z. B. dadurch, dass man es mit einer anderen Funktion versucht. Zum Begriff der Funktion siehe das folgende Kapitel!

6.5   Beschränktes Wachstum

Das lineare Modell des Wachstums aus 6.2 ist nicht mehr geeignet, das Langzeitverhalten einer biologischen Population zu beschreiben; denn keine reale Population kann über alle Grenzen wachsen, weil sie ab einer gewissen Größe an die Grenzen ihres Lebensraumes stößt. Wir untersuchen jetzt ein einfaches Modell für beschränktes Wachstum. Eine Begründung dieses Modells durch innerspezifische Konkurrenz und durch die Begrenzung des Lebensraumes kann erst in späteren Abschnitten gegeben werden (vgl. 6.6 und Abschn. 12.3.7). Wir verwenden die

6.5.1   Modellgleichung

$$x_{n+1} = \frac{a x_n}{x_n + b}, \ n \in \mathbb{N}_0, \text{mit Konstanten } a, b > 0$$

Wegen $b > 0$ ist $\frac{x_n}{x_n+b} < 1$, folglich $\frac{a x_n}{x_n+b} < a$. D. h. ab $n = 1$ ist $x_n < a$.

6.5.2   Beschränktheit

Die Populationsentwicklung ist für $n > 0$ beschränkt durch a.

Wir fragen weiter, ob eine *konstante Populationsentwicklung* möglich ist. $x_{n+1} = x_n$ bedeutet $\frac{a x_n}{x_n+b} = x_n$. Diese Gleichung gilt sicher für alle n, wenn $x_n = 0$ ist. Aus 6.5.1 liest man ab, dass, wenn $x_n > 0$ ist, so auch x_{n+1}. Da eine Populationsgröße nie negativ werden kann, ist dies eine gute Eigenschaft unseres Modells. Sind alle $x_n > 0$ dann gilt:

$$\frac{a x_n}{x_n + b} = x_n \quad \Leftrightarrow \quad \frac{a}{x_n + b} = 1 \quad \Leftrightarrow \quad a = x_n + b \quad \Leftrightarrow \quad x_n = a - b$$

Dies ist nur für $a - b > 0$, also für $a > b$ biologisch sinnvoll. Also gilt:

6.5.3 Konstante Populationsentwicklungen

Im Falle $a \leq b$ ist $x_n = 0$ für alle n die einzige konstante Populationsentwicklung.
Im Falle $a > b$ ist außer der konstanten Entwicklung $x_n = 0$ für alle $n \in \mathbb{N}_0$ noch eine
konstante positive Populationsentwicklung möglich, nämlich

$$x_n = a - b =: x_* \text{ für alle } n \in \mathbb{N}_0.$$

Wir untersuchen die Monotonie für $x_n > 0 : x_{n+1} < x_n \quad \Leftrightarrow \quad \frac{ax_n}{x_n+b} < x_n \quad \Leftrightarrow$
$\frac{a}{x_n+b} < 1 \quad \Leftrightarrow \quad a < x_n + b \quad \Leftarrow \quad a \leq b$

6.5.4 Satz

Für $a \leq b$ ist (x_n) streng monoton fallend.

6.5.5 Satz

Für $a > b$ gilt: 1. $\quad x_n > x_* \Leftrightarrow x_{n+1} > x_*$ und 2. $\quad x_n < x_* \Leftrightarrow x_{n+1} < x_*$
In Worten: Die x_n liegen entweder alle unterhalb von x_* oder alle oberhalb von x_*.
Beweis durch die folgenden umkehrbaren Umformungen:

$$
\begin{aligned}
x_{n+1} &> x_* \\
\frac{ax_n}{x_n+b} &> a - b \\
ax_n &> ax_n + ab - bx_n - b^2 \\
0 &> ab - bx_n - b^2 \\
0 &> a - x_n - b \\
x_n &> a - b \\
x_n &> x_*
\end{aligned}
$$

Die 2. Behauptung folgt analog, wenn man überall das Zeichen „>" durch „<" ersetzt.

6.5.6 Satz

Für $a > b$ gilt: Die Entwicklungen mit $x_n > x_*$ sind streng monoton fallend, die mit
$x_n < x_*$ streng monoton wachsend. In Formeln:
1. $x_n > x_{n+1}$ für $x_n > x_*$ \qquad 2. $x_n < x_{n+1}$ für $x_n < x_*$

Beweis:

$x_n > x_{n+1} \Leftrightarrow x_n > \frac{ax_n}{x_n+b} \Leftrightarrow 1 > \frac{a}{x_n+b} \Leftrightarrow x_n + b > a \Leftrightarrow x_n > a - b \Leftrightarrow x_n > x_*.$

Die 2. Behauptung folgt entsprechend, wenn man an allen Stellen das Zeichen „>" durch „<" ersetzt.

Aus der Beschränktheit und aus der Monotonie folgt wegen des Konvergenzkriteriums 6.3.7 die Konvergenz. Durch eine weitere Rechnung lässt sich auch der Grenzwert bestimmen, sodass wir folgenden Satz erhalten.

6.5.7 Satz

1. Für $a > b$ und $x_0 > 0$ ist $\lim_{n \to \infty} x_n = x_* = a - b$
2. Für $a \leq b$ ist $\lim_{n \to \infty} x_n = 0$

6.5.8 Zusammenfassung

Die durch das Modell beschriebenen Entwicklungen
Für $a \leq b$ nimmt die Population, bei welcher Größe $x_0 > 0$ sie auch immer beginnt, ständig ab und stirbt schließlich (für $n \to \infty$) aus. Für $a > b$ und $x_0 > 0$ gibt es eine Grenzgröße $x_* = a - b$ der Population, auf die sich die Population im Laufe der Zeit einspielt. Dabei wächst sie ständig, wenn die Anfangspopulation $x_0 < x_*$ war, und sie nimmt ständig ab, wenn die Anfangspopulation $x_0 > x_*$ war.

6.5.9 Bemerkung zum Begriff „Natur im Gleichgewicht"

Für $a > b$ ist x_* nicht nur ein konstanter, sondern auch ein *stabiler* Zustand der Population, stabil, weil sich die Population, wenn sie durch einen Eingriff von außen aus diesem Zustand gebracht wird, von selbst wieder auf diesen Zustand einspielt. Dies ist also ein Zustand, wie man sich die *Natur im Gleichgewicht* vorstellen kann. Wenn z. B. ein Teil des Waldes gerodet oder vom Sturm vernichtet wird, dann wächst er, wenn der Schaden nicht zu groß war, wieder auf seine vorherige Stärke heran. Oder z. B. beim Blut eines Lebewesens gibt es eine ganz bestimmte Menge, die normalerweise vorhanden ist und auf welche der Körper die Blutmenge nach einem Blutverlust wieder einreguliert.

Der konstante Zustand 0 ist jedoch nicht stabil. Bei jeder noch so kleinen Störung, wenn also von außen nur eine winzig kleine Population angesiedelt (eingeschleppt) wird, wächst die Population bis zum Zustand x_* an und geht nicht mehr von selbst auf 0 zurück.

6.6 Innerspezifische Konkurrenz

Gehen wir einmal von folgenden Gedanken aus. Wenn eine Population groß wird relativ zu ihrem Lebensraum, dann muss in ein Modell die Begrenzung des Lebensraumes einbezogen werden. Der knapper werdende freie Lebensraum führt zu Nahrungsmangel und zu gegenseitiger Konkurrenz der Individuen um die Nahrung, bei einer einzigen Spezies zu *innerspezifischer Konkurrenz*.

Dann führen zwei Gedanken-Experimente zum gleichen mathematischen Modell:

6.6.1 Modellierung der innerspezifischen Konkurrenz

Wir gehen davon aus, dass sich die Population ohne Konkurrenz von n bis $n + 1$ um einen konstanten *Wachstumsfaktor* q vergrößert: $x_{n+1} = qx_n$

Die Konkurrenz berücksichtigen wir so, dass wir einen Konkurrenz-Term K_n abziehen:
$x_{n+1} = qx_n - K_n$

Wodurch ist nun K_n bestimmt? Dazu können wir annehmen, dass K_n um so größer ist, je häufiger sich zwei Individuen der Art in ihrem Lebensraum treffen. Sei T_n die Häufigkeit des Aufeinandertreffens zweier Individuen. Dann können wir annehmen, dass K_n proportional ist zu T_n. Die Häufigkeit, dass in einem bestimmten Teilbereich sich ein Individuum befindet, ist proportional zur Populationsgröße x_n. Dass sich darin noch ein zweites Individuum aufhält, ist proportional zu $x_n - 1$. Für große Populationen können wir für $x_n - 1$ hier auch x_n schreiben. Die Häufigkeit, dass sich zwei Individuen in einem solchen Teilbereich treffen, ist nach der Multiplikationsregel 4.3.7 proportional zu x_n^2. Damit wird auch die Konkurrenzgröße K_n proportional zu x_n^2:

6.6.2 Satz

Die Konkurrenzgröße ist: $K_n = bx_n^2$ für ein $b > 0$

6.6.3 Satz

Die Modellgleichung lautet: $x_{n+1} = qx_n - bx_n^2$, $q > 0$ und $b > 0$, $n \in \mathbb{N}_0$

6.6.4 Modellierung des freien Lebensraumes

Wir gehen nochmals von der Gleichung $x_{n+1} = qx_n$ aus und fragen uns, wodurch die Konstante q bestimmt ist. Dabei können wir annehmen, dass der Wachstumsfaktor q um so größer ist, je größer der *freie Lebensraum* der Population ist. Sei die Größe des gesamten Lebensraumes L. Der von der Population besetzte Lebensraum ist proportional zu ihrer Größe x_n, also gleich px_n mit einem Proportionalitätsfaktor $p > 0$. Dann ist der freie Lebensraum gleich $L - px_n$, und, wenn q proportional zum freien Lebensraum sein soll, erhalten wir:

$$
\begin{aligned}
q &= c(L - px_n), c > 0 \\
x_{n+1} &= c(L - px_n)x_n \\
&= cLx_n - cpx_n^2 \qquad cL =: a \\
&= ax_n - bx_n^2 \qquad\quad cp =: b
\end{aligned}
$$

Wir bekommen folgendes Modell:

6.6.5 Modellgleichung

$$
x_{n+1} = ax_n - bx_n^2, \; a > 0, \; b > 0
$$

Bei der Modellierung der innerspezifischen Konkurrenz und des freien Lebensraumes gelangen wir also zum gleichen Modell-Typ, der aus einem positiven linearen Term und einem negativen quadratischen Term besteht. Die Gleichung in 6.6.5 heißt *diskretes logistisches Entwicklungsgesetz*. Die Bezeichnung „logistisch" ist vom belgischen Mathematiker Verhulst 1836 verwendet worden, der Ausdruck ist aber noch viel älter, ein Grund für diese Bezeichnung ist nicht bekannt.
Welche Populationsentwicklungen lässt das Modell zu?

6.6.6 Gleichgewichte

Die Größe einer konstanten Populationsentwicklungen nennen wir auch einen *Gleichgewichtszustand* oder kurz ein *Gleichgewicht*.

1. Für $a \leq 1$ ist 0 das einzige nicht negative Gleichgewicht.
2. Für $a > 1$ kommt zum Gleichgewicht 0 noch genau ein positives Gleichgewicht dazu:

$$
x_* := \frac{a-1}{b}
$$

Beweis:
Dass $x_n = 0$ für alle n eine Folge ist, die der Modellgleichung genügt, sieht man unmittelbar. Sei $x_n > 0$ für alle n. Dann folgt:

$$
\begin{aligned}
x_{n+1} &= x_n \\
ax_n - bx_n^2 &= x_n \\
a - bx_n &= 1 \\
-bx_n &= 1 - a \\
bx_n &= a - 1 \\
x_n &= \frac{a-1}{b}
\end{aligned}
$$

Da dies alles umkehrbare Umformungen sind, folgt die Behauptung.

Die Frage nach Monotonie und Konvergenz ist in diesem Falle nun viel schwieriger zu beantworten als in vorigem Abschn. 6.5. Von einer Formel für die Populationsentwicklung wie in 6.2.2 ganz zu schweigen. Wir werden, wenn wir weitere Hilfsmittel zur Verfügung haben darauf zurückkommen. Soviel sei hier schon mitgeteilt, dass weder Monotonie noch Konvergenz immer vorliegt. Mit den bis jetzt vorliegenden Hilfsmitteln kann folgendes bewiesen werden:

6.6.7   Satz über den Grenzwert einer konvergenten Entwicklung

Ist x_n eine für $n \to \infty$ konvergente Populationsentwicklung, die der Gl. 6.6.5 genügt, dann kommt als Grenzwert $\hat{x}$ nur 0 oder $\frac{a-1}{b}$ in Frage.

6.7   Konstant bleibende Genotypverteilung

Wir betrachten eine sogenannte *ideale* Population, die u. a. dadurch charakterisiert ist, dass keine Generationsüberlappung besteht, dass sie praktisch unendlich groß ist und die Paarung rein nach dem Zufall geschieht. Wir betrachten den Genotyp mit den Ausprägungen AA, Aa, aa eines bestimmten Genortes mit zwei Allelen A, a. Dabei sind A und a nur Bezeichnungen für die Allele, es muss nicht A dominant über a sein. D, H und R mögen die relativen Häufigkeiten (= Wahrscheinlichkeiten) der Genotypen AA, Aa, aa in der gesamten Population von N Individuen bezeichnen. Die Genhäufigkeiten von A und a werden mit p und q bezeichnet.

6.7.1 Genotyp-Häufigkeiten

Genotypen	AA	Aa	aa
Rel. Häufigkeit	D	H	R
Absol. Häufigkeit	DN	HN	RN
Anzahl der A-Gene	$2DN$	HN	0
Anzahl der a-Gene	0	HN	$2RN$

$D + H + R = 1$

6.7.2 Gen-Häufigkeiten

Gene	Absolut	Relativ
A	$2DN + HN$	$D + \frac{1}{2}H = p$
a	$HN + 2RN$	$\frac{1}{2}H + R = q$

Anzahl der Gene $= 2N$

$p + q = 1$

6.7.3 Voraussetzung

Es wird vorausgesetzt, dass die Genotypen in der weiblichen Teilpopulation genauso verteilt sind wie in der männlichen, und dass die Vererbung nicht geschlechtsgebunden erfolgt.

6.7.4 Genotyp eines unmittelbaren Nachkommens

Betrachtet wird ein Individuum E und ein unmittelbarer Nachkomme F von E. Die Wahrscheinlichkeit des Genotyps von F, je nachdem, welchen Genotyp E hat, ist:

$F \setminus E$	AA	Aa	aa
AA	p	$p/2$	0
Aa	q	$1/2$	p
aa	0	$q/2$	q

Die Einträge in dieser Tabelle sind bedingte Wahrscheinlichkeiten, z. B.:

$$q/2 = P(F = aa \mid E = Aa)$$

Der Nachweis dieser Feststellungen wird durch mehrfache Anwendungen der Oder-Regel und der Und-Regel, d. h. der Additions- und Multiplikationsregel erbracht. Für die mittlere Spalte ergibt sich dies aus folgendem Diagramm. Dabei hat der Elternteil den Genotyp Aa.

$$
\begin{array}{c}
AA \\
{\scriptstyle p}\nearrow \\
A \\
{\scriptstyle \frac{1}{2}}\nearrow \quad \searrow {\scriptstyle q} \\
Aa \qquad Aa \\
{\scriptstyle \frac{1}{2}}\searrow \quad \nearrow {\scriptstyle p} \\
a \\
\searrow {\scriptstyle q} \\
aa
\end{array}
\tag{6.1}
$$

1. Ein Nachkomme F vom Typ AA entsteht, wenn
   a) vom Elternteil das haploide A-Gen zum Zuge kommt *und*
   b) aus der Gesamtpopulation ebenfalls ein A-Gen.
   Das Erste geschieht mit der Wahrscheinlichkeit 1/2, das Zweite mit der Wahrscheinlichkeit p, das eine *und* das andere also mit der Wahrscheinlichkeit $1/2 \cdot p = p/2$, das ist die Begründung für das $p/2$ in obiger Tabelle.
2. Ein Nachkomme F vom Typ Aa entsteht
   a) *entweder* dadurch, dass
      (i) vom Elternteil E das haploide A-Gen zum Zuge kommt *und*
      (ii) aus der Gesamtpopulation ein a-Gen
   b) *oder* dadurch, dass
      (i) vom Elternteil E das haploide a-Gen zum Zuge kommt *und*
      (ii) aus der Gesamtpopulation ein A-Gen.
   Also entsteht ein Nachkomme F vom Genotyp Aa mit der Wahrscheinlichkeit $1/2 \cdot q + 1/2 \cdot p = 1/2\,(q+p) = 1/2$. Das ist das 1/2 in obiger Tabelle.
3. Ein Nachkomme F vom Typ aa entsteht, wenn
   a) vom Elternteil das haploide a-Gen zum Zuge kommt *und*
   b) aus der Gesamtpopulation ebenfalls ein a-Gen.
   Das Erste geschieht mit der Wahrscheinlichkeit 1/2, das Zweite mit der Wahrscheinlichkeit q, das eine *und* das andere also mit der Wahrscheinlichkeit $1/2 \cdot q = q/2$, das ist die Begründung für die $q/2$ in obiger Tabelle.

Auf entsprechende Weise ergeben sich die erste und dritte Spalte der Tabelle, wenn man die folgenden Diagramme benützt:

$$
AA \xrightarrow{1} A \begin{array}{c} {\scriptstyle p}\nearrow AA \\ \xrightarrow{q} Aa \\ {\scriptstyle 0}\searrow aa \end{array}
\qquad\qquad
aa \xrightarrow{1} a \begin{array}{c} {\scriptstyle 0}\nearrow AA \\ \xrightarrow{p} Aa \\ {\scriptstyle q}\searrow aa \end{array}
\tag{6.2}
$$

6.7.5   Entwicklung der Genotypverteilung von Generation zu Generation

In Generation F_0 (0-te Generation) bezeichnen wir die Genotyphäufigkeiten mit D_0, H_0, R_0, in der Tochtergeneration F_1 von F_0 mit D_1, H_1, R_1, in der Tochtergeneration F_2 von F_1 mit D_2, H_2, R_2 u. s. w.

6.7.6   Relative Häufigkeit der Genotypen in der F_1-Generation

$$
\begin{aligned}
AA: \quad D_1 &= p D_0 + \tfrac{p}{2} H_0 + 0 R_0 \\
Aa: \quad H_1 &= q D_0 + \tfrac{1}{2} H_0 + p R_0 \\
aa: \quad R_1 &= 0 D_0 + \tfrac{q}{2} H_0 + q R_0
\end{aligned}
$$

Dies ergibt sich aus folgendem Diagramm:

$$
\begin{array}{ccccccc}
 & & E & & & & F_0 \\
 & D_0 & H_0 & R_0 & & & \\
 & \swarrow & \downarrow & \searrow & & & \\
AA & & Aa & & aa & & \\
p & q \;\; p/2 & 1/2 & q/2 \;\; p & q & & \\
\downarrow & \times & \downarrow & \times & \downarrow & & \\
AA & & Aa & & aa & & F_1
\end{array}
\qquad (6.3)
$$

Denn ein Individuum von F_0 hat einen Nachkommen vom Genotyp z. B. Aa, falls es selbst

*   *entweder* Genotyp AA *und* einen Nachkommen vom Typ Aa hat
*   *oder* Genotyp Aa *und* einen Nachkommen vom Typ Aa hat
*   *oder* Genotyp aa *und* einen Nachkommen vom Typ Aa hat.

Also ist die Wahrscheinlichkeit eines Nachkommens vom Genotyp Aa gleich

$$
H_1 = D_0 \cdot q + H_0 \cdot 1/2 + R_0 \cdot p \qquad (6.4)
$$

Damit ist die mittlere Gleichung bei 6.7.6 nachgewiesen. Die anderen ergeben sich entsprechend.

Setzen wir in die Formeln von 6.7.6 noch die Berechnungen der Genhäufigkeiten in 6.7.2 ein, so erhalten wir:

$$
D_1 = p^2, \quad H_1 = 2pq, \quad R_1 = q^2 \qquad (6.5)
$$

Dies ergibt sich mit folgenden Rechnungen:

$$
D_1 = p D_0 + \tfrac{p}{2} H_0 = p(D_0 + \tfrac{1}{2} H_0) = p\,p = p^2
$$
$$
H_1 = q D_0 + \tfrac{1}{2} H_0 + p R_0 = q D_0 + \tfrac{1}{2}(p+q) H_0 + p R_0 = q(D_0 \tfrac{1}{2} H_0) + p(\tfrac{1}{2} H_0 + R_0)
$$
$$
= qp + pq = 2pq
$$

$$R_1 = \tfrac{q}{2}H_0 + qR_0 = q(\tfrac{1}{2}H_0 + R_0) = q^2$$

Diese Genotypverteilung ändert sich ab der 1. Tochtergeneration nicht mehr, sie ist eine konstante Genotypverteilung. Das zeigen folgende Rechnungen:

$$D_2 = pD_1 + \tfrac{p}{2}H_1 = p\,p^2 + \tfrac{p}{2}2pq = p^2(p+q) = p^2$$
$$H_2 = qD_1 + \tfrac{1}{2}H_1 + pR_1 = q\,p^2 + \tfrac{1}{2}2pq + p\,q^2 = pq(p+1+q) = 2pq$$
$$R_2 = \tfrac{q}{2}H_1 + qR_1 = \tfrac{q}{2}2pq + q\,q^2 = q^2(p+q) = q^2$$

Hierbei ist verwendet, dass sich die Genhäufigkeiten von Generation zu Generation nicht ändern. Dies ist klar, weil kein Gen verloren gehen kann und kein Gen von außerhalb in die Population hineinkommen soll. Man kann es auch nachrechnen:

$$
\begin{aligned}
p_1 = D_1 + \tfrac{1}{2}H_1 &= pD_0 + \tfrac{p}{2}H_0 + \tfrac{q}{2}D_0 + \tfrac{1}{4}H_0 + \tfrac{p}{2}R_0 \\
&= \tfrac{p}{2}D_0 + \tfrac{p}{2}D_0 + \tfrac{p}{2}H_0 + \tfrac{q}{2}D_0 + \tfrac{1}{4}H_0 + \tfrac{p}{2}R_0 \\
&= \tfrac{p}{2}D_0 + \tfrac{p}{2}H_0 + \tfrac{p}{2}R_0 + \tfrac{p}{2}D_0 + \tfrac{q}{2}D_0 + \tfrac{1}{4}H_0 \\
&= \tfrac{p}{2} + \tfrac{1}{2}(p+q)D_0 + \tfrac{1}{4}H_0 \\
&= \tfrac{p}{2} + \tfrac{1}{2}(D_0 + \tfrac{1}{2}H_0) \\
&= \tfrac{p}{2} + \tfrac{1}{2}\,p = p \Rightarrow \\
q_1 &= 1 - p_1 = 1 - p = q
\end{aligned}
$$

Insgesamt haben wir den folgenden Satz gefunden:

6.7.7 Satz über das Hardy-Weinbergsche Gleichgewicht

Ist p die relative Häufigkeit des Gens A und q diejenige von a, dann stellt sich nach einer Generation die Genotypverteilung

$$D = p^2,\ H = 2pq = 2p(1-p),\ R = q^2 = (1-p)^2$$

ein, die sich in den folgenden Generationen nicht mehr ändert. Diese Genotypverteilung heißt nach ihren Entdeckern *Hardy-Weinberg-Gleichgewicht* (1908).

Abbildung 6.1 zeigt die Graphen dieser drei Funktionen. Außerdem sind die Werte für $p = 1/2$ und für $p = 3/4$ eingetragen. eingetragen.

6.7.8 Beispiele

Das Hardy-Weinberg-Gleichgewicht für $p = 1/2$ bzw. $p = 3/4$ ist:
$D = 1/4,\ H = 1/2,\ R = 1/4$ bzw. $D = 9/16,\ H = 6/16,\ R = 1/16$

Abb. 6.1 Hardy-Weinberg-
Gleichgewichte

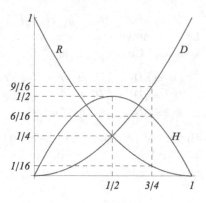

6.7.9   Beispiel: Albinismus

Obwohl eine Population von Menschen nicht die Voraussetzungen des Modells erfüllt,
da die Generationen überlappen, gibt es auch da Hardy-Weinberg-Gleichgewichte.
Albinismus (erblicher Farbstoffmangel) wird verursacht durch ein rezessives Gen a an
einem Genort mit zwei Allelen A und a. Es ist $R = 50 \cdot 10^{-6}$, d. h. unter einer
Million Menschen sind im Mittel 50 Albino. Aus dem Hardy-Weinberg-Gesetz folgt:
$R = q^2 \Rightarrow q = 7 \cdot 10^{-3} = 0{,}007 \Rightarrow p = 0{,}993$ und $2pq = 0{,}014$. Es ist also ein ho-
her Anteil von etwa 1,4 % der Bevölkerung Aa-Typ, also Träger des Albino-Gens, ohne
selbst Albino zu sein.

6.8   Ausgewählte Übungsaufgaben

6.8.1   Aufgabe

Angenommen, eine Bevölkerung hat ohne Ein- und Auswanderung einen jährlichen
Schwund von 2 %. Der Überschuss der jährlichen Einwanderung über die jährliche Aus-
wanderung betrage 100.000 Individuen. 1990 sei die Bevölkerungsgröße 100.000.000.
Auf welche Größe wird die Bevölkerung sich auf lange Sicht ($n \to \infty$) zubewegen?
Wie weit wird sie nach 200 Jahren dieser Grenzgröße schon nahe gekommen sein?

6.8.2   Aufgabe

Wenn die Erdölvorräte beim jetzigen Verbrauch und bei gleich bleibendem Verbrauch
noch für 30 Jahre reichen, um wieviel Prozent müsste man dann den Verbrauch von
Jahr zu Jahr einschränken, damit sie für immer ausreichten?

6.8.3 Aufgabe

Angenommen, ein Mensch nimmt täglich eine Dosis von d mg eines Giftes auf. Die Fähigkeit, das Gift abzubauen, sei von Mensch zu Mensch verschieden. Wie hoch darf d höchstens sein, wenn ein Mensch pro Tag 50 % des im Körper vorhandenen Giftes abbaut und an jedem Tag seines Lebens höchstens 6 mg im Körper vorhanden sein dürfen? Wie hoch, falls er nur 25 % ausscheidet?

6.8.4 Aufgabe

Eine Population entwickle sich nach einem Modell der Form $x_{n+1} = \frac{a x_n}{x_n + b}$ mit zunächst unbekannten Konstanten $a, b > 0$. Zählungen im Abstand von jeweils einem Jahr ergeben: $x_0 = 300$, $x_1 = 750$, $x_2 = 1200$ Individuen. Berechnen Sie, wie groß die Population nach einem weiteren Jahr sein wird, und zeigen Sie, dass die Population nie mehr als 1500 Individuen haben wird.

6.8.5 Aufgabe

Sei $0 < b < a$. Wenn Sie konkrete Zahlen bevorzugen, bearbeiten Sie die Aufgabe mit $b = 1$ und $a = 2$.

a) Zu zeigen: Eine Folge $(x_n)_{n \in \mathbb{N}_0}$, positiver reeller Zahlen x_n erfüllt eine Modellgleichung der Form

$$x_{n+1} = \frac{a x_n}{x_n + b} \tag{6.6}$$

genau dann, wenn die Folge positiver reeller Zahlen $(y_n)_{n \in \mathbb{N}_0}$ mit $y_n := \frac{1}{x_n}$ eine Modellgleichung der Form

$$y_{n+1} = q y_n + d \tag{6.7}$$

erfüllt für ganz bestimmte positive reelle Zahlen q und d.

b) Wie berechnen sich q und d aus a und b?

c) Leiten Sie eine Formel her, nach der sich x_n aus x_0 berechnet, wenn $(x_n)_{n \in \mathbb{N}_0}$ die Gl. (6.6) erfüllt. Verwenden Sie für $(y_n)_{n \in \mathbb{N}_0}$ die Formel 6.4.5.

Funktionen

Überblick

In diesem Kapitel werden die mathematischen Grundbegriffe einer Funktion, des Grenz-
wertes einer Funktion $f(x)$ bei einer Stelle x_0 und die Stetigkeit zusammengestellt. Auch
die grundlegenden Sätze sind hier einmal aufgeführt. Man kann auf diese Grundlagen zurückgreifen, wenn diese bei der Behandlung von Entwicklungsprozessen, in der Statistik
oder an anderen Stellen auftreten.

7.1 Grundlagen des Funktionsbegriffs

7.1.1 Definition: Abbildung

Seien M und K zwei Mengen. Eine Zuordnung f, die jedem Element $x \in M$ in eindeutiger Weise ein Element $y \in K$ zuordnet, heißt eine *Abbildung von M nach K*. Eine
Abbildung von M nach K wird mit

$$f : M \to K$$

bezeichnet. y heißt *der Wert von x bei der Abbildung f* oder Wert von f an der Stelle x.
Dieser wird auch mit $f(x)$ bezeichnet. Die Gleichung

$$y = f(x)$$

bedeutet also, dass y der Wert von x bei der Abbildung f ist.

© Springer Fachmedien Wiesbaden 2015
A. Riede, *Mathematik für Biowissenschaftler*,
DOI 10.1007/978-3-658-03687-4_7

7.1.2 Beispiele

1. Wahrscheinlichkeitsverteilung

   Sei $I := [0, 1] := \{y \in \mathbb{R}\,;\, 0 \leq y \leq 1\}$ und $\Omega = \{a_1, a_2, \ldots, a_k\}$. Eine Wahrscheinlichkeitsverteilung auf Ω ordnet jedem $a_i \in \Omega$ eine ganz bestimmte reelle Zahl $p(a_i) \in I$ zu und ist somit nichts anderes als eine Abbildung $p : \Omega \to I$.

   (Aber nicht jede Abbildung von Ω nach I ist eine Wahrscheinlichkeitsverteilung, sondern nur diejenigen mit $\sum_{i=1}^{k} p(a_i) = 1$). Etwa bei der Binomialverteilung:

   $b_{n,p} : \Omega \to I, \quad b_{n,p}(l) = (nl)\, p^l (1 - p)^{n-l} \quad$ für $\quad l \in \Omega = \{0, 1, 2, \ldots, n\}$

2. n-tupel

   Ein n-tupel $(x_1, x_2, \ldots, x_n)$ reeller Zahlen x_i, $i = 1, 2, \ldots, n$ ist eine Abbildung von $\{1, 2, \ldots, n\}$ nach $\mathbb{R}$.

3. Folge

   Eine Folge $(x_n)_{n \in \mathbb{N}}$ reeller Zahlen ist eine Abbildung von $\mathbb{N}$ nach $\mathbb{R}$; denn jedem $n \in \mathbb{N}$ ist ja eindeutig ein Wert $x_n \in \mathbb{N}$ zugeordnet.

4. Konstante Abbildung

   Sei c ein festes Element von K, dann heißt die Abbildung f mit $f(x) = c$ für alle $x \in M$ *konstante Abbildung mit Wert c*.

5. Nullabbildung

   Sei $K = \mathbb{R}$. Die *Nullabbildung* ist die konstante Abbildung mit Wert 0.

6. Identität

   Die Funktion $f : M \to M$ mit $f(x) = x$ für alle $x \in M$ heißt *identische Abbildung* oder *Identität von M*. Sie wird auch mit id_M oder kurz mit id bezeichnet.

7.1.3 Definitionen: Intervalle

Sind die Werte einer Abbildung reelle Zahlen, also $K \subset \mathbb{R}$, so heißt die Abbildung auch eine *reelle Funktion*. Ist zusätzlich $M \subset \mathbb{R}$, so heißt f eine *reelle Funktion einer reeller Variablen*. M ist dann häufig ein Intervall. Seien $a, b \in \mathbb{R}$ und $a < b$.

$$[a, b] := \{x \in \mathbb{R}\,;\, a \leq x \leq b\} \quad \text{abgeschlossenes Intervall von } a \text{ bis } b$$

$$]a, b[:= \{x \in \mathbb{R}\,;\, a < x < b\} \quad \text{offenes Intervall von } a \text{ bis } b$$

$$]a, b] := \{x \in \mathbb{R}\,;\, a < x \leq b\} \quad \text{links offenes, rechts abgeschlossenes Intervall}$$

$$[a, b[:= \{x \in \mathbb{R}\,;\, a \leq x < b\} \quad \text{rechts offenes, links abgeschlossenes Intervall}$$

$$[a, \infty[:= \{x \in \mathbb{R}\,;\, a \leq x\}$$

$$]a, \infty[:= \{x \in \mathbb{R}\,;\, a < x\}$$

$$]-\infty, b] := \{x \in \mathbb{R}\,;\, x \leq b\}$$

$$]-\infty, b[:= \{x \in \mathbb{R}\,;\, x < b\}$$

$$]-\infty, \infty[:= \mathbb{R}$$

7.1.4 Definition: Der Graph einer Funktion

Eine Funktion $f : M \to \mathbb{R}$ $(M \subset \mathbb{R})$ wird veranschaulicht durch ihren *Graphen:*

$$\text{Graph}(f) := \{(x, f(x)) \in \mathbb{R}^2 \, ; \ x \in M\}$$

Beachte: Zu einem $x \in M$ gibt es genau ein $y \in \mathbb{R}$ mit $(x, y) \in \text{Graph}(f)$.

7.1.5 Beispiele

$\{(x, y) \, ; \ x^2 + y^2 = 1\}$ ist nicht der Graph einer Funktion, aber $\{(x, y) \, ; \ x^2 + y^2 = 1$ und $y \geq 0\}$ ist Graph der Funktion $f(x) = +\sqrt{1 - x^2}, x \in [-1, 1]$.

7.1.6 Definitionen von Funktionen mit Beispielen

Aus $f : M \to \mathbb{R}$, $g : M \to \mathbb{R}$ und $a \in \mathbb{R}$ können wir weitere Funktionen bilden:

Der *Betrag* $|f|$ von f: $\qquad\qquad\qquad\qquad |f|(x) \quad := \quad |f(x)|$

Beispiel: $f(x) = x$ $\qquad\qquad\qquad\qquad\quad |f|(x) \quad = \quad |x|$

Das *Produkt* $a \cdot f$ von einer Zahl a mit f: $\quad (a \cdot f)(x) \quad := \quad a(f(x))$

Beispiel: $f(x) = x$ und $a = 3$ $\qquad\qquad (3 \cdot f)(x) \quad = \quad 3x$

Die *Summe (Differenz)* $f \pm g$ von f und g: $\quad (f \pm g)(x) \quad := \quad f(x) \pm g(x)$

Beispiel: $f(x) = ax$, $g(x) = bx^2$ $\qquad\quad (f - g)(x) \quad = \quad ax - bx^2$

Das *Produkt* $f \cdot g$ von f und g: $\qquad\quad (f \cdot g)(x) \quad := \quad f(x) \cdot g(x)$

Beispiel: $f(x) = ax$, $g(x) = bx^2$ $\qquad\quad (f \cdot g)(x) \quad = \quad abx^3$

Der *Quotient* von f und g für $g(x) \neq 0$: $\quad \frac{f}{g}(x) \quad := \quad \frac{f(x)}{g(x)}$

Beispiel: $f(x) = ax$, $g(x) = x + b$ $\qquad\quad \frac{f}{g}(x) \quad = \quad \frac{ax}{x+b}, \ x \neq -b$

Die *k-te Potenz* f^k von f: $\qquad\qquad\qquad f^k(x) \quad = \quad (f(x))^k$

Beispiel: $f(x) = x$ $\qquad\qquad\qquad\qquad\quad f^k(x) \quad = \quad x^k$

In Worten besagt z. B. die Definition von $f + g$: Zwei Funktionen werden addiert, indem man ihre Werte addiert.

7.1.7 Definition: Polynome

Sind $a_0, a_1, \ldots, a_n \in \mathbb{R}$, dann heißt die Funktion

$$p(x) = a_0 + a_1 x + a_2 x^2 + \cdots + a_n x^n$$

ein *Polynom*. Sind nicht alle $a_k = 0$, so heißt der höchste Index $k \in \{0, 1, 2, \ldots, n\}$ mit $a_k \neq 0$ der *Grad* von p.

Polynome ersten Grades sind die *linearen Funktionen* mit $m \neq 0$:

$$p(x) = mx + b, \ m, b \in \mathbb{R}$$

Ihr Graph ist eine Gerade mit Steigung m und y-Achsenabschnitt b. Oft ist die Gerade zu bestimmen mit Steigung m durch einen gegebenen Punkt (x_0, y_0) der Ebene; sie hat die Gleichung

$$y = m(x - x_0) + y_0$$

Polynome zweiten Grades sind die *quadratischen Funktionen* mit $r \neq 0$:

$$p(x) = m + sx + rx^2$$

Ihr Graph ist eine Parabel. Man kann sie auch darstellen in der Form

$$p(x) = r \left(x + \frac{s}{2r} \right)^2 + m - \frac{s^2}{4r} \tag{7.1}$$

Man nennt die Bildung dieser Darstellung die Berechnung der *quadratischen Ergänzung*. Man ergänzt $sx + rx^2$ durch den Summanden $\frac{s^2}{4r}$ und erhält das r-fache eines Quadrates $r \left(x + \frac{s}{2r} \right)^2$. Den ergänzten Summanden muss man dann wieder abziehen, damit sich insgesamt nichts geändert hat. Der Vorteil dieser Darstellung von $p(x)$ ist, dass abgelesen werden kann, dass $p(x)$ an der Stelle $x_0 = -\frac{s}{2r}$ für $r > 0$ ihr absolutes Minimum und für $r < 0$ ihr absolutes Maximum hat. Auch den minimalen bzw. maximalen Wert von p kann man ablesen: $p(x_0) = m - \frac{s^2}{4r}$. Bei der Untersuchung der statistischen Abhängigkeit in Absch. 15.3 werden wir auf die quadratische Ergänzung zurückkommen.

Wir wollen hier noch die Definition von Extremwerten anführen:

7.1.8 Definition: Absolutes Maximum und Minimum

$f : M \to \mathbb{R}$ hat an der Stelle x_0 ein *absolutes Maximum* bzw. *Minimum* $f(x_0)$, wenn $f(x) \leq f(x_0)$ bzw. $f(x) \geq f(x_0)$ ist für alle $x \in M$.

7.1.9 Definitionen: Wertebereich, Hintereinanderausführung

$f(M) := \{f(x)\,;\ x \in M\}$ heißt *Wertebereich* von $f : M \to \mathbb{R}$

Für $f : M \to \mathbb{R}$, $g : K \to \mathbb{R}$ und $f(M) \subset K$ ist $f(x) \in K$. Daher kann man $g(f(x))$ bilden. Die Abbildung, die $x \in M$ den Wert $g(f(x))$ zuweist, heißt *Hintereinanderausführung* von f und g und wird bezeichnet mit:

$$(g \circ f) : M \to \mathbb{R}, \quad (g \circ f)(x) := g(f(x))$$

Beispiel: Sei $f(x) = x^m$, $g(x) = x^r$, m und $r \in \mathbb{N}$, dann ist:
$(g \circ f)(x) = g(f(x)) = g(x^m) = (x^m)^r = x^{mr}$

7.1.10 Definition: Monotone Funktionen

Eine Funktion $f : M \to \mathbb{R}$ mit $M \subset \mathbb{R}$ heißt *monoton wachsend*, wenn

$$f(x_1) \leq f(x_2) \text{ für alle } x_1,\ x_2 \in M \text{ mit } x_1 \leq x_2.$$

Ersetzt man hier die $\leq$ – Zeichen durch die $<$ – Zeichen, so erhält man die Definition einer *streng* monoton wachsenden Funktion. Dreht man die Ungleichungen um, so hat man die Definition einer *monoton fallenden* bzw. *streng monoton fallenden* Funktion.

7.1.11 Definition: Umkehrfunktion

Sei $f : M \to \mathbb{R}$ streng monoton wachsend. (Für streng monoton fallendes f gilt entsprechendes.) Dann gibt es zu jedem $y \in f(M)$ genau ein $x \in M$ mit $f(x) = y$. Ordnet man nun jedem $y \in f(M)$ dieses eindeutig bestimmte x zu, so erhält man eine neue Funktion von $f(M)$ nach $\mathbb{R}$. Diese heißt *Umkehrfunktion von f*. Sie wird bezeichnet mit:

$$f^{-1} : f(M) \to \mathbb{R}, \quad f^{-1}(y) = x$$

Es gilt: $f(f^{-1}(y)) = f(x) = y$ d. h. $(f \circ f^{-1})(y) = y$ d. h. $f \circ f^{-1} = id_{f(M)}$. Entsprechend findet man $f^{-1} \circ f = id_M$.

7.1.12 Beispiel

$f : [0, \infty[\ \to \mathbb{R},\ f(x) = \frac{1}{4} x^n,\ n \in \mathbb{N} \ \Rightarrow\ f^{-1} : [0, \infty[\ \to [0, \infty[,\ f^{-1}(y) = \sqrt[n]{4y}$

Abb. 7.1 Graph der
Umkehrfunktion

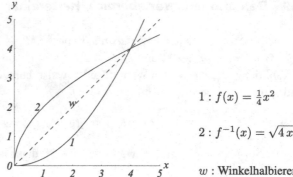

$1 : f(x) = \frac{1}{4}x^2$

$2 : f^{-1}(x) = \sqrt{4\,x}$

$w :$ Winkelhalbierende

7.1.13 Bemerkung

Die natürliche Variablenbezeichnung für die Umkehrfunktion scheint y zu sein. Will man jedoch den Graph von f^{-1} zeichnen und mit dem Graph von f vergleichen, so ist es zweckmäßig, die Variable in der Umkehrfunktion auch x zu nennen.

Der Vergleich des Graphen von f mit dem von f^{-1} ergibt, dass sie gerade durch Spiegelung an der Winkelhalbierenden auseinander hervorgehen (s. Abb. 7.1).

7.2 Grenzwerte von Funktionen und Stetigkeit

7.2.1 Definition: Konvergenz einer Funktion

Sei $M \subset \mathbb{R}$, $x_0 \in \mathbb{R}$ und $y_0 \in \mathbb{R}$. Beliebig nahe bei x_0 gebe es Elemente von M.

Eine Funktion $f : M \rightarrow \mathbb{R}$ konvergiert für $x \in M$ gegen y_0, wenn $f(x)$ beliebig nahe bei y_0 liegt, falls x nahe genug bei x_0 liegt.

Präzise bedeutet dies: Für einen beliebigen Abstand $\varepsilon > 0$ gibt es einen Abstand $\delta > 0$, so dass der Abstand $|f(x) - y_0|$ zwischen $f(x)$ und y_0 kleiner als ε ist für alle $x \in M$, deren Abstand $|x - x_0|$ von x_0 kleiner als δ ist.

Man beachte, dass in der Definition nicht verlangt wird, dass $x_0 \in M$ ist. Das Zeichen

$$\lim_{x \to x_0} f(x) = y_0$$

bedeutet, dass erstens $f(x)$ für x gegen x_0 konvergiert und zweitens der Grenzwert y_0 ist. Dafür, dass $f(x)$ für x gegen x_0 konvergiert, sagt man auch, $\lim_{x \to x_0} f(x)$ *existiert.*

7.2.2 Definition: Stetige Funktion

Sei $x_0 \in M$. Gilt $\lim_{x \to x_0} f(x) = f(x_0)$, dann heißt f *stetig an der Stelle x_0.*
f heißt stetig, falls f stetig ist an jeder Stelle $x_0 \in M$.

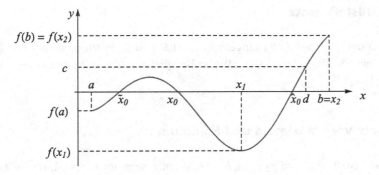

Abb. 7.2 Zu den Sätzen 7.2.7, 7.2.8 und 7.2.9

7.2.3 Definition: Rationale Funktion

Ein Quotient zweier Polynome

$$f(x) = \frac{a_0 + a_1 x + a_2 x^2 + \cdots + a_m x^m}{b_0 + b_1 x + b_2 x^2 + \cdots + b_r x^r}$$

mit Koeffizienten $a_0, a_1, ..., a_m \in \mathbb{R}$ und $b_0, b_1, ..., b_r \in \mathbb{R}$ heißt eine *rationale Funktion*. Dabei muss man die Nullstellen des Nenners außer Betracht lassen.

7.2.4 Beispiele für stetige Funktionen

Jede rationale Funktion ist stetig.
Die wichtigsten Sätze über stetige Funktionen sind:

7.2.5 Satz

f und g stetig $\Rightarrow g \circ f$ stetig. (Vgl. 7.1.9.)

7.2.6 Voraussetzung

Sei $a, b \in \mathbb{R}$, $a < b$ und $f : [a, b] \to \mathbb{R}$ stetig.
Dann gelten die folgenden Sätze, die in Abb. 7.2 veranschaulicht sind.

7.2.7 Zwischenwertsatz

f nimmt jeden Wert zwischen $f(a)$ und $f(b)$ an. Genauer: Liegt c zwischen $f(a)$ und $f(b)$, so gibt es (mindestens) ein d mit $a < d < b$, so dass $f(d) = c$ ist.

7.2.8 Nullstellensatz

Ist $f(a) < 0$ und $f(b) > 0$ (oder umgekehrt), so hat f in $]a, b[$ (mindestens) eine Nullstelle x_0 (d. h. eine Stelle x_0 mit $f(x_0) = 0$). Im Beispiel der Abb. 7.2 gibt es drei Nullstellen x_0, $\tilde{x}_0$ und $\hat{x}_0$.

7.2.9 Satz vom Maximum und Minimum

Es gibt zwei Stellen x_1 und $x_2 \in [a, b]$, an denen f sein absolutes Minimum $f(x_1)$ und sein absolutes Maximum $f(x_2)$ hat (vgl. Abb. 7.2).

7.2.10 Satz von der Umkehrfunktion

Sei J ein beliebiges endliches oder unendliches Intervall, $f : J \rightarrow R$ streng monoton wachsend (bzw. fallend) und stetig. Dann ist $f(J)$ ebenfalls ein Intervall und $f^{-1} : f(J) \rightarrow J$ ist ebenfalls streng monoton wachsend (bzw. fallend) und stetig.

7.2.11 Beispiel

$f : [0, \infty[\rightarrow [0, \infty[$ mit $f(x) = x^n$ $(n \in \mathbb{N})$ ist stetig und streng monoton wachsend. Dasselbe gilt nach 7.2.10 ebenfalls für die Umkehrfunktion $f^{-1}(x) = \sqrt[n]{x}$.

7.2.12 Definition für $\lim_{x \to \infty} f(x)$

Für $y_0 \in \mathbb{R}$ wird festgelegt: *Die Funktion f konvergiert für x gegen ∞ gegen y_0*, falls $f(x)$ beliebig nahe bei y_0 liegt für alle hinreichend großen x.

7.2.13 Beispiel

Für $a > 0$ und $b > 0$ gilt: (S. Abb. 7.3.)

$$\lim_{x \to \infty} \frac{ax}{x + b} = \lim_{x \to \infty} \frac{a}{1 + \frac{b}{x}} = \frac{a}{1 + \lim_{x \to \infty} \frac{b}{x}} = a$$

7.2.14 Definition: $\lim_{x \to \infty} f(x) = \pm\infty$

f konvergiert für $x \to \infty$ gegen $\pm\infty$, falls $f(x)$ beliebig groß (bzw. beliebig klein) wird für hinreichend großes x. $\lim_{x \to -\infty} f(x) = \pm\infty$ ist entsprechend definiert.

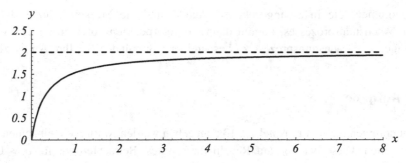

Abb. 7.3 Graph von $f(x) = 2x/(x + 0,3)$

7.2.15 Beispiel

$$\lim_{x \to \infty} x^k = \infty \text{ für } k \in \mathbb{N}$$

Häufige Anwendung findet folgendes

7.2.16 Konvergenzkriterium

Sei I irgendein Intervall mit den Grenzen a und b; a darf auch $-\infty$ und b gleich ∞ sein. $f : I \to \mathbb{R}$ sei eine reelle Funktion.
Für $x \to b$ gilt: Ist f monoton wachsend und nach oben beschränkt oder monoton fallend und nach unten beschränkt, dann existiert $\lim_{x \to b} f(x)$. (Vgl. 6.3.7.)
Für $x \to a$ gilt: Ist f monoton wachsend und nach unten beschränkt oder monoton fallend und nach oben beschränkt, dann existiert $\lim_{x \to a} f(x)$.

7.3 Ausgewählte Übungsaufgaben

7.3.1 Aufgabe

Es gilt der Satz, dass zu $(n + 1)$ Punkten (t_i, x_i) für $i = 0, 1, 2, \ldots, n$ in der (t, x)-Ebene es genau ein Polynom p n-ten Grades gibt mit $p(t_i) = x_i$. Es heißt das *Interpolationspolynom*.

a) Zeigen Sie, dass das Polynom 3. Grades $p(t) = -200 + 264t - 60t^2 + 4t^3$ das Interpolationspolynom zu den Punkten $(1, 8)$, $(6, 80)$, $(8, 120)$, $(9, 232)$ ist und berechnen Sie $p(4)$.

b) Angenommen, die in a) angegebenen Punkte sind die Messwerte eines biologischen Wachstumsprozesses, kommt dann das Interpolationspolynom als ein Modell in Frage, den Wachstumsprozess zu beschreiben? Begründen Sie Ihre Antwort!

7.3.2 Aufgabe

Genau genommen muss in Beispiel 7.2.13 angegeben werden, warum die einzelnen Gleichungen gelten. Diese beruhen auf Regeln für Limites. Betrachten wir für $a > 0$ und $b > 0$ die Gleichungen:

$$\lim_{x \to \infty} \frac{a}{1 + \frac{b}{x}} = \frac{a}{\lim\limits_{x \to \infty} \left(1 + \frac{b}{x}\right)} = \frac{a}{1 + \lim\limits_{x \to \infty} \left(\frac{b}{x}\right)} = \frac{a}{1 + b \lim\limits_{x \to \infty} \left(\frac{1}{x}\right)}$$

Zum Beispiel wird in der 1. Gleichung verwendet, dass der Limes im Zähler und im Nenner zu bilden ist. Genauer lautet die Regel: *Der Limes eines Quotienten ist gleich dem Quotienten der Limites von Zähler und Nenner.* Außerdem wird verwendet, dass der Limes der konstanten Funktion $g(x) = a$ für alle $x \in \mathbb{R}$ gleich a ist.

Diese Regeln gelten nur für endliche Limites (Solche, bei denen der Limes eine reelle Zahl ist.) und bei den Nennern darf nie 0 auftreten.

Wie lauten in Worten die Regeln, die in der zweiten und dritten Gleichung benutzt wurden?

7.3.3 Aufgabe

In schwierigeren Situationen als in Beispiel 7.2.13 kann der Limes nicht mehr bestimmt werden; dann ist schon etwas gewonnen, wenn man weiß, dass der Limes existiert. Solche Situationen treten in der Systembiologie auf. Dann kommt das Kriterium 7.2.16 zum Zuge.

Zeigen Sie, dass die Existenz des Limes in Beispiel 7.2.13 mit dem Kriterium 7.2.16 hergeleitet werden kann.

Exponentialfunktion und Logarithmus

8

Überblick

Aus der Aufgabe, das gleichmäßige stetige Wachstum zu beschreiben, also aus einem Problem der Biologie wird eine Exponentialfunktion als beschreibende Funktion gefunden. Die Umkehrfunktionen von Exponentialfunktionen sind die Logarithmus-Funktionen. Als Anwendung des Logarithmus wird die Intensität einer Sinnesempfindung eines äußeren physikalischen Reizes nach dem Weber-Fechnerschen Gesetz beschrieben. Im Zusammenhang mit dem Hörsinn wird die Einheit eines Dezibels erläutert. Der Abschn. 8.5.8 endet mit einem kurzen Bericht über die Forschungen des amerikanischen Biophysikers Selig Hecht (1892–1947) über den Gesichtssinn an der Sandklaffmuschel (Mya arenaria) und am menschlichen Auge, die zu einer neuen Sicht des Weber-Fechnerschen Gesetzes führen.

8.1 Gleichmäßiges stetiges Wachstum

Man sagt dafür auch *„gleichmäßiges kontinuierliches Wachstum"*.

8.1.1 Aufgabenstellung

Die Aufgabe ist, das Wachstum einer Zellkultur unter gleichmäßig verteilten und zeitlich unabhängigen Bedingungen zu beschreiben. Wir nennen es kurz *gleichmäßiges Wachstum*. Solche Bedingungen können in einem Labor in einem Container erreicht werden, wo Temperatur, Licht und Nährstoffe konstant gehalten werden. Die Gleichverteilung

© Springer Fachmedien Wiesbaden 2015
A. Riede, *Mathematik für Biowissenschaftler,*
DOI 10.1007/978-3-658-03687-4_8

im ganzen Container kann z. B. durch Umrühren erreicht werden. Die Entwicklung soll bezüglich kontinuierlicher Zeit t erfolgen, wobei t ein gewisses Intervall durchläuft. Die Modellierung soll die Größe der Population $u(t)$ als eine stetige Funktion der Zeit t beschreiben.

Eine Zelle wird in einer Zeitspanne $\Delta t > 0$ eine gewisse Anzahl k von Nachkommen-Zellen haben. Wegen der räumlich gleichmäßigen Bedingungen im Container ist diese Anzahl für jede Zelle die gleiche. $u(t)$ Zellen zum Zeitpunkt t haben dann $k \cdot u(t)$ Nachkommen-Zellen bis zum Zeitpunkt $t + \Delta t$. Wenn wir noch annehmen, dass von den Zellen zum Zeitpunkt t ein Anteil von $r \cdot u(t)$ mit $0 < r < 1$ bis zum Zeitpunkt $t + \Delta t$ abstirbt, so bekommen wir für die Populationsgröße:

$$u(t + \Delta t) = u(t) + k \cdot u(t) - r \cdot u(t) = q \cdot u(t) \text{ für } q := 1 + k - r \qquad (8.1)$$

Wir nehmen an, dass $k > r$ d. h. $q > 1$ ist.

8.1.2 Erstes Modell

Unter den genannten Bedingungen wächst die Biomasse $u(t)$ in einer Zeitspanne Δt um einen Faktor $q > 1$, der nicht von $u(t)$ und t abhängt, d. h. wir finden die *Modellgleichung*:

$$u(t + \Delta t) = q \cdot u(t) \qquad (8.2)$$

Diesen Ansatz bestätigen Beobachtungen und Experimente auch bei anderen Wachstumsprozessen wie z. B. beim Wachsen eines jungen Waldes.

Hier besteht das Modell aus einer Gleichung, die von der zeitlichen Entwicklung erfüllt sein muss. Als nächstes suchen wir nach der Lösung der Modellgleichung.

Das q wird von Δt abhängen, $q = q(\Delta t)$. Wir betrachten $\Delta t = \frac{1}{n}$ für $n \in \mathbb{N}$. Dann ist q von n abhängig, was wir mit dem Index n andeuten, $q_n := q(\frac{1}{n})$. Die Biomasse wächst also in einer Zeitspanne $\Delta t = \frac{1}{n}$ um den Faktor $q_n > 1$. Nun können wir von $u(0)$ zu $u(1)$ kommen mit *einem* zeitlichen Schritt der Länge 1:

$$u(1) = q_1 \cdot u(0) = a \cdot u(0) \text{ mit } a := q_1 \qquad (8.3)$$

Dasselbe können wir auch mit n Zeitschritten der Länge $\frac{1}{n}$ erreichen:

$$u(1) = q_n \cdot u\left(\tfrac{n-1}{n}\right) = q_n \cdot q_n \cdot u\left(\tfrac{n-2}{n}\right) = q_n^2 \cdot u\left(\tfrac{n-2}{n}\right) = \ldots = q_n^n \cdot u(0) \qquad (8.4)$$

Aus (8.3) und (8.4) folgt:

$$q_n^n = a \quad \text{oder} \quad q_n = \sqrt[n]{a} = a^{\frac{1}{n}} \qquad (8.5)$$

Dann folgt für eine weitere natürliche Zahl m:

$$u(\tfrac{m}{n}) = q_n \cdot u(\tfrac{m-1}{n}) = q_n \cdot q_n \cdot u(\tfrac{m-2}{n}) = \ldots = q_n^m \cdot u(0) = (a^{\frac{1}{n}})^m \cdot u(0) = a^{\frac{m}{n}} \cdot u(0)$$

Das heißt:

$$u(t) = a^t \cdot u(0) \quad \text{für} \quad t = \frac{m}{n} \quad \text{und} \quad n, m \in \mathbb{N} \qquad (8.6)$$

8.1.3 Zahlenbeispiel

Die Einheit der Biomasse, die wir nicht jedesmal dranschreiben, sei 1 Gramm. Die Zeiteinheit sei 1 Tag. Es sei $u(0) = 10$ g und nach einer Stunde sei die Kultur auf 12 g gewachsen. Wie groß ist die Biomasse nach einem Tag?

$$
\begin{aligned}
u(t + \tfrac{1}{n}) &= q\, u(t) \qquad \text{für } t = 0 \text{ und } n = 24: \\
u(\tfrac{1}{24}) &= q\, u(0) \qquad q = q_{24} \\
12 &= q\, 10 \\
1{,}2 &= q \\
u(1) &= (1{,}2)^{24}\, 10 \quad = 795\text{g}
\end{aligned}
$$

Setzt man für $\tilde{t} \in \mathbb{R}$

$$
a^{\tilde{t}} := \lim_{t \to \tilde{t}} a^t \quad \text{mit } t \text{ rational}, \tag{8.7}
$$

so findet man für alle $t \in \mathbb{R}$ die Modellgleichung (8.6).

Auf die Definition von a^t für reelles t werden wir in Abschn. 8.2 etwas genauer eingehen. Jedenfalls haben wir ein erstes Ergebnis gefunden:

8.1.4 Lösung der Modellgleichung

Gleichmäßiges stetiges Wachstum wird modelliert durch eine Funktion der Form:

$$
u(t) = a^t \cdot u(0) \quad \text{für alle } t \geq 0
$$

Eine zweite Funktion, die das gleichmäßige Wachstum beschreibt, erhalten wir folgendermaßen: Wir nehmen an, dass der Zuwachs $\Delta u := u(t + \Delta t) - u(t)$ während eines Zeitintervalls der Länge Δt näherungsweise proportional zur Populationsgröße $u(t)$ und zur Zeitspanne Δt ist:

$$
u(t + \Delta t) - u(t) = p\, u(t)\, \Delta t \tag{8.8}
$$

„Gleichmäßig" können wir so wiedergeben, dass der Proportionalitätsfaktor p nicht von t, noch von $u(t)$ abhängt, sondern eine reelle, positive Konstante ist. Dass nur angenähert ein solcher Ansatz richtig sein kann, liegt daran, dass $u(t)$ von der Zeit t bis $t + \Delta t$ sich ändert und statt zu $u(t)$ eher Proportionalität zu einem mittleren Wert $u(c), c \in [t, t + \Delta t]$, zu erwarten ist. Je kleiner jedoch Δt ist, um so weniger wird sich $u(t)$ im Intervall $[t, t + \Delta t]$ ändern, und der Mittelwert $u(c)$ wird durch $u(t)$ gut angenähert, und zwar um so besser, je kleiner Δt ist.

Aus (8.8) folgt:

$$
u(t + \Delta t) = (1 + p\Delta t)\, u(t) \tag{8.9}
$$

Im folgenden sei $t > 0$ ein fester aber beliebiger Zeitpunkt. Wir setzen:

$$\Delta t := \frac{t}{n} \text{ für } n \in \mathbb{N}, \ t_k := k\,\Delta t, \ u_0 := u(0) \tag{8.10}$$

Wenn wir für $\Delta t = \frac{t}{n}$ die Gl. (8.9) anwenden, sollten wir eine Näherungsfunktion $u_n(t)$ an $u(t)$ bekommen. Wir setzen in Gl. (8.9) $t = t_{n-1}, \ t_{n-2}, \ \dots, \ t_0 = 0$:

$$
\begin{aligned}
u_n(t) = u_n(t_n) &= \left(1 + \frac{pt}{n}\right) u_n(t_{n-1}) \\
&= \left(1 + \frac{pt}{n}\right)\left(1 + \frac{pt}{n}\right) u_n(t_{n-2})
\end{aligned}
$$

etc.

$$
\begin{aligned}
u_n(t) &= \left(1 + \frac{pt}{n}\right)^n u(t_0) \\
u_n(t) &= \left(1 + \frac{pt}{n}\right)^n u_0
\end{aligned}
$$

Folgendes Zahlenbeispiel soll helfen, mit diesen Ausdrücken vertraut zu werden.

8.1.5 Zahlenbeispiel

In der Situation wie in 8.1.3 sind p und $u(1)$ in der Formel (8.9) zu berechnen.
$u(\frac{1}{24}) = \left(1 + \frac{p}{24}\right) u_0$, d. h. $12 = \left(1 + \frac{p}{24}\right) 10$. Auflösen dieser Gleichung nach p liefert $p = 4, 8$.
$u(1) = \left(1 + \frac{p}{24}\right)^{24} u_0 = \left(1 + \frac{4,8}{24}\right)^{24} 10 = (1 + 0,2)^{24} 10 = (1,2)^{24} 10 = 795$.

Die Funktionen $u_n(t) := \left(1 + \frac{pt}{n}\right)^n u_0$ sind also Kandidaten, die das Wachstum wenigstens näherungsweise bestimmen. Nun liegt es nahe zu fragen: Was könnte sein für $n \to \infty$? Da $\Delta t = t/n$ dann gegen 0 geht, wird Gl. (8.9) immer genauer gelten und es ist anzunehmen, dass die $u_n(t)$ gegen $u(t)$ konvergieren.

$$u(t) = u_0 \lim_{n \to \infty} \left(1 + \frac{pt}{n}\right)^n \tag{8.11}$$

Aber existiert überhaupt dieser Limes?
Die Antwort lautet ja und geht auf Leonhard Euler (1707–1783) zurück. Er hat bewiesen, dass die Folge $\left(1 + \frac{1}{n}\right)^n$ konvergiert; der Limes wird ihm zu Ehren *Eulersche Zahl* genannt und mit e bezeichnet.

$$\lim_{n \to \infty} \left(1 + \frac{1}{n}\right)^n = e = 2, 71828\dots \quad \text{Weiter zeigte Euler:} \tag{8.12}$$

$$\lim_{n \to \infty} \left(1 + \frac{x}{n}\right)^n = e^x \quad \text{für alle } x \in \mathbb{R}, \text{ und wenn man } x = pt \text{ setzt:} \tag{8.13}$$

$$\lim_{n \to \infty} \left(1 + \frac{pt}{n}\right)^n = e^{pt} \tag{8.14}$$

8.1.6 Anwendung in der Stochastik

Mit Hilfe von Gl. (8.13) werden wir in Abschn. 8.2 zeigen, dass die Binomialverteilung durch die einfachere Poisson-Verteilung approximiert werden kann.

Aus (8.11) und (8.14) erhalten wir eine *Modellfunktion* für gleichmäßiges Wachstum:

8.1.7 Zweites Modell

$$u(t) = u_0\, e^{pt} \quad \text{mit} \quad u_0 = u(0)$$

Das zweite Modell besteht also in der Angabe einer Funktion, die die Größe $x(t)$ der Population zu jedem Zeitpunkt t angibt.

Nun können wir das gleichmäßige Wachstum einerseits durch $u(t) = a^t\, u_0$ und andererseits durch $u(t) = e^{pt}\, u_0 = (e^p)^t\, u_0$ beschreiben. Also muss gelten:

$$e^p = a \tag{8.15}$$

Damit haben wir eine Beziehung zwischen den Konstanten a und p aus dem ersten und zweiten Modell gefunden.

In Abschn. 9.3 werden wir mit Gl. (8.8) ein drittes Modell für gleichmäßiges Wachstum aufstellen.

8.2 Potenzen mit reellen Exponenten und Exponentialfunktion

Wir haben in Abschn. 1.2.7 a^x für $x \in \mathbb{Q}$ definiert. Wir fassen einige Werte für $a = 2$ in einer Tabelle zusammen und tragen sie in die (x, y)-Ebene ein (s. Abb. 8.1):

8.2.1 Tabelle

x	1	2	3	n	0	-1	-2	-3	$-n$	$1/2$	$3/2$	$8/3$	m/n
$y = 2^x$	2	4	8	2^n	1	$1/2$	$1/4$	$1/8$	$1/2^n$	$\sqrt[2]{2}$ $\approx 1,41$	$\sqrt[2]{8}$ $\approx 2,82$	$\sqrt[3]{256}$ $\approx 6,35$	$\sqrt[n]{2^m}$

1. Schritt: $\mathbb{N}$

2. Schritt: $\mathbb{Z}$

3. Schritt: $\mathbb{Q}$

Abb. 8.1 Exponentialfunktion
zur Basis 2

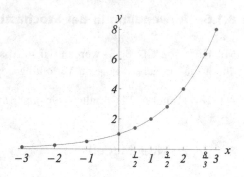

Wir bekommen auf diese Weise eine Funktion $f : \mathbb{Q} \rightarrow \mathbb{R}$, so dass $\lim_{x \to x_0} f(x)$ für alle $x_0 \in \mathbb{R}$ existiert. Weil dieser Grenzübergang gebildet werden kann – der Beweis dafür wird übergangen –, können wir durch die bisher definierten Punkte des Graphen von f eine stetige Kurve zeichnen (s. Abb. 8.1).

Eine stetige Kurve durch diese Punkte legen, heißt, a^x für alle $x \in \mathbb{R}$ zu definieren, so dass eine stetige Funktion entsteht. Dies erreicht man durch folgende Definition.

8.2.2 Definition: a^x für $x \in \mathbb{R}$

$a^{x_0} := \lim_{x \to x_0} f(x) = \lim_{x \to x_0} a^x$ für $x_0 \in \mathbb{R}$ und $x \in \mathbb{Q}$

Damit erhält man eine Funktion $f : \mathbb{R} \rightarrow \mathbb{R}$, $f(x) = a^x$. Sie heißt *Exponentialfunktion zur Basis a* und wird auch mit $\exp_a$ bezeichnet. Es ist also

$$\exp_a (x) = a^x.$$

8.2.3 Eigenschaften der Exponentialfunktion

$$a^x > 0 \quad a^x \cdot a^y = a^{x+y} \quad (a^x)^y = a^{xy} \tag{8.16}$$

$$a^x \cdot b^x = (ab)^x \text{ , falls auch } b > 0 \text{ ist.} \tag{8.17}$$

$\exp_a$ ist streng monoton wachsend (fallend) für $a > 1$ ($a < 1$). $\tag{8.18}$

$$\lim_{x \to \infty} a^x = \infty \text{ für } a > 1, \text{ beziehungsweise } = 0 \text{ für } a < 1. \tag{8.19}$$

$$\lim_{x \to -\infty} a^x = 0 \text{ für } a > 1, \text{ beziehungsweise } = \infty \text{ für } a < 1. \tag{8.20}$$

$$\exp_a (\mathbb{R}) = \,]0, \infty[\tag{8.21}$$

$$\exp_a : \mathbb{R} \rightarrow \,]0, \infty[\quad \text{ist stetig.} \tag{8.22}$$

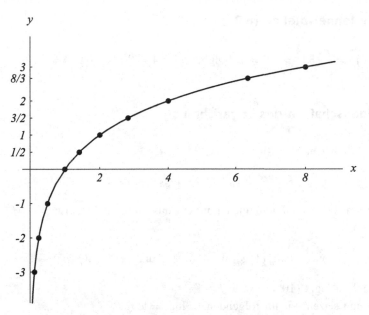

Abb. 8.2 Logarithmus zur Basis 2

8.3 Logarithmen

8.3.1 Definition: Logarithmus

Sei a eine reelle Zahl größer als 1. Dann kann man jede positive reelle Zahl x eindeutig darstellen in der Form $x = a^y$. Der durch x eindeutig bestimmte Exponent y heißt Logarithmus von x zur Basis a. Er wird bezeichnet mit $\log_a(x)$. Dies liegt daran, dass nach (8.21) aus Abschn. 8.2 jede positive reelle Zahl als $\exp_a(y)$ auftritt und die Funktion $\exp_a$ streng monoton wachsend ist nach (8.18) aus Abschn. 8.2. $\log_a : \,]0,\infty[\to\mathbb{R}$ ist also die Umkehrfunktion der Exponentialfunktion zur Basis a $\exp_a : \mathbb{R}\to\,]0,\infty[$. Sie heißt *Logarithmusfunktion* oder kurz *Logarithmus* zur Basis a.

Der Logarithmus zur Basis e heißt *natürlicher Logarithmus,* lat. **l**ogarithmus **n**aturalis und wird bezeichnet mit

$$\ln := \log_e \tag{8.23}$$

Die Abb. 8.2 ist unter Verwendung der Wertetabelle 8.2.1 gezeichnet, wobei in der Tabelle x und y zu vertauschen sind.

Der Wertebereich des Logarithmus ist $\log_a(]0,\infty[) = \mathbb{R}$. Die für die Umkehrfunktion f^{-1} allgemein gültige Formel (vgl. 7.1.11) $y = f(x) \Leftrightarrow f^{-1}(y) = x$ lautet jetzt so:

$$y = a^x \Leftrightarrow \log_a y = x \tag{8.24}$$

8.3.2   Zahlenbeispiel zu (8.24)

$8^{2/3} = \left(8^{1/3}\right)^2 = \left(\sqrt[3]{8}\right)^2 = 2^2 = 4$. Folglich gilt: $4 = 8^{2/3} \Leftrightarrow \log_8 4 = 2/3$

8.3.3   Eigenschaften des Logarithmus

Aus (8.24) erhalten wir wegen $1 = a^0$ und $a = a^1$:

$$\log_a 1 = 0 \quad \log_a a = 1 \tag{8.25}$$

Ferner werden aus den allgemeinen Formeln aus Abschn. 7.1.11 $y = f(f^{-1}(y))$ und $x = f^{-1}(f(x))$:

$$y = \exp_a(\log_a y) = a^{\log_a y} \text{ und } x = \log_a(a^x) \tag{8.26}$$

Zum Beispiel ist $\log_{10}(10^k) = k$ für $k \in \mathbb{Z}$.

Zur Abkürzung setzen wir im folgenden: $\log := \log_a$

Wegen (8.26) gilt für $z,\ t > 0: z \cdot t = a^{\log z} \cdot a^{\log t} = a^{(\log z + \log t)}$ Damit haben wir den Logarithmus eines Produktes bestimmt durch die Logarithmen der Faktoren:

$$\log(z \cdot t) = \log z + \log t \tag{8.27}$$

In Worten: Der Logarithmus eines Produktes ist die Summe der Logarithmen der Faktoren.

8.3.4   Konkrete Beispiele

Es ist ungefähr $\log_{10} 2 = 0,30$. Sei $k \in \mathbb{Z}$. Dann gilt:

$$\log_{10}(2 \cdot 10^k) = \log_{10} 2 + \log_{10}(10^k) = 0,30 + k$$

$$\log_{10} 20 = 1,30;\ \log_{10} 200 = 2,30;\ \log_{10} 2000 = 3,30 \quad \text{etc.}$$

$$\log_{10} 0,2 = -1 + 0,30 = -0,70;\ \log_{10} 0,02 = -1,70;\ \log_{10} 0,002 = -2,70 \quad \text{etc.}$$

8.3.5 Weitere Eigenschaften des Logarithmus

Aus (8.26) folgt weiter für $y = b > 0 : b^z = \left(a^{\log b}\right)^z = a^{z \log b}$ Letzteres gilt wegen $(a^x)^z = a^{xz}$. Wir haben folgende Eigenschaft gefunden:

$$\log_a (b^z) = z \log_a b \qquad (8.28)$$

Beispiel: $\log_{10} 8 = \log_{10} 2^3 = 3 \log_{10} 2 = 3 \cdot 0,30 = 0,90$

Der Logarithmus eines Quotienten berechnet sich wie folgt, wobei wir $\log_a$ durch $\log$ abkürzen:

$\frac{z}{t} = z \cdot t^{-1}$ Es folgt nach (8.27):

$\log \frac{z}{t} = \log z + \log (t^{-1})$ Nach (8.28) folgt:

$\log \frac{z}{t} = \log z + (-1) \log t \Longrightarrow$

$$\log \frac{z}{t} = \log z - \log t \qquad (8.29)$$

In Worten: Der Logarithmus eines Quotienten ist die Differenz aus dem Logarithmus des Zählers und dem Logarithmus des Nenners.

Beispiel: $\log_{10} \frac{1}{2} = \log_{10} 1 - \log_{10} 2 = 0 - 0,30 = -0,30$

Ist zusätzlich $c > 0$, so ist $c = a^{\log_a c}$ wegen (8.26). Wir wenden auf beide Seiten $\log_b$ an: $\log_b c = \log_b \left(a^{\log_a c}\right)$. Wegen (8.28) bekommen wir die folgende Formel für den Basiswechsels:

$$\log_b c = \log_a (c) \log_b a \qquad (8.30)$$

Beispiel: $\log_e c = \log_{10} (c) \log_e (10)$ d. h.

$$\ln c = \log_{10} (c) \ln (10) \qquad (8.31)$$

Setzt man in (8.30) $c - b$, so erhält man wegen (8.25):

$$1 = \log_a (b) \log_b (a), \quad \log_a b = \frac{1}{\log_b a} \qquad (8.32)$$

Da die Exponentialfunktion stetig und streng monoton wachsend ist, wenn die Basis $a > 1$ ist (Eigenschaft (8.18) und (8.22) in 8.2.3) folgt aus dem Satz über die Umkehrfunktion (vgl. 7.2.10):

$$\log_a \quad \text{ist stetig und für } a > 1 \text{ streng monoton wachsend.} \qquad (8.33)$$

8.3.6 Allgemeine Potenz

Hält man in dem Ausdruck x^ρ das $\rho \in \mathbb{R}$ fest und lässt man x in $]0, \infty[$ variieren, so bekommt man für $\rho \neq 0$ die *allgemeine Potenzfunktion* oder kürzer *allgemeine Potenz*:

$$g : \;]0, \infty[\; \rightarrow \mathbb{R}, \; g(x) = x^\rho \qquad (8.34)$$

Abb. 8.3 Die allgemeine
Potenzfunktion

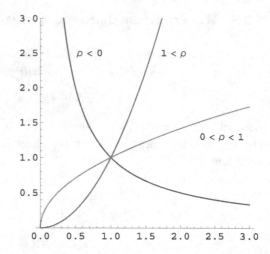

Für $\rho \geq 1$ ist x^ρ sogar für alle $x \in \mathbb{R}$ definiert. Hier betrachten wir jedoch nur den Fall $x > 0$. Es folgt:

$$g(x) = e^{\ln (x^\rho)} = e^{\rho \ln x} = (e^\rho)^{\ln x} = a^{\ln x}, \ a := e^\rho \qquad (8.35)$$

Also ist $g = h \circ \ln$ mit $h(y) := a^y$. g ist die Hintereinanderausführung der stetigen Funktionen h und $\ln$, nach 7.2.5 und aus (8.35) erhalten wir die folgenden Eigenschaften:

8.3.7 Satz

Die allgemeine Potenz ist stetig.
Der Wertebereich der allgemeinen Potenz ist $g(]0, \infty[) =]0, \infty[$.
Die allgemeine Potenz ist für $\rho > 0$ streng monoton wachsend (bzw. für $\rho < 0$ streng monoton fallend) (vgl. Abb. 8.3).

8.3.8 Zahlenbeispiel

Wir kommen zurück auf das Beispiel 8.1.3. Eine Biokultur wachse exponentiell innerhalb einer Stunde von 10 g auf 12 g, d. h. nach der Formel von 8.1.7 $u(t) = u_0 e^{pt}$. Bei einer Zeiteinheit von einem Tag berechne $u(1)$ und p. Unter Verwendung des Logarithmus berechnet sich das Ergebnis von 8.1.3 wie folgt:

$$12 = u(\frac{1}{24}) = 10 \ e^{p \frac{1}{24}}$$

$$1,2 = e^{p \frac{1}{24}}$$

$$\ln(1,2) = \frac{p}{24}$$

$$p = 24 \cdot \ln(1,2) = 24 \cdot 0,18232 = 4,3757$$

$$u(1) = 10 \; e^p = 10 \; e^{4,3757} = 795 \text{ g}$$

8.4 Das Webersche Gesetz

„Während der Hauptverkehrszeit mit ihrem hohen Lärmaufkommen wird ein Ansteigen des Lärms um einen bestimmten Wert überhaupt nicht wahrgenommen, jedoch in der Stille der Nacht wird die gleiche Zunahme als sehr störend empfunden. Dies ist eine Erfahrungstatsache, die der Türe zuschlagende Autofahrer offenbar nicht kennt, die aber dem erfahrenen Einbrecher wohl bekannt ist." Diese Bemerkung nach Heuser (s.[He] S. 318) betrifft die Sinneswahrnehmung von äußeren physikalischen Einwirkungen auf den menschlichen Körper. Sei I die Intensität der Einwirkung, dann betrifft es genauer die *Differenzschwelle* d. h. den Anstieg ΔI von I, der gerade von dem Gehörsinn wahrgenommen wird. ΔI wird auch die „gerade wahrnehmbare Differenz" genannt. Wir verwenden das historische Zeichen ΔI. Es hat jedoch nicht die gleiche Bedeutung wie Δx in der Differentialrechnung. Der Physiologe und Anatomist *Ernst Heinrich Weber* (1795–1878) entdeckte ein Modell für die Differenzschwelle, das heute unter dem Namen Webersches Gesetz bekannt ist.

8.4.1 Das Gewichtsexperiment

Weber untersuchte die menschliche Reaktion auf äußere physikalische Reize wie etwa die Schwerkraft. Dazu kann man z. B. einer Person ein Gewicht in die Hand geben, es durch ein schwereres ersetzen, und dann die Person bitten festzustellen, ob das zweite Gewicht schwerer war als das erste. Ein Experiment, bei dem die Maßeinheit 1 g ist, liefert im Prinzip folgende

8.4.2 Ergebnisse

Ausgangsgewicht I	Kein Unterschied	Unterschied	Differrenz ΔI
20	20,5	21	1
40	41	42	2
60	62	63	3
80	83	84	4
100	104	105	5

8.4.3 Wesentliche Beobachtungen

Die Differenzschwelle ΔI ist nicht konstant, sondern hängt vom Ausgangsgewicht ab und wächst mit dem Gewicht, ist also eine streng monoton steigende Funktion von I. Darüber hinaus suggerieren die Daten, dass ΔI ein fester Teil von I oder ein fester Prozentsatz von I ist, $\Delta I = 0,05I = 1/20I = 5\,\%I$. Weber fand in seinen Experimenten die Werte $1/30$ oder $2/30$ d. h. $3,3\,\%$ oder $6,7\,\%$.

Ein Unterschied ist feststellbar, wenn die physikalische Größe des Reizes (in diesem Falle das Gewicht) um mindestens einen festen ganz bestimmten Prozentsatz seiner vorherigen Größe erhöht wird. Dieser Prozentsatz beträgt bei der Gewichtsempfindung nach unserem Gedankenexperiment $5\,\%$. Wenn z. B. das Ausgangsgewicht 60 g beträgt, so sind $5\,\%$ gerade 3 g; eine Erhöhung um weniger als 3 g – etwa um 2 g – wird noch nicht wahrgenommen, aber eine Erhöhung ab 3 g wird festgestellt.

8.4.4 Mathematische Formulierung

Wir verwenden folgende Bezeichnungen:

$I = $ Größe des physikalischen Reizes (im obigen Beispiel das Gewicht),

$\Delta I = $ Erhöhungsbetrag, der gerade wahrgenommen wird bei einer bestimmten Größe von I; ΔI ist von I abhängig. Das gefundene Gesetz besagt:

$$\Delta I = p\,\% \cdot I \quad \text{mit einem festen Prozentsatz } p \tag{8.36}$$

Im Beispiel des Gewichtes ist $p = 5$. Setzen wir $c = p\,\% = p\,\frac{1}{100}$ so wird:

$$\Delta I = c \cdot I, \quad c = \text{ konstant} \tag{8.37}$$

Das Interessante ist nun, dass sich ähnliche Ergebnisse auch für andere Sinnesempfindungen feststellen lassen, z. B. für das Helligkeitsempfinden wie auch für die Schallwahrnehmung etc.

Beim Helligkeitsempfinden ist $p = 2\,\%$. Eine zweiprozentige Erhöhung der physikalischen Größe der Lichtintensität wird gerade als heller wahrgenommen.

Bei der Schallwahrnehmung wird gerade eine Erhöhung der Lautstärke um $10\,\%$ als lauter wahrgenommen; zum Beispiel eine Erhöhung von $100\ \mathrm{W/m^2}$ (Watt pro Quadratmeter) auf $110\ \mathrm{W/m^2}$. Dabei zeigt die praktische Erfahrung, dass dieses Gesetz jedenfalls in einem geeigneten Intervall für I gültig ist.

8.4.5 Ergebnis

Das Webersche Gesetz
Für jede Art von Sinnesempfindung eines äußeren physikalischen Reizes gibt es einen Prozentsatz p bzw. eine Konstante $c = p\% = p\,\frac{1}{100}$, so dass eine Erhöhung der physikalischen Stärke des Reizes I ab einer Erhöhung um mindestens $\Delta I = p\% \cdot I = c \cdot I$ wahrgenommen wird. Dies gilt nach der Praxis mindestens in einem, womöglich kleinem, Intervall: $I \in [a, b]$, $a, b \in \mathbb{R}$ geeignet.

8.5 Das psycho-physikalische Gesetz von Weber-Fechner

Während die menschlichen Sinne Differenzen von äußeren physikalischen Einflüssen auf den Körper *qualitativ* wahrnehmen können, ist es nicht möglich, direkt die *quantitative* Größe einer Differenz von Sinnesempfindungen zu messen. Es war der deutsche Physiker und Philosoph Gustav Theodor Fechner (1801–1887), der die entscheidende Idee hatte, aus dem Weberschen Gesetz eine qualitative Skala für die Sinnesempfindung abzuleiten. Als ein Beispiel behandeln wir diese Skala für die Lautstärke mit der Einheit Dezibel (dB).

Fechner verwendete auch den Begriff einer *absoluten Schwelle* Das ist der minimale Reiz, der, so Fechner, bis ins Bewusstsein vordringt. Die absolute Schwelle ist bei der Lautstärke z. B. ein Wert nahe bei der Hörbarkeitsgrenze, der einem Flüstern entspricht; bei der Schwerkraft ist es ein Gewicht, das wir gerade noch deutlich merken, etwa 20 g.

8.5.1 Stufen der Sinnesempfindung

Fechner geht von einem festen Wert I_0 der Sinnesempfindung aus. Häufig wählt man als I_0 die absolute Schwelle. Dieser Größe I_0 des äußeren Reizes gibt Fechner die Stufe (oder Stärke) 0 der Sinnesempfindung. Damit ist der Nullpunkt der Skala festgelegt. Weiter hat Fechner festgesetzt:

Einer Erhöhung des Reizes I um $\Delta I = c\,I$, bei der also gerade eine Erhöhung von den Sinnen wahrgenommen wird, soll eine Erhöhung der Sinnesempfindung um eine Stufe bedeuten. Fechners entscheidende Idee war, dass die erhöhte Intensität durch eine Multiplikation beschrieben werden kann. Genauer zeigt die folgende Rechnung, dass man die erhöhte Intensität $I + \Delta I$ durch Multiplikation mit einem konstanten Faktor q erhält:

$$I + \Delta I = I + cI = I(1 + c) = I\,q, \quad \text{für} \quad q := 1 + c \qquad (8.38)$$

Wir studieren auch noch andere Maßstäbe, bei denen die Einheit 1/10 bzw. 1/6 der ursprünglichen Einheit ist.

Größe des äußeren Reizes	Stufe der Sinnesempfindung			
		bei anderem Maßstab		
$I_0 = I_0 \; 1 = I_0 \, q^0$	$s_0 = 0$	0	oder	0
$I_1 = I_0 \; q = I_0 \, q^1$	$s_1 = 1$	10	oder	6
$I_2 = I_1 \; q = I_0 \, q^2$	$s_2 = 2$	20	oder	12
$I_3 = I_2 \; q = I_0 \, q^3$	$s_3 = 3$	30	oder	18
$\vdots$	$\vdots$	$\vdots$	$\vdots$	$\vdots$
$I_n = I_{n-1} \, q = I_0 \, q^n$	$s_n = n$	$10n$	oder	$6n$

Damit haben wir folgendes herausgefunden:

8.5.2 Ergebnis

Die Sinnesempfindung hat die Stufe n, wenn sie hervorgerufen wird durch den äußeren physikalischen Reiz

$$I_n = I_0 \, q^{s_n} = I_0 \, q^n. \tag{8.39}$$

Die Konstante c im Weberschen Gesetz und folglich auch die Konstante q können von Person zu Person differieren. Man kann dann einen Mittelwert in der ganzen Population verwenden.

Nun erinnern wir uns daran, dass Fechner ein Philosoph war. Als Philosoph dachte er über Stufen und Schranken, die der menschliche Geist wahrnimmt, hinaus. Er postulierte, in die Gl. (8.39) anstelle der diskreten Variablen n eine Variable s einzusetzen, die stetig innerhalb gewisser Grenzen variiert, z. B. in einem Intervall reeller Zahlen. Er betrachtete also I als eine kontinuierliche Variable und folglich auch s als kontinuierliche Variable und nahm den gefundenen Ausdruck für diskrete Werte von I als ein Modell im kontinuierlichen Fall:

$$I(s) = q^s \cdot I_0 \tag{8.40}$$

Für die Auflösung dieser Gleichung nach der Variablen s können wir zwei Formen angeben. Man findet sie durch Anwendung des Logarithmus auf beide Seiten der Gleichung. Im folgenden sei etwa $\log = \log_{10}$.

$$I = I_0 \, q^s$$

$$\log I = \log (I_0 \, q^s) = \log I_0 + \log (q^s)$$

$$\log I = \log I_0 + s \log q$$

$$\log I - \log I_0 = s \, \log q$$

$$s = \frac{\log I - \log I_0}{\log q} = \frac{1}{\log q} \log\left(\frac{I}{I_0}\right) \tag{8.41}$$

$$s = A \, \log\left(\frac{I}{I_0}\right) \quad \text{mit } A := \frac{1}{\log q} \tag{8.42}$$

$$s = \frac{1}{\log q} \, \log I - \frac{\log I_0}{\log q} \tag{8.43}$$

$$s = A \, \log I + B \quad \text{mit } B := -\frac{\log I_0}{\log q} \tag{8.44}$$

8.5.3 Ergebnis

Das Weber-Fechnersche Gesetz

(8.41), (8.42), (8.43), (8.44) sind verschiedene Formeln für das *Weber-Fechnersche Gesetz*. Aus (8.42) ersehen wir, dass die Sinnesempfindung s proportional ist zu $\log\left(\frac{I}{I_0}\right)$. (8.44) besagt insbesondere, dass s eine lineare Funktion von $\log(I)$ ist. Die Konstante I_0 ist nicht eindeutig festgelegt; jedoch führt eine andere Wahl von I_0 nur zu einer anderen Konstanten B, aber an der Form von Gl. (8.44) ändert sich nichts.

Außerdem ist es oft sinnvoll, die Stufen der Sinnesempfindung in einem anderen Maßstab anzugeben, etwa dass dem Übergang von I_i zu I_{i+1} jeweils eine Stufenerhöhung der Sinnesempfindung um z. B. 10 oder um 6 Stufen entspricht. Auch dabei ändert sich an der Form der Weber-Fechnerschen Formel nichts, die Konstanten A und B multiplizieren sich nur mit dem gleichen Faktor. Der Maßstabänderung auf der Skala der Sinnesempfindungen $S = 10s$ entspricht:

$$S = 10s = 10 \, (A \, \log I + B) = 10A \, \log I + 10 \, B \tag{8.45}$$

Bei den folgenden Betrachtungen werden wir für die Lautstärke und die Tonhöhe die Konstanten A und B bestimmen.

8.5.4 Lautstärke

Die Formeln für die Stufen der Lautstärke haben ihren Ursprung nicht in der Biologie oder Medizin sondern in den Ingenieurswissenschaften. Da die Lautstärke über viele

Zehnerpotenzen reicht, schreibt man in der Elektrotechnik eine Lautstärke in der Form $I = 10^n \cdot I_0$. Die Ingenieure sahen in dem Exponenten n eine Stufe, mit der man die Lautstärke charakterisieren konnte. Sie nannten die Einheit 1 B = 1 Bel zu Ehren von Alexander Graham Bell (1847–1922), dem Erfinder des Telefons, der sich natürlich sehr mit der Lautstärke beschäftigt hatte. Die Ingenieure verwendeten also in der Formel (8.40) die Basiszahl $q = 10$ des Dezimalsystems. Da sich die Einheit 1 Bel später als zu grob erwies, wurde sie in 10 Teile unterteilt und die neue Einheit 1 dB = 1 Dezibel eingeführt. Wir bezeichnen die Lautstärke gemessen in Bel mit s und gemessen in dB mit S. Es ist dann $S = 10\, s$. Die physikalische Intensität I eines Tones wird in Watt/m^2 (Watt pro Quadratmeter) gemessen. Als Grundstufe wurde die Hörbarkeitsgrenze $I^0 = 10^{-12}\ W/m^2$ genommen. (Genauer ist dies die Definition für einen Ton der Frequenz 1 kHz (kilo Hertz). Für eine Mischung von Tönen verschiedener Frequenzen wird so vorgegangen, dass, wenn ein Mensch ein Geräusch als gleichlaut empfindet wie einen 1000 Hertz-Ton von S dB, das Geräusch per Definition die Lautstärke S dB bzw. S Phon hat).

Bei einem Ton der Frequenz von 1000 Hz (Hertz) wird die Skala der Sinnesempfindung für die Lautstärke folgendermaßen eingerichtet:

Graham Bell (1847–1922), der Erfinder des Telefons, hatte zunächst in der Weber-Fechner-Formel die Konstante $A = 1$ gesetzt. Damit erhält man als Maßeinheit für s 1 B. Da $A = \frac{1}{\log q}$ folgt $\log q = 1$ und $B = -\frac{\log I_0}{\log q} = 12$ und schließlich:

$$s = \log I + 12 \quad \text{mit Einheit 1 B} \quad \text{und}\ S = 10\ \log I + 120 \quad \text{mit Einheit 1 dB}$$
$$(8.46)$$

8.5.5   Beispiele aus dem täglichen Leben

Die folgende Tabelle zeigt einige physikalische Intensitäten und ihre Empfindungsstufen durch den Gehörsinn.

Lärmquelle	Intensität	Stufe		Interpretation
	I in W/m^2	s in B	S in dB	
Ganz leises Flüstern	10^{-12}	0	0	Absolute Hörgrenze
Normales Atmen	10^{-11}	1	10	Kaum hörbar
Flüstern	10^{-9}	3	30	Sehr leise
Ruhiges Büro	10^{-7}	5	30	Ruhig
Starker Verkehr	10^{-5}	5	50	Laut
Schwerlastwagen	10^{-3}	9	90	Schädigt das Ohr
Rock Konzert	10^{0}	12	120	Schmerzgrenze
Presslufthammer	10^{1}	13	130	Ohrschutz nötig

8.5.6 Zur Bedeutung des Modells

Wenn man zu einer hörbehinderten Person 3 dB lauter sprechen soll, dann muss man die physikalische Intensität verdoppeln. Oder umgekehrt ausgedrückt: Eine Verdopplung der physikalischen Intensität empfindet eine hörbehinderte Person nur als 3 dB lauter. Eine Verringerung des Lärms um 10 dB d. h. 1 B erfordert die Reduktion der physikalischen Intensität auf 1/10 ihrer Stärke.

Zur Erinnerung: Der Logarithmus von einem Produkt ist die Summe der Logarithmen der Faktoren und der Logarithmus eines Quotienten ist die Differenz vom Logarithmus des Zählers und dem Logarithmus des Nenners.

Das Erste stimmt, weil ungefähr $0,3 = \log 2$ ist. $s = \log(I) + 12$ Es folgt: $s + 0,3 = \log(I) + 0,3 + 12 = \log(I) + \log(2) + 12 = \log(I \cdot 2) + 12$. Also verdoppelt sich die physikalische Intensität.

Das Zweite ergibt sich so: $s - 1 = \log(I) - 1 + 12 = \log(I) - \log(10) + 12 = \log(I/10) + 12$. D. h. man muss die physikalische Intensität auf 1/10 absenken.

Dies deutet an, warum eine Lärmreduzierung so große Anstrengungen erfordert.

8.5.7 Tonhöhe

Grundmarke I_0 für die Tonhöhe ist der Kammerton „a". Er entspricht einer Frequenz von 440 Hertz. (1 Hertz = 1 Schwingung pro Sekunde)

$$I_0 = 440 \tag{8.47}$$

Erhöht man nun die Tonhöhe ständig und lässt einen Kammermusiker sagen, wann der Ton jeweils eine Oktave höher geworden ist, so erhält man folgende Tabelle:

$I =$ Fequenz	$s =$ Tonhöhe (als Sinnesempfindung)	
	Gemessen in Oktaven	Gemessen in Eintonschritten
$I_0 = 440$ Hz	0	0
$I_1 = 880$ Hz	1 Oktave höher	6 ganze Töne höher
$I_2 = 1760$ Hz	2 Oktaven höher	12 ganze Töne höher
$\vdots$	$\vdots$	$\vdots$

Damit bestimmen sich bei den Oktaven als Einheiten die Konstanten zu

$$q := 1 + c = 2, \quad c = 1, \quad p = 100\,\% \,.$$

$$A = \frac{1}{\log q} = \frac{1}{\log 2} = \frac{1}{0,30} = 3,33 \quad B = -\frac{\log I_0}{\log q} = -\frac{2,64}{0,30} = -8,81$$

$$s = 3,33 \ \log \ I - 8,81$$

8.5.8   Zur Helligkeits-Empfindung

Der amerikanische Biophysiker Selig Hecht (1892–1947) erforschte an der Sandklaffmuschel (Mya arenaria), wie bei diesem Tier das Sehorgan funktioniert, und sammelte
verfeinerte Daten zum menschlichen Gesichtssinn. Weber hatte noch mit gewöhnlichen
Kerzen gearbeitet und verschiedene physikalische Reize durch Anzünden verschiedener
Anzahlen von Kerzen bewerkstelligt. Selig fand (1924) heraus, dass für die Helligkeitsempfindung das Weber-Fechnersche Gesetz nur in engen Grenzen gilt und wie die
Helligkeitsempfindung außerhalb enger Grenzen auf andere Weise beschrieben werden
muss (s. Riede 2010). Daraus ergibt sich die zusätzliche Aufgabe, ein Intervall zu finden,
in dem das Gesetz mit hinreichender Genauigkeit zutrifft.

8.6   Logarithmische Skalen

Im ganzen Abschnitt sei $\log := \log_{10}$.
Wir versuchen einmal, die Daten aus Abschn. 8.5.5 für die Beziehung zwischen physi-
kalischer Intensität I und Lärmempfindung S, gemessen in dB graphisch darzustellen,
indem wir die Daten als Punkte eintragen und mit geraden Linien verbinden (Abb. 8.4).
Offenbar kann man damit nicht viel anfangen, weil fast alle Punkte auf der vertikalen
Achse liegen. Z. B. kann man nicht ablesen, welche Sinnesempfindung einer Intensi-
tät von 10^{-4} W/m^2 entspricht. Versuchen wir statt I auf der horizontalen Achse die
Exponenten -12, -11, ... 0, 1 darzustellen.
Wir beobachten zwei Dinge. Nur ein Punkt liegt noch auf der vertikalen Achse und
alle Punkte liegen auf einer Geraden. Das letztere lässt sich so erklären: Mit den Ex-

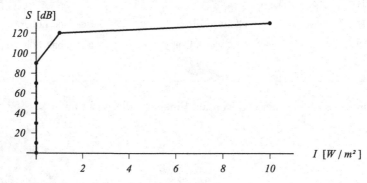

Abb. 8.4 Darstellung der Daten im $I - S$—System

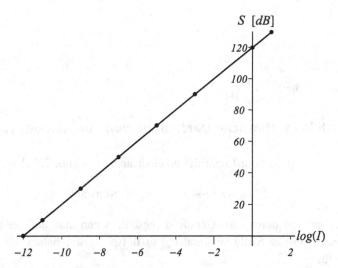

Abb. 8.5 Darstellung im $\log(I) - S-$System

ponenten haben wir die Logarithmen der Intensitäten verwendet. Nach (8.46) ist S eine lineare Funktion von $\log(I)$, deren Graph eine Gerade ist. Darauf liegen diese Punkte. Aus der ersten Beobachtung ersehen wir, dass Größen, die über viele Zehner-Potenzen reichen, graphisch besser durch ihre Logarithmen dargestellt werden. Systematisch wird das durch den Begriff der logarithmischen Skala erfasst (Abb. 8.5).

Neben der gewöhnlichen Darstellung der reellen Zahlen x auf der Zahlengeraden können wir die positiven reellen Zahlen X an denjenigen Stellen x darstellen, für die $x = \log X$ ist, wobei x wie gewöhnlich dargestellt wird.

8.6.1 Wertetabelle für den Logarithmus

X	1	2	3	4	5	6	7	8	9	10
$x = \log X$	0	0.30	0.48	0.60	0.70	0.78	0.85	0.90	0.95	1

Daraus erhält man nach den Regeln für das Rechnen mit Logarithmen aus Abschn. 8.3 eine Wertetabelle für alle Intervalle der Form $[10^k, 10^{k+1}]$ mit $k \in \mathbb{Z}$ durch die Formel:

$$\log(10^k X) = k + \log X \qquad (8.48)$$

Daraus bekommen wir die logarithmische Skaleneinteilung wie in Abb. 8.6.
Im letzten Teil dieses Abschnitts befassen wir uns mit der *praktischen Verwendung* von logarithmischen Skalen.

Abb. 8.6 Logarithmische Skala

8.6.2 Einfach logarithmische Darstellung von Funktionen, 1. Fall

Ist y eine lineare Funktion vom Logarithmus einer anderen Größe X, also

$$y = A \ \log \ (X) \ + \ B \qquad A, \ B \ \text{Konstante,} \tag{8.49}$$

dann wird die Funktion durch eine Gerade dargestellt, wenn man auf der horizontalen Achse eine logarithmische Skala verwendet. Ein Beispiel dafür haben wir in Abb. 8.5 schon dargestellt.

8.6.3 Beispiel: pH-Wert

Ist K die H_2O^+-Ionen-Konzentration in einer Säure oder alkalischen Lösung, dann ist der pH-*Wert* definiert durch die folgende lineare Funktion vom Logarithmus von K:

$$pH \ = \ - \log \ (K)$$

In Worten: der pH-Wert ist der negative Logarithmus der H_2O^+-Ionen-Konzentration und insbesondere eine lineare Fuktion von $\log K$

8.6.4 Einfach logarithmische Darstellung von Funktionen, 2. Fall

Eine Größe Y wachse exponentiell mit einer Größe x, d. h.

$$Y = Y_0 \ 10^{px} \tag{8.50}$$

Benutzt man dann auf der vertikalen Achse eine logarithmische Skala, so wird die Funktion durch eine Gerade dargestellt.:

$$y = \log \ Y = \log \ Y_0 \ + \ \log \ (10^{px}) = \log \ Y_0 \ + \ px = b \ + \ px \ \text{mit } b := \log \ Y_0 \tag{8.51}$$

8.6.5   Doppelt logarithmische Darstellung von Funktionen

Schließlich kann man auf der horizonalen wie vertikalen Achse eine logarithmische Skala benutzen.

$$x = \log X, \quad y = \log Y, \quad Y = g(X)$$

Dies findet Verwendung, wenn eine Größe X in einem großen Bereich über mehrere Zehnerpotenzen hinweg variiert und die von X abhängige Größe Y ebenfalls.
Außerdem kann diese Darstellung besonders dann verwendet werden, wenn Y eine Potenzfunktion von X ist.

$$Y = g(X) = X^\rho, \quad \rho \in \mathbb{R}, \quad \rho \neq 0$$

Es folgt: $y = \log Y = \log (X^\rho) = \rho \log X = \rho x$
$y = \rho x$ bedeutet, dass eine Potenzfunktion bei doppelt logarithmischer Skala dargestellt wird durch eine Gerade durch den Nullpunkt.
Allgemeiner gilt: Ist $Y = c X^\rho$ mit $c > 0$, dann folgt:

$$\log Y = \log (c X^\rho) = \log c + \log (X^\rho) = \rho \log X + \log c$$

$$y = \rho x + \log c$$

In Worten: Funktionen der Art $Y = c X^\rho$ werden bei doppeltlogarithmischer Darstellung durch eine Gerade wiedergegeben.

8.7   Ausgewählte Übungsaufgaben

8.7.1   Aufgabe

In eine sterile Nährstofflösung wurde zu einem bestimmten bekannten Zeitpunkt ein Pilz eingeschleppt, der nach zwölf Stunden entdeckt wird, als er bereits eine Biomasse von 100 g besitzt. Einen Tag nach seiner Entdeckung beträgt seine Biomasse schon 200 g. Wieviel g wurden eingeschleppt und wie groß wird seine Biomasse 25 Stunden nach seiner Entdeckung sein? Verwenden Sie das Modell 8.1.7.

8.7.2   Aufgabe

Um die Funktion der Bauchspeicheldrüse zu testen, wird ein bestimmter Farbstoff in sie gespritzt und dessen Ausscheidung gemessen. Die Ausscheidung ist ein gleichmäßig kontinuierlicher Abnahmeprozess und verläuft nach der Formel $u(t) = u_0 e^{-pt}$. Dabei ist

$u(t)$ die zur Zeit t in der Bauchspeicheldrüse vorhandene Menge Farbstoff; p ist eine positive Konstante.

a) Schließen Sie aus der Formel, dass die spezifische Abnahmerate pro Minute konstant ist, genauer, dass gilt: $\frac{u(t-1)-u(t)}{u(t-1)} = 1 - e^{-p}$.

b) Die Funktion einer Bauchspeicheldrüse gelte als normal, wenn die spezifische Abnahmerate pro Minute zwischen 3 1/2 und 4 1/2 % liegt. Werden 0,5 g injiziert und sind nach 30 min. noch 0,2 g vorhanden, arbeitet dann die Bauchspeicheldrüse normal?

Differenzialrechnung

9

Überblick

Dieses Kapitel stellt die grundlegenden Begriffe und Regeln des Differenzierens parat, die in den folgenden Kapiteln angewandt werden. Es werden behandelt: Wachstumsrate und Differenzialquotient, Differenziationsregeln, konstante, monotone und konvexe Funktionen, Extremwerte, Taylorpolynom und Taylorreihe. Besonderer Wert wurde auf eine graphische Veranschaulichung gelegt. Ein Beispiel aus der Biologie befasst sich mit dem Energieverbrauch eines Fisches beim Schwimmen. Die häufig verwendeten Formeln und Hinweise für die Anwendung sind jeweils in einen Rahmen gestellt.

9.1 Wachstumsrate und Differenzialquotient

Eine Größe y – etwa die Größe einer Population – sei eine Funktion $y = f(t)$ von der Zeit t. $f(t) - f(t_0)$ ist die Änderung von y vom Zeitpunkt t_0 bis zum Zeitpunkt t.

9.1.1 Beispiel: Änderung pro Zeiteinheit bei einer linearen Funktion

$$f(t) = at + b, \quad a, b \text{ Konstante}$$

$$\frac{f(t) - f(t_0)}{t - t_0} = \frac{at + b - at_0 - b}{t - t_0} = \frac{a(t - t_0)}{t - t_0} = a \quad \text{für } t \neq t_0$$

a ist die *Änderung pro Zeiteinheit;* denn für $t - t_0 = 1$ ist $f(t) - f(t_0) = a$.

Für $a > 0$ nennt man a auch die *Wachstumsrate,* für $a < 0$ ist $-a$ die Abnahmerate pro Zeiteinheit. In diesem Beispiel ändert sich f in jedem Zeitintervall der Länge 1 um denselben Wert a. Es gilt sogar mehr: Der Ausdruck $\frac{f(t) - f(t_0)}{t - t_0}$ ist in diesem Beispiel

© Springer Fachmedien Wiesbaden 2015
A. Riede, *Mathematik für Biowissenschaftler,*
DOI 10.1007/978-3-658-03687-4_9

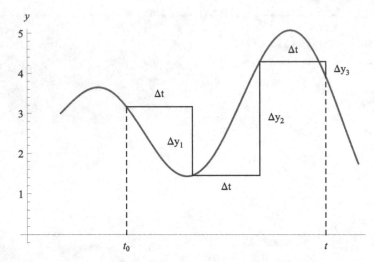

Abb. 9.1 Zur Bezeichnung: „Mittlere Änderungsrate"

unabhängig von t_0 und t. Bei der geometrischen Veranschaulichung von f durch seinen Graphen erhält man eine Gerade, deren Steigung a ist.

9.1.2 Definition: Mittlere Änderungsrate

Die Größe $\frac{f(t)-f(t_0)}{t-t_0}$ heißt allgemein *mittlere Änderungsrate von f im Intervall* $[t_0, t]$. Diese Defintion wird auch verwendet, wenn t nicht die Bedeutung der Zeit hat, sondern irgendeine Variable ist.
Dass dies eine sinnvolle Bezeichnung ist, wird durch folgende Aussage bekräftigt. Lässt man technische Feinheiten außen vor, so kann man aus dieser Aussage auch den Hauptsatz der Differenzial- und Integralrechnung herleiten, wie später gezeigt wird.
Wir unterteilen das Intervall $[t_0, t]$ durch die Teilpunkte $t_0 < t_1 < t_2 < \cdots < t_n = t$ in n gleichlange Teilintervalle der Länge $\Delta t = (t - t_0)/n = t_i - t_{i-1}$ für $i = 1, 2, \ldots, n$.
Dann ist die mittlere Änderungsrate von f im Intervall $[t_0, t]$ das arithmetische Mittel der mittleren Änderungsraten in den Teilintervallen.

$$\frac{f(t)-f(t_0)}{t-t_0} = \frac{1}{n} \sum_{i=1}^{n} \frac{f(t_i)-f(t_{i-1})}{\Delta t} = \frac{1}{n} \sum_{i=1}^{n} \frac{\Delta y_i}{\Delta t} \tag{9.1}$$

Dabei ist $\Delta y_i := f(t_i) - f(t_{i-1})$.
Die Aussage wird in Abb. 9.1 veranschaulicht.

9.1.3 Beispiel: Mittlere Geschwindigkeit

Eine Partikel bewege sich auf einer Geraden g. Die kartesische Koordinate x des Punkts, in dem sich die Partikel zur Zeit t befindet, ist dann eine Funktion $x = s(t)$ der Zeit t:

Die Funktion s beschreibt also den Weg, den die Partikel im Laufe der Zeit zurücklegt.

$\dfrac{s(t) - s(t_0)}{t - t_0}$ heißt *mittlere Geschwindigkeit im Intervall* $[t_0, t]$.

9.1.4 Bemerkung zur gelegentlichen Verwendung des Dezimalpunktes

Wenn wir bei einem Intervall die Intervallgrenzen durch ein Komma trennen, verwenden wir zur Vermeidung von Fehlinterpretationen statt des Dezimalkommas den Dezimalpunkt.

9.1.5 Mathematische Bezeichnung: Differenzenquotient

Für $y = f(x)$ und $y_0 = f(x_0)$ ist $\Delta x := x - x_0$, $\Delta y := y - y_0 = f(x) - f(x_0)$. Die mittlere Änderungsrate

$$D(x) := \frac{\Delta y}{\Delta x} = \frac{f(x) - f(x_0)}{x - x_0} \quad \text{für } x \neq x_0 \tag{9.2}$$

ist ein Quotient von zwei Differenzen und wird daher auch *Differenzenquotient* von f zu den Stellen x_0 und x genannt.

9.1.6 Geometrische Bedeutung des Differenzenquotienten

Der Differenzenquotient $D(x)$ ist die Steigung der Geraden durch $(x_0, f(x_0))$ und $(x, f(x))$. So eine Gerade heißt eine *Sekante* des Graphen von f.
Dies legt nahe, den $\lim_{x \to x_0} D(x)$ zu betrachten. Dann geht anschaulich die Sekante in die Tangente über und die Steigung $D(x)$ der Sekante geht über in die Steigung der Tangente. Siehe Abb. 9.2. Es wird definiert:

9.1.7 Definition: Differenzialquotient

Der Limes $\lim_{x \to x_0} D(x) = \lim_{x \to x_0} \frac{f(x) - f(x_0)}{x - x_0}$ heißt, falls der Limes überhaupt existiert, *Differenzialquotient von f an der Stelle* x_0 (oder kurz: bei x_0). Der Name soll daran erinnern, daß der Differenzialquotient ein Limes eines Differenzenquotienten ist. Dieser Differenzialquotient wird auch bezeichnet mit

$$f'(x_0) \quad \text{oder} \quad \frac{dy}{dx}\bigg|_{x_0} \quad \text{oder} \quad \frac{dy}{dx},$$

mit letzterem, wenn klar ist, welche Stelle x_0 gemeint ist. Meist in der Verbindung mit der Bezeichnung $f'(x_0)$ spricht man auch von der *Ableitung von f an der Stelle* x_0.

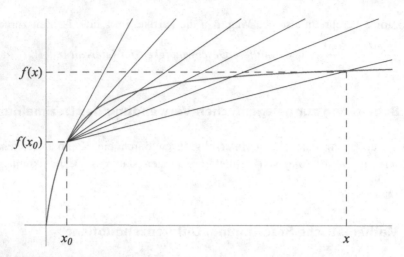

Abb. 9.2 Steigung der Tangente als Limes der Sekantensteigung

Damit können wir die anschauliche Vorstellung von 9.1.6 durch folgende Definition zu einer richtigen Aussage machen.

9.1.8 Definition der Tangente an Graph(f)

Wenn $\lim_{x \to x_0} \frac{f(x)-f(x_0)}{x-x_0}$ existiert, dann ist die *Tangente* an *Graph(f)* im Punkt $(x_0, f(x_0))$ die Gerade mit der Steigung $f'(x_0)$ durch den Punkt $(x_0, f(x_0))$:

$$y = f(x_0) + f'(x_0)(x - x_0) \qquad (9.3)$$

Daraus folgt:

9.1.9 Geometrische Bedeutung des Differenzialquotienten

Der Differenzialquotient $f'(x_0)$ ist die Steigung der Tangente an Graph(f) im Punkt $(x_0, f(x_0))$.

In der Praxis sieht man die Ableitung bei x_0 an als *Änderungsrate bei x_0*. Falls $x = t =$ Zeit ist, nennt man $f'(t_0)$ auch die *momentane* Änderungsrate (im Moment t_0) oder auch *momentane Wachstumsrate*. Nur für $f'(t_0) > 0$ liegt tatsächlich Wachstum vor, dagegen bedeutet eine negative Wachstumsrate eine Abnahme mit der *momentanen Abnahmerate* $-f'(t_0)$.

Im Beispiel 9.1.3 heißt

$$\lim_{t \to t_0} \frac{s(t) - s(t_0)}{s - s_0} =: v(t_0) \quad \text{momentane Geschwindigkeit zur Zeit } t_0 \qquad (9.4)$$

Unter der *Steigung von f* oder der *Steigung von Graph(f)* versteht man die Steigung der Tangente in dem betrachteten Punkt.

9.1.10 Definition: Differenzierbare Funktion

Wir betrachten eine Funktion $f : I \longrightarrow \mathbb{R}$ auf einem Intervall I.
f heißt *differenzierbar an der Stelle* $x_0 \in I$ (kurz : *bei* x_0), falls $f'(x_0)$ existiert.
f heißt *differenzierbar* in I, falls $f'(x)$ existiert für alle $x \in I$.
Dann erhält man eine Funktion $f' : I \to \mathbb{R}$. Diese heißt *Ableitung von f*.
Wir bezeichnen $f'(x)$ gelegentlich auch mit $(f(x))'$. Z. B. für $f(x) = x^n$ schreiben wir $f'(x) = (x^n)'$.

9.1.11 Definition: Zweite Ableitung

Es kann sein, daß $f' : I \longrightarrow \mathbb{R}$ wieder differenzierbar ist. Dann kann man

$$(f')' =: f''$$

bilden. f'' heißt *zweite Ableitung von f*.
So kann man fortfahren und die *dritte, vierte* usw. *n-te Ableitung* $f''', f^{IV}, \ldots, f^{(n)}$ bilden, falls f dreimal, viermal bzw. n-mal differenzierbar ist für $n \in \mathbb{N}$.
$f'(x_0)$ muß nicht immer existieren. Zum Beispiel existiert $f'(x_0)$ nicht, falls f nicht stetig ist an der Stelle x_0; denn es gilt der

9.1.12 Satz über die Stetigkeit einer differenzierbaren Funktion

Ist f differenzierbar bei x_0, so ist f auch stetig bei x_0. Die Umkehrung gilt nicht: z. B. ist $f(x) = |x|$ eine stetige aber nicht differenzierbare Funktion.

9.1.13 Berechnung einiger Ableitungen

1. $f(x) = c$, $c =$konstant $\Rightarrow f'(x) = 0$
   Denn es ist bereits $D(x) = 0$: $D(x) = \frac{c-c}{x-x_0} = 0$.
2. $f(x) = x \Rightarrow f'(x) = 1$
   Denn es ist bereits $D(x) = 1$: $D(x) = \frac{x-x_0}{x-x_0} = 1$
3. $f(x) = ax^2 \Rightarrow f'(x) = 2ax$
   $\lim\limits_{x \to x_0} \frac{ax^2 - ax_0^2}{x - x_0} = \lim\limits_{x \to x_0} \frac{a(x+x_0)(x-x_0)}{x-x_0} = \lim\limits_{x \to x_0} a(x + x_0) = 2ax_0$

9.2 Differenziationsregeln

9.2.1 Differenzierbarkeit von Summe, Produkt, Quotient usw.

Sind f und g differenzierbar, so sind es auch die Funktionen $f + g$, $f - g$, $a \cdot f$ (a eine Konstante) und $f \cdot g$. Ist außerdem $g(x) \neq 0$, so ist auch $\frac{f}{g}$ eine differenzierbare Funktion. Die Ableitungen berechnen sich nach folgenden Regeln:

9.2.2 Regel für die Multiplikation mit Konstanten

$$(a \cdot f)'(x) = a \cdot f'(x)$$

9.2.3 Summen/Differenzregel

$$(f \pm g)'(x) = f'(x) \pm g'(x)$$

9.2.4 Produktregel

$$(f \cdot g)'(x) = f'(x) \cdot g(x) + f(x) \cdot g'(x)$$

9.2.5 Quotientenregel

$$\left(\frac{f}{g}\right)'(x) = \frac{g(x) \cdot f'(x) - g'(x) \cdot f(x)}{(g(x))^2} \quad \text{für} \quad g(x) \neq 0$$

9.2.6 Ableitung von x^k

$$(x^k)' = k\ x^{k-1}$$

Denn wir erhalten nach der Produktregel:

$$(x^2)' = (x \cdot x)' = 1 \cdot x + x \cdot 1 = 2x \qquad\qquad \text{d. h. } (x^2)' = 2x$$
$$(x^3)' = (x^2 \cdot x)' = 2x \cdot x + x^2 \cdot 1 = 3x^2 \qquad\qquad \text{d. h. } (x^3)' = 3x^2$$
$$(x^k)' = (x^{k-1} \cdot x)' = (k-1)x^{k-2} \cdot x + x^{k-1} \cdot 1 = kx^{k-1} \qquad \text{d. h. } (x^k)' = kx^{k-1}$$

9.2.7 Folgerung

Ableitung eines Polynoms

$$p(x) = a_0 + a_1 x + a_2 x^2 + a_3 x^3 + \cdots + a_n x^n$$

$$p'(x) = a_1 + 2a_2 x + 3a_3 x^2 + \cdots + n a_n x^{n-1}$$

Mit Hilfe der Quotientenregel ergibt sich nun, wie eine rationale Funktion abgeleitet wird. Wir geben dafür ein Beispiel:

9.2.8 Beispiel

$$\left(\frac{x^3 - 1}{2x^2 + x}\right)' = \frac{(2x^2 + x)(3x^2) - (x^3 - 1)(4x + 1)}{(2x^2 + x)^2}$$

$$= \frac{6x^4 + 3x^3 - 4x^4 + 4x - x^3 + 1}{(2x^2 + x)^2} = \frac{2x^4 + 2x^3 + 4x + 1}{(2x^2 + x)^2}$$

9.2.9 Kettenregel

Ist h die Hintereinanderausführung $h = f \circ g$ zweier differenzierbarer Funktionen f und g, dann ist auch h differenzierbar und die Ableitung berechnet sich nach der Kettenregel:

$$h'(x) = (g \circ f)'(x) = (g(f(x)))' = g'(f(x)) \cdot f'(x)$$

In anderer Schreibweise: Bei $z = g(f(x))$ wird gesetzt $z(y) = g(y)$ und $y(x) = f(x)$, dann erhält man als Kettenregel:

$$\frac{dz}{dx} = \frac{dz}{dy}\bigg|_{y = y(x)} \cdot \frac{dy}{dx}$$

$\big|_{y=y(x)}$ bedeutet, dass für y $y(x)$ eingesetzt werden muss.

9.2.10 Beispiel

Sei $h(x) = \ln(x^2)$, dann kann h folgendermaßen in der Form $h = g \circ f$ dargestellt werden: Setze $g(y) = \ln y$ und $f(x) = x^2$. Dann wird: $g'(y) = \frac{1}{y}$ und $f'(x) = 2x$,

$h'(x) = g'(f(x)) \cdot f'(x) = \frac{1}{x^2} \cdot 2x = \frac{2}{x}$, oder in der anderen Schreibweise:

In $z = \ln(x^2)$ wird gesetzt: $z(y) = \ln y$ und $y(x) = x^2$. Dann wird:

$\frac{dz}{dx} = \frac{dz}{dy} \cdot \frac{dy}{dx} = \frac{1}{y(x)} \cdot 2x = \frac{1}{x^2} \cdot 2x = \frac{2}{x}$

9.2.11 Regel über die Ableitung der Umkehrfunktion

Ist f streng monoton und differenzierbar, dann ist auch die Umkehrfunktion f^{-1} differenzierbar und es gilt:

$\left(f^{-1}\right)'(y) = \frac{1}{f'(x)}\Big|_{x=f^{-1}(y)}$ oder für $y = f(x)$ ist $\frac{dx}{dy}(x) = \frac{1}{dy/dx}\Big|_{x=f^{-1}(y)}$

9.2.12 Beispiel

$$y = f(x) = x^n, x > 0, \quad n \in \mathbb{N}$$

$$x = f^{-1}(y) = \sqrt[n]{y}, y > 0, \quad n \in \mathbb{N}$$

$$\left(f^{-1}\right)'(y) = \frac{1}{f'(x)}\Big|_{x=f^{-1}(y)} = \frac{1}{n\,x^{n-1}}\Big|_{x=\sqrt[n]{y}} = \frac{1}{n\,\sqrt[n]{y}^{\,n-1}} = \frac{1}{n}\,\frac{1}{y^{\frac{n-1}{n}}} = \frac{1}{n}\,y^{-\frac{n-1}{n}}$$

$$\left(f^{-1}\right)'(y) = \frac{1}{n}\,y^{\frac{1}{n}-1}.$$ Wir kommen zum Ergebnis:

$$\left(\sqrt[n]{y}\right)' = \frac{1}{n\,\sqrt[n]{y^{n-1}}}\ oder\ \left(y^{\frac{1}{n}}\right)' = \frac{1}{n}\,y^{\frac{1}{n}-1}$$

$$\left(\sqrt[2]{y}\right)' = \frac{1}{2\,\sqrt[2]{y}}\ oder\ \left(y^{\frac{1}{2}}\right)' = \frac{1}{2}\,y^{-\frac{1}{2}}$$

9.3 Drittes Modell für gleichmäßiges kontinuierliches Wachstum

9.3.1 Annahme

Das gleichmäßige Wachstum wird durch eine differenzierbare Funktion beschrieben.

Um die Ableitung der Exponentialfunktion zu bestimmen, nutzen wir aus, dass die Exponentialfunktion das gleichmäßige Wachstum beschreibt. Ausgehend von der Gl. (8.8) in Abschn. 8.1 werden wir ein weiteres Modell finden, aus dem sich dann die Ableitung der Exponentialfunktion unmittelbar ergibt.

$$\Delta u := u(t + \Delta t) - u(t) = p(\Delta t)\,u(t)\Delta t$$

$$\frac{\Delta u}{\Delta t} = p(\Delta t)\,u(t)$$

$$\lim_{\Delta t \to 0} \frac{\Delta u}{\Delta t} = \lim_{\Delta t \to 0} p(\Delta t)\, u(t)$$

$$u'(t) = p\, u(t) \quad \text{mit} \quad p := \lim_{\Delta t \to 0} p(\Delta t)$$

Damit hat man folgendes gefunden:

Modellierung durch eine Differenzialgleichung

$$u'(t) = p\, u(t) \quad \text{mit einer Konstanten } p \tag{9.5}$$

Ohne die Variablen angeschrieben lautet sie:

$$u' = p\, u \tag{9.6}$$

In Worten: Die Ableitungsfunktion ist das p-fache der Ausgangsfunktion. Dies ist das dritte Modell für gleichmäßiges kontinuierliches Wachstum. Dieses Modell besteht darin, dass eine sogenannte *Differenzialgleichung* angegeben wird, die das gleichmäßige Wachstum quantitativ erfasst. Sie ist eine Gleichung zwischen Funktionen, der Funktion u und ihrer Ableitungsfunktion u'.

9.3.2 Zur Einordnung dieser Herleitung von Gl. (9.5)

Auffinden von Differenzialgleichungen

Die Bedeutung dieser Rechnung liegt nicht nur darin, dass daraus die Ableitung der Exponentialfunktion bestimmt werden kann. Sie zeigt für das Beispiel des gleichmäßigen kontinuierlichen Wachstums wie man eine Differenzialgleichung für ein biologisches Problem aufstellen kann. Weitere Beispiele werden in diesem Buch noch beschrieben werden. Das Auffinden von Differenzialgleichungen ist eine grundsätzliche Methode in den Naturwissenschaften, um einen Sachverhalt quantitativ zu erfassen.

Hiermit ist auch die Ableitung einer Exponentialfunktion bestimmt; denn aus unseren früheren Modellen wissen wir, dass $u(t) = u(0)e^{pt}$ ist, was in (9.5) eingesetzt die Ableitung der Exponentialfunktion ergibt.

Abb. 9.3 Tangente an den
Graph von e^t an der Stelle 0

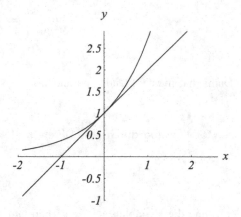

9.3.3 Ableitung einer Exponentialfunktion

Ableitung einer Exponentialfunktion

$$(e^{p\,t})' = p\;e^{p\,t} \quad \text{und für} \quad p = 1: \quad (e^t)' = e^t \tag{9.7}$$

$$(a^t)' = \ln(a)\,a^t \tag{9.8}$$

Gleichung (9.8) erhält man so: Man setzt $a = e^p$, dann ist $\ln(a) = p$ und verwendet $e^{pt} = (e^p)^t = a^t$.

Es folgt: Für $p = 1$ ist die Tangente an der Stelle $t = 0$ die Gerade durch den Punkt $(0, 1)$ mit Steigung 1; denn $e^0 = 1$. Siehe Abb. 9.3.

Aus obiger Regel über die Ableitung der Umkehrfunktion erhalten wir für $y = a^x$: $\frac{dy}{dx} = \ln(a)\,a^x$

$$\left(\log_a(y)\right)' = \frac{dx}{dy}(y) = \frac{1}{\ln(a)a^x}\bigg|_{x=\log_a(y)} = \frac{1}{\ln(a)y}$$

9.3.4 Ableitung des Logarithmus

Ableitung des Logarithmus

$$\left(\log_a(y)\right)' = \frac{1}{\ln(a)y} \quad \text{und für} \quad a = e \quad (\ln(y))' = \frac{1}{y}$$

9.3.5 Ableitung der allgemeinen Potenzfunktion

Ableitung der allgemeinen Potenz

$$(x^\rho)' = \rho \, x^{\rho-1}$$

Für $\rho = k \in \mathbb{N}$ hatten wir das schon in 9.2.6 erhalten und für $\rho = \frac{1}{n}$ mit $n \in \mathbb{N}$ in 9.2.12.

Um die Formel einzusehen, setzen wir:

$$h(x) = x^\rho = \left(e^{\ln x}\right)^\rho = e^{\rho \ln x}, \; z = e^y \quad \text{und} \quad y(x) = \rho \, \ln x.$$

$$h'(x) = \frac{dz}{dx} = \frac{dz}{dy}\Big|_{y=y(x)} \cdot \frac{dy}{dx} = e^y\big|_{y=\rho \ln x} \cdot \rho \, \frac{1}{x} = e^{\rho \ln x} \cdot \rho \, \frac{1}{x} = \rho \, x^\rho \, x^{-1} = \rho \, x^{\rho-1}$$

9.4 Konstante, monotone und konvexe Funktionen

Der folgende Satz ist für viele Situationen ein gutes Hilfsmittel. Einige Anwendungen werden wir in diesem Abschnitt kennen lernen.

9.4.1 Mittelwertsatz der Differenzialrechnung

Seien $a, b \in \mathbb{R}$ und $a < b$ und $f : [a, b] \longrightarrow \mathbb{R}$ eine differenzierbare Funktion.
Behauptung: Dann gibt es ein $c \in \,]a, b[$, so daß die Tangente an den Graphen von f bei der Stelle c parallel ist zur Sekante durch $(a, f(a))$ und $(b, f(b))$ (s. Abb. 9.4). Parallel bedeutet nichts anderes, als dass die Steigung der Tangente T gleich der Steigung der Sekante S ist; d. h.

$$f'(c) = \frac{f(b) - f(a)}{b - a} \tag{9.9}$$

Oder in alternativer Form:

$$f(b) = f(a) + f'(c) \, (b - a) \tag{9.10}$$

9.4.2 Kriterium für die Konstanz einer Funktion

Sei $f : I \longrightarrow \mathbb{R}$ eine differenzierbare Funktion mit $f'(x) = 0$ für alle $x \in I$, dann ist f konstant.
Denn für beliebige a und $b \in I$ mit $a < b$ folgt aus (9.9): $f(b) = f(a)$.

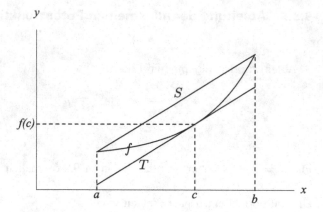

Abb. 9.4 Mittelwertsatz der Differenzialrechnung

9.4.3   Kriterium für strenge Monotonie

$$f'(x) \begin{cases} > 0 \\ < 0 \end{cases} \text{für alle } x \in I \;\Rightarrow\; f \text{ streng monoton} \begin{cases} \text{wachsend} \\ \text{fallend} \end{cases}$$

Denn für a und $b \in I$ mit $a < b$ folgt aus (9.9) z. B. für $f'(c) > 0$, daß $f(b) > f(a)$ ist.

9.4.4   Definition

Eine Funktion $f : I \longrightarrow \mathbb{R}$ heißt *konvex* bzw. *konkav* : $\Leftrightarrow$
Für je zwei beliebige Stellen $a, b \in I$ mit $a < b$, liegt für $x \in \;]a, b[$ der Graph von f unterhalb bzw. oberhalb der Sehne S mit den Endpunkten $(a, f(a))$ und $(b, f(b))$. (Unter einer Sekante versteht man eine Gerade und unter einer Sehne eine Strecke.)

9.4.5   Kriterium:

$$f' \text{ streng monoton} \begin{cases} \text{wachsend} \\ \text{fallend} \end{cases} \Rightarrow f \begin{cases} \text{konvex} \\ \text{konkav} \end{cases}$$

9.4.6   Kriterium:

$$f'' \begin{cases} > 0 \\ < 0 \end{cases} \Rightarrow f \begin{cases} \text{konvex} \\ \text{konkav} \end{cases}$$

9.4.7 Beispiele

	$f(x)$		$f'(x)$	streng monoton	$f''(x)$
$a > 0$	a^x	konvex	$\ln(a)\, a^x$	wachsend	$(\ln a)^2\, a^x > 0$
$a > 1$	$\log_a x,\ x > 0$	konkav	$\log_a(e)\,\frac{1}{x}$	fallend	$\log_a(e)\left(-\frac{1}{x^2}\right) < 0$
$\rho > 1$	$x^\rho,\ x > 0$	konvex	$\rho x^{\rho-1}$	wachsend	$\rho(\rho-1)x^{\rho-2} > 0$
$0 < \rho < 1$	$x^\rho,\ x > 0$	konkav	$\rho x^{\rho-1}$	fallend	$\rho(\rho-1)x^{\rho-2} < 0$
$\rho < 0$	$x^\rho,\ x > 0$	konvex	$\rho x^{\rho-1}$	wachsend	$\rho(\rho-1)x^{\rho-2} > 0$

Die letzten drei Funktionen sind in 8.3 Abb. 8.3 dargestellt.
Man sieht in diesen Beispielen die Beziehung zwischen Konvexität, streng monoton wachsendem f' und der Bedingung $f'' > 0$.

9.5 Extremwerte

In vielen Phänomenen der Natur kann man ein *Extremalprinzip* verwirklicht sehen. Zum Beispiel sind die Blattränder so gestaltet, dass sie dem Wind eine möglichst minimale Angriffsfläche bieten. Die Blattstellung ist so, dass ein Maximum an Sonnenlicht die Blätter erreicht. Tiere richten ihre Bewegung so ein, dass sie einen minimalen Energieverbrauch haben, um von einem Standort A nach einem Standort B zu gelangen. Unabhängig davon, wie perfekt solche Prinzipien in der Biologie tatsächlich verwirklicht sind, kann man jedenfalls einmal davon ausgehen, dass sie gelten, und sie als Ansatzpunkt für eine Untersuchung verwenden.

In diesem Abschnitt wird gezeigt, wie die Fragen nach Maximum und Minimum mit der Differenzialrechnung zusammenhängen.

9.5.1 Satz

Hat die differenzierbare Funktion $f : I \longrightarrow \mathbb{R}$ in einem inneren Punkt x_0 des Intervalles I (d. h. in einem Punkt des Intervalles, der nicht Randpunkt ist) ein *relatives* (oder *lokales*)
Maximum oder Minimum, dann gilt:

$$f'(x_0) = 0$$

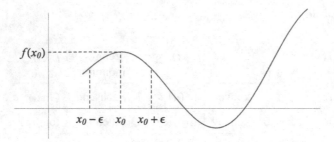

Abb. 9.5 Zum Begriff „relatives Maximum"

Relatives Maximum bedeutet dabei (vgl. Abb. 9.5): Es gibt ein $\varepsilon > 0$, so dass

$$f(x) \leq f(x_0) \text{ für alle } x \in I \text{ mit } |x - x_0| < \varepsilon.$$

9.5.2 Bemerkungen

Die Umkehrung dieses Satzes ist falsch. Zum Beispiel hat die Funktion $f(x) = x^3$ bei $x_0 = 0$ weder ein relatives Maximum noch Minimum, obwohl bei 0 ihre erste Ableitung verschwindet.

In Abb. 9.5 liegt das Maximum an der rechten Intervallgrenze, dort ist nicht $f' = 0$. Es ist also mit dem Kriterium 9.5.1 nicht zu entdecken. Bei x_0 liegt nur ein relatives Maximum vor.

Hat man also eine Stelle x_0 gefunden mit $f'(x_0) = 0$, so muss man erst in einem zweiten gesonderten Schritt feststellen, ob ein relativer oder sogar absoluter Extremalwert vorliegt. Dabei tritt oft eine Situation auf, in der folgender Satz anwendbar ist:

9.5.3 Die Vorzeichenwechsel-Regel

Situation:

1. f' hat nur eine einzige Nullstelle x_0.
2. $f'(x) < 0$ für alle $x \in I$ mit $x < x_0$ (bzw. $x > x_0$).
3. $f'(x) > 0$ für alle $x \in I$ mit $x > x_0$ (bzw. $x < x_0$).

Behauptung:
Dann hat f in x_0 sein absolutes Minimum (bzw. Maximum), d. h.
$f(x) \geq f(x_0)$ für alle $x \in I$ (bzw. $f(x) \leq f(x_0)$ für alle $x \in I$).
Die Richtigkeit des Satzes kann leicht eingesehen werden: Aus der 2. Bedingung folgt, dass f links von x_0 ständig fällt wegen 9.4.3. Nach dem gleichen Kriterium folgt aus

der 3. Bedingung, dass f rechts von x_0 ständig wächst. Dann muss f bei x_0 sein absolutes Minimum haben. Entsprechend schließt man in der Situation, die in Klammern beschrieben ist.

Die erste Bedingung ist dabei ganz unwesentlich gewesen. Sie folgt bei stetigem f' aus den anderen beiden Bedingungen. Ihre Bedeutung liegt in der praktischen Anwendung, wo man manchmal zuerst lieber mit Gleichungen statt mit Ungleichungen rechnet und die Nullstellen von f' berechnet.

9.5.4 Bemerkung

f kann Extremwerte in den Randpunkten von I annehmen, ohne dass dies etwas mit Nullstellen von f' zu tun hat. Siehe folgendes Beispiel:

9.5.5 Beispiel

$f : [1, \infty[\longrightarrow \mathbb{R}, f(x) = \frac{1}{x}$. f besitzt ein absolutes Maximum bei $x_0 = 1$ und besitzt aber kein Minimum, $f'(x) < 0$ für alle $x \in I$.

9.5.6 Beispiel aus der Biologie

Für den Energieverbrauch E eines flussaufwärts von A nach B schwimmenden Fisches ist experimentell die folgende Formel gefunden worden:

$$E = c \cdot v^\rho \cdot t$$

Dabei ist c eine positive Konstante. ρ ist ebenfalls eine positive Konstante, die von der Form des Fisches abhängt. Je mehr Widerstand die Fischform dem fließenden Wasser entgegenstellt, um so größer ist ρ. Es ist immer $\rho > 2$. v ist die Geschwindigkeit des Fisches relativ zum Wasser, t die Zeit, die er benötigt, um die Wegstrecke s (am Ufer gemessen) von A nach B zurückzulegen. Sei ferner v_1 die Strömungsgeschwindigkeit des Flusses. Dann ist $v - v_1$ die Geschwindigkeit des Fisches relativ zum Flussbett. Schwimmt der Fisch schnell, so wird sein Energieverbrauch hoch, um die große Geschwindigkeit aufrecht zu erhalten. Schwimmt der Fisch langsam, so benötigt er viel Energie, weil er lange unterwegs ist, schon um überhaupt ein bisschen gegen den Strom anzukommen und nicht abgetrieben zu werden. Es ist also zu erwarten, dass es einen mittleren Wert v_0 für die Geschwindigkeit gibt, bei der sein Energieverbrauch E minimal ist, um die Wegstrecke s zu bewältigen. Mit einer kurzen Rechnung können wir das bestätigen und auch den Wert von v_0 berechnen:

$$v - v_1 = \frac{s}{t} \quad \Rightarrow \quad t = \frac{s}{v - v_1} \quad \Rightarrow \quad E = c \, v^\rho \, \frac{s}{v - v_1} = c \, s \, \frac{v^\rho}{v - v_1} =: E(v)$$

Wir haben eine Abbildung $\quad E :]v_1, \infty[\longrightarrow \mathbb{R}$.

$$E'(v) = c\,s\,\frac{(v - v_1)\,\rho\,v^{\rho-1}\ -\ v^\rho}{(v - v_1)^2}$$

$$= \frac{c\,s}{(v - v_1)^2}\,v^{\rho-1}\,((v - v_1)\,\rho\ -\ v) = \underbrace{\frac{c\,s}{(v - v_1)^2}\,v^{\rho-1}}_{>0}\,((\rho - 1)\,v\ -\ v_1\rho)$$

$$E'(v) < 0 \quad\Leftrightarrow\quad (\rho - 1)\,v\ -\ v_1\rho < 0 \quad\Leftrightarrow\quad v(\rho - 1) < v_1\rho \quad\Leftrightarrow\quad v < \frac{v_1\rho}{\rho - 1} =: v_0$$

Mit solchen Umformungen kann man genau folgendes zeigen:

$$E'(v) \begin{cases} < 0 \\ = 0 \\ > 0 \end{cases} \quad\Leftrightarrow\quad v \begin{cases} < v_0 \\ = v_0 \\ > v_0 \end{cases}$$

$E : {]}v_1, \infty[\longrightarrow \mathbb{R}$ hat nach 9.5.3 bei v_0 sein absolutes Minimum. v_0 hängt nur von ρ und v_1 ab.

Für $\rho = 3$ z. B. erhalten wir $v_0 = \frac{3}{2}v_1 = 1,5\,v_1$. In Worten: Bei $\rho = 3$ muss der Fisch $1\frac{1}{2}$-mal so schnell schwimmen wie der Fluss fließt, um mit minimalem Energieverbrauch von A nach B zu gelangen.

9.6 Taylorpolynome und Taylorreihe

9.6.1 Definition

Bei einer differenzierbaren Funktion f ist die Tangente im Punkt $(x_0, f(x_0))$ ein gute Annäherung an Graph(f) in der Nähe von x_0. Die Tangente ist der Graph der linearen Funktion

$$p_1(x) = f(x_0) + f'(x_0)(x - x_0) \tag{9.11}$$

p_1 heißt *die lineare Näherung* oder *das erste Taylorpolynom von f zur Stelle x_0*. Der Polynom-Grad von p_1 ist ≤ 1. p_1 ist charakterisiert dadurch, dass Funktionswert und erste Ableitung von f und p_1 an der Stelle x_0 übereinstimmen:

$$f(x_0) = p_1(x_0) \quad f'(x_0) = p_1'(x_0) \tag{9.12}$$

Wenn f n-mal differenzierbar ist, kann das *n-te Taylorpolynom p_n von f zur Stelle x_0* gebildet werden:

$$p_n(x) = f(x_0) + f'(x_0)(x - x_0) + \frac{f''(x_0)}{2!}(x - x_0)^2 + \ldots + \frac{f^{(n)}(x_0)}{n!}(x - x_0)^n \tag{9.13}$$

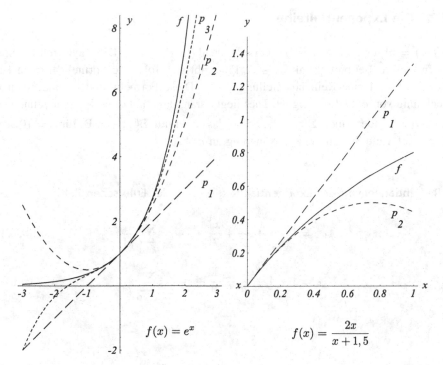

$$f(x) = e^x \qquad\qquad f(x) = \frac{2x}{x+1,5}$$

Abb. 9.6 Taylorpolynome zur Stelle $x_0 = 0$

Es ist charakterisiert durch:

$$p_n^{(k)}(x_0) = f^{(k)}(x_0) \quad \text{für} \quad k = 0, 1, 2, \ldots, n \tag{9.14}$$

Dabei bedeutet $f^{(0)}(x_0) := f(x_0)$ und $f^{(k)}(x_0)$ die k-te Ableitung von f bei x_0. Dass viele Ableitungen von f und p_n an der Stelle x_0 übereinstimmen, bewirkt, dass f in einer Umgebung von x_0 durch p_n gut approximiert wird. Wir verdeutlichen dies in Abb. 9.6. Ist f beliebig oft differenzierbar, d. h. k-mal differenzierbar für jedes $k \in N$, dann kann man die *Taylorreihe von f zur Stelle x_0* bilden:

$$f(x_0) + f'(x_0)(x - x_0) + \frac{f''(x_0)}{2!}(x - x_0)^2 + \frac{f'''(x_0)}{3!}(x - x_0)^3 + \ldots \tag{9.15}$$

Oder unter Verwendung des Summenzeichens:

$$\sum_{k=0}^{\infty} \frac{f^{(k)}(x_0)}{k!}(x - x_0)^k \tag{9.16}$$

Sie ist nur für diejenigen x interessant, für die sie konvergiert. Häufig ist sie dann nicht nur eine Approximation an $f(x)$, sondern gleich $f(x)$.

9.6.2 Die Exponentialreihe

Für $f(x) = e^x$ und $x_0 = 0$ ist $f^{(k)}(x) = e^x$ und $f^{(k)}(0) = 1$. Die Taylorreihe konvergiert in diesem Beispiel für alle $x \in \mathbb{R}$. Es ergibt sich folgende Formel für e^x und aus dieser für $x = 1$ eine Reihendarstellung von e. Diese Formeln sind besonders für die Berechnung von e^x und e geeignet. Dies liegt daran, dass nicht nur $\frac{x^k}{k!}$ „sehr schnell sehr klein" wird, sondern auch $\Sigma_{k=n+1}^{\infty} \frac{x^k}{k!}$, derart dass man mit $\Sigma_{k=0}^{n} \frac{x^k}{k!}$ z. B. für $n = 10$ schon eine bis auf viele Stellen genaue Näherung an e^x hat.

Reihendarstellung der Exponentialfunktion und der Eulerschen Zahl

$$e^x = 1 + x + \frac{x^2}{2!} + \frac{x^3}{3!} + \cdots = \sum_{k=0}^{\infty} \frac{x^k}{k!} \qquad (9.17)$$

$$e = 1 + 1 + \frac{1}{2!} + \frac{1}{3!} + \cdots = \sum_{k=0}^{\infty} \frac{1}{k!} \qquad (9.18)$$

9.6.3 Die Geometrische Reihe und ihre Ableitung

Die in 6.3.11 aufgetretene geometrische Reihe ist, wie man zeigen kann, nichts anderes als die Taylorreihe von $f(x) = \frac{1}{1-x}$.

$$f(x) = \frac{1}{1-x} = 1 + x + x^2 + x^3 + x^4 + \ldots = \sum_{k=0}^{\infty} x^k \quad \text{für } |x| < 1 \qquad (9.19)$$

Als Ableitung erhält man für $|x| < 1$, indem man gliedweise differenziert.

$$f'(x) = \frac{1}{(1-x)^2} = 1 + 2x + 3x^2 + 4x^3 + \cdots = \sum_{k=1}^{\infty} k\, x^{k-1} \quad \text{für } |x| < 1 \qquad (9.20)$$

Weitere Taylorpolynome und Taylorreihen werden in 10.5 berechnet. Anwendungen der Taylorpolynome werden in 10.5 behandelt.

9.7 Ausgewählte Übungsaufgaben

9.7.1 Aufgabe

Untersuchen Sie folgende Funktionen auf Extremwerte, d. h. ob sie Extremwerte haben, und falls ja, an welcher Stelle mit welchem Wert. Skizzieren Sie die Graphen.

a) $f : \,]0, 1] \to \mathbb{R},\ f(x) = \frac{1}{x}$ b) $f : \,]1, \infty[\to \mathbb{R},\ \ f(x) = e^{-x}$

c) $f : [0, 1[\to \mathbb{R},\ f(x) = x^2$ d) $f : \mathbb{R} \to \mathbb{R},\ \ f(x) = e^{-x^2}$

9.7.2 Aufgabe

Zu berechnen ist das 4. Taylorpolynome von f zur Stelle x_0 für

a) $f(x) = e^{(x^2)}$, $x_0 = 0$ und

b) $f(x) = \ln x$, $x_0 = 1$.

9.7.3 Aufgabe

Der bis auf 10 Stellen genaue Wert der Eulerschen Zahl ist $e = 2{,}7182818285$. Berechnen Sie $x_n = \left(1 + \frac{1}{n}\right)^n$ und $y_n = \sum_{k=0}^{n} \frac{1}{k!}$ für $n = 10$ und vergleichen Sie mit der Zahl e. Rechnen Sie bei y_n mit 9 Stellen nach dem Komma. Geben Sie die Eulersche Zahl e durch die signifikanten Stellen der Näherungswerte x_{10} und y_{10} an.

Anwendung auf diskrete Entwicklungsprozesse 10

Überblick

Zunächst zeigen wir in diesem Kapitel, wie man einen Entwicklungsprozess durch die Reproduktionsfunktion beschreiben kann. Mit graphischen Methoden kann man sich ein Bild davon machen, wie eine Entwicklung abläuft und wohin sie auf lange Zeit tendiert. Viele Entwicklungen tendieren auf ein Gleichgewicht zu. Das sind Populationsgrößen, die sich im Laufe der Zeit gar nicht ändern sondern konstant bleiben. Für die Anwendungen sind die stabilen Gleichgewichte interessant. Das sind solche, bei denen nach einer kleinen Störung sich die Population wieder von selbst auf das Gleichgewicht einstellt. Etwa ein Wald wächst nach einem nicht zu großen Sturmschaden wieder auf seine ursprüngliche Größe heran. Das Kapitel schließt mit einem Vergleich des Modells für beschränktes Wachstum und des Modells für innerspezifische Konkurrenz.

10.1 Beschreibung durch die Reproduktionsfunktion

Die in Kap. 6 behandelten Beispiele diskreter Entwicklungsprozesse können alle mit dem Funktionsbegriff wie folgt beschrieben werden:

Zu dem Prozess gehört eine sogenannte *Reproduktionsfunktion* f, so dass sich x_{n+1} aus x_n durch Anwendung von f auf x_n ergibt:

$$x_{n+1} = f(x_n), \quad n \in \mathbb{N}_0 \tag{10.1}$$

Diese Gleichung wird *Modellgleichung* der Entwicklung genannt und ist eine sogenannte *Differenzengleichung*, weil sie äquivalent ist mit:

$$\Delta x := x_{n+1} - x_n = g(x_n) \quad \text{mit} \quad g(x) := f(x) - x \tag{10.2}$$

© Springer Fachmedien Wiesbaden 2015
A. Riede, *Mathematik für Biowissenschaftler*,
DOI 10.1007/978-3-658-03687-4_10

Ein Bereich, dessen Entwicklung durch eine Differenzengleichung modelliert wird, wird auch ein *dynamisches System* genannt. Bei Populationsentwicklungen ist dabei f eine Abbildung mit $f(x) > 0$ für $x > 0$.
In den Beispielen ist:

6.2.1: $f(x) \;=\; qx$

6.4.2: $f(x) \;=\; qx + d$

6.5.1: $f(x) \;=\; \frac{ax}{x+b}$

6.6.3: $f(x) \;=\; qx - bx^2$

Mit *einer möglichen Entwicklung (des Modells)* sei eine Folge $(x_n)_{n\in\mathbb{N}_0}$ gemeint, die der Modellgleichung (10.1) genügt, die eine *Lösung* der Modellgleichung ist.

10.1.1 Gleichgewichte und Fixpunkte

Die Größen x_* von konstanten Entwicklungen $x_n = x_*$, $n \in \mathbb{N}_0$ haben wir in 6.6.6 Gleichgewichtszustände oder kurz Gleichgewichte genannt. Andererseits heißt eine Stelle x von f mit

$$f(x) = x \tag{10.3}$$

ein *Fixpunkt von f*. Die Gleichgewichte der Differenzengleichung (10.1) sind offenbar die Fixpunkte der Funktion f.
Als Verallgemeinerung von 6.6.7 können wir jetzt feststellen:

10.1.2 Satz über das Einspielen auf ein Gleichgewicht

Die Reproduktionsfunktion f sei stetig. Ist x_n eine für $n\to\infty$ konvergente Populations-entwicklung des Modells, also eine, die sich im Laufe der Zeit auf eine bestimmte Populationsgröße $\hat{x} = \lim_{n\to\infty} x_n$ einspielt, dann ist $\hat{x}$ ist ein Gleichgewicht von (10.1).

Dies sieht man folgendermaßen ein:

$x_{n+1} \;=\; f(x_n)$

$\lim_{n\to\infty} x_{n+1} \;=\; \lim_{n\to\infty} f(x_n)$,   da f stetig ist, folgt:

$\lim_{n\to\infty} x_n \;=\; f(\lim_{n\to\infty} x_n)$

$\hat{x} \;=\; f(\hat{x})$

Im folgenden bezeichnen wir Gleichgewichte stets mit x_*, wenn es mehrere gibt mit x_{*1}, x_{*2}, x_{*3} etc.

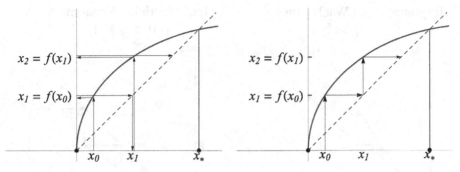

Abb. 10.1 Graphische Bestimmung einer Entwicklung

10.2 Graphische Methoden

10.2.1 Graphische Bestimmung von Gleichgewichten

Da Gleichgewichte die Lösungen der Gleichung $f(x) = x = id(x)$ sind, ergeben sich die Gleichgewichte genau als diejenigen Stellen, wo sich Graph(f) und Graph(id) schneiden. Der Graph(id) ist aber gerade die Winkelhalbierende des ersten Quadranten. Es sind daher die Stellen der Schnittpunkte mit der Winkelhalbierenden gesucht. Siehe die folgenden Abbildungen, in denen die Gleichgewichte durch einen Punkt • markiert sind.

10.2.2 Graphische Bestimmung einer Lösung

Ist x_n schon bekannt, so bestimmt man $x_{n+1} = f(x_n)$ auf die übliche Weise aus dem Graphen von f. x_{n+1} liegt dann auf der vertikalen Achse. Wie überträgt man es auf die horizontale Achse, um dann x_{n+2} graphisch zu bestimmen? Man geht einfach vom Punkt $(0, x_{n+1})$ horizontal bis zur Winkelhalbierenden und von dort vertikal nach unten bis zur x-Achse (s. Abb. 10.1 links).

Hin und zurück durchlaufene Strecken können auch weggelassen werden. Dann kommt man zu der graphischen Bestimmung einer Lösung wie in Abb. 10.1 rechts.

Wir stellen jetzt die in Kap. 6 besprochenen Beispiele graphisch dar (Abb. 10.2).

Das Beispiel von Abschn. 6.2 nennen wir jetzt *homogenes lineares Modell*, weil die Reproduktionsfunktion f eine lineare homogene Funktion $f(x) = qx$ ist; „homogen" bedeutet, dass der y-Achsenabschnitt null ist, d. h. es gilt $f(cx) = cf(x)$.

Das Modell von Abschn. 6.4 nennen wir *inhomogenes lineares Modell*, da es eine inhomogene lineare Reproduktionsfunktion $f(x) = qx_n + d$ mit $d \neq 0$ besitzt.

Die graphische Darstellung des Modells für beschränktes Wachstum aus Abschn. 6.5 wird in Abb. 10.5 gegeben. In der Reproduktionsfunktion $f(x) = \frac{ax}{x+b}$ ist hier $a = 2$ und $b = 0,5$ verwendet. Es sind zwei Entwicklungen eingezeichnet, nämlich für $x_0 = 0,2$

Exponentielles Wachstum
$q > 1$

Exponentielle Abnahme
$0 < q < 1$

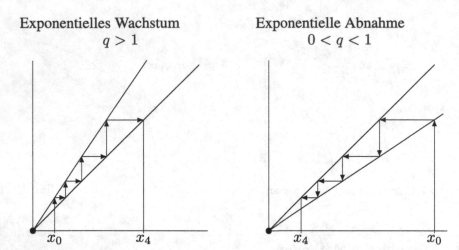

Abb. 10.2 Die zwei Typen von homogenen linearen Modellen $x_{n+1} = q\,x_n$

Exponentieller Abbau bei konstanter Zufuhr
$$0 < q < 1,\ d > 0$$

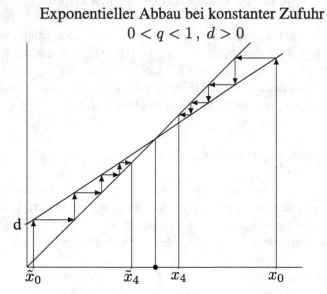

Abb. 10.3 Inhomogenes lineares Modell $x_{n+1} = q\,x_n + d, d \neq 0$

und für $x_0 = 5$. Man sieht, wie beide Populationsentwicklungen gegen das positive Gleichgewicht x_* konvergieren.

Abb. 10.4 Beschränktes
Wachstum bei $a > b$

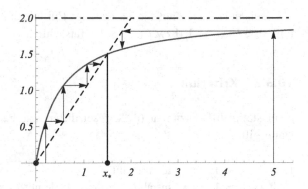

10.3 Stabilität von Gleichgewichten

10.3.1 Definition

x_* sei ein Gleichgewichtszustand des Prozesses $x_{n+1} = f(x_n)$, $n \in \mathbb{N}_0$. Wir sagen: Eine Entwicklung $(x_n)_{n \in \mathbb{N}_0}$ *spielt sich auf x_* ein*, falls $\lim_{n \to \infty} x_n = x_*$ ist. Wenn jede (nach der Modellgleichung) mögliche Entwicklung $(x_n)_{n \in \mathbb{N}_0}$ mit $x_0 > 0$ sich im Laufe der Zeit auf x_* einspielt, dann sagen wir, x_* ist ein *asymptotisch sich immer einstellendes Gleichgewicht*. Wir nennen in diesem Buch ein solches Gleichgewicht *stabil*. „Asymptotisch" bedeutet für $n \to \infty$. Für weitergehende Untersuchungen sind jedoch andere Stabilitätsbegriffe notwendig! Gilt dies nur für alle Entwicklungen $(x_n)_{n \in \mathbb{N}_0}$, für die x_0 in hinreichender Nähe von x_* liegt, dann nennen wir x_* *lokal stabil*. Das bedeutet genauer das Folgende: Es gibt ein $\varepsilon > 0$, sodass für $|x_0 - x_*| < \varepsilon$ (wenn x_0 weniger als ε von x_* entfernt ist) gilt: $\lim_{n \to \infty} x_n = x_*$.

Wir sehen uns die Gleichgewichte und ihren Stabilitäts-Charakter bei den früher betrachteten Beispielen in Tabelle 10.3.2 einmal an.

10.3.2 Tabelle

	$f(x)$	x_*	Gleichgewichte	$f'(x_*)$	
6.2.1	qx, $q > 1$	0	instabil	q	$f'(x_*) > 1$
6.4.2	$qx + d$, $0 < q < 1$	$\frac{d}{1-q}$	stabil	q	$0 < f'(x_*) < 1$
6.5.1	$\frac{ax}{x+b}$, $0 < a < b$	0	stabil	$\frac{a}{b}$	$0 < f'(x_*) < 1$
6.5.1	$\frac{ax}{x+b}$, $0 < b < a$	0	instabil	$\frac{a}{b}$	$f'(x_*) > 1$
		$a - b$	stabil	$\frac{b}{a}$	$0 < f'(x_*) < 1$

Die Beispiele führen auf die Vermutung: Ein Gleichgewicht x_* ist stabil (bzw.instabil), falls $0 < f'(x_*) < 1$ (bzw. $f'(x_*) > 1$). Tatsächlich ist folgendes Kriterium richtig:

10.3.3 Kriterium

f sei stetig differenzierbar (d. h. f sei differenzierbar und die Ableitung f' sei stetig). Dann gilt:

1. $|f'(x_*)| < 1 \;\Rightarrow x_*$ lokal stabil
2. $|f'(x_*)| > 1 \;\Rightarrow x_*$ instabil, „instabil" bedeutet hierbei:

Es gibt ein $\varepsilon > 0$, so dass jede mögliche Entwicklung sich von x_* entfernt, jedenfalls solange sie im Intervall $]x_* - \varepsilon, x_* + \varepsilon[$ abläuft und $x_n \neq x_*$ ist;

d. h. $|x_{n+1} - x_*| > |x_n - x_*|$ für x_n und $x_{n+1} \in \;]x_* - \varepsilon, x_* + \varepsilon[$ und $\neq x_*$.

10.4 Das logistische Modell

Für das logistische Modell (vgl. 6.6.3)

$$x_{n+1} = qx_n - bx_n^2, \quad q, b > 0 \tag{10.4}$$

konnten wir mit den bisherigen Methoden die Gleichgewichte 0 und $\frac{q-1}{b}$ bestimmen, von denen das zweite nur für $q > 1$ biologisch relevant ist. Außerdem wissen wir nach nach 10.1.2, daß nur 0 und $\frac{q-1}{b}$ als Grenzwerte von konvergenten Populationsentwicklungen in Frage kommen. Zuerst wollen wir das Modell genauer analysieren. Es ist gekennzeichnet durch (s. Abb. 10.5)

1. die *quadratische Reproduktionsfunktion* $f(x) = qx - bx^2 = x(q - bx)$,
2. die *Nullstellen* 0 und $x_N = \frac{q}{b}$,
3. das *Maximum* $\frac{1}{4}\frac{q^2}{b}$ an der *Stelle* $x_{\text{Max}} = \frac{1}{2}\frac{q}{b}$ und
4. die *Fixpunkte* 0 und $x_* = \frac{q-1}{b}$.

Daraus ersieht man, daß für $x_n > \frac{q}{b}$ das nächste Glied $x_{n+1} = x_n(q - bx_n)$ negativ wird. Um ein biologisch für alle $x_0 > 0$ sinnvolles Modell zu bekommen, ändern wir die Reproduktionsfunktion folgendermaßen ab:

$$f(x) := \begin{cases} qx - bx^2 & \text{für } 0 \leq x \leq \frac{q}{b} \\ 0 & \text{für } x > \frac{q}{b} \end{cases} \tag{10.5}$$

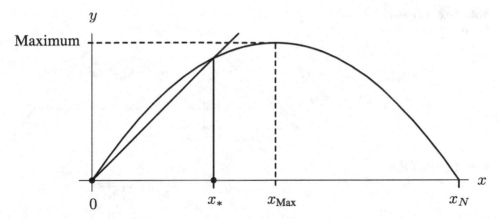

Abb. 10.5 Die Parabel $f(x) = q\,x - b\,x^2$

Wir werden jetzt das Stabilitätskriterium einsetzen. Als Ableitung erhalten wir:

$$f'(x) = q - 2bx \quad \text{für } 0 \leq x < \frac{q}{b}, \quad f'(0) = q\,, \quad f'\left(\frac{q-1}{b}\right) = q - 2b\left(\frac{q-1}{b}\right) = 2 - q$$

Wir können daher die obige Tabelle 10.3.2 über die Stabilität der Gleichgewichte folgendermaßen ergänzen:

10.4.1 Tabelle

$x_* = 0$	$f'(x_*) = q$	$0 < q < 1$	$0 < f'(x_*) < 1$	Lokal stabil
		$1 < q$	$f'(x_*) > 1$	Instabil
$x_* = \frac{q-1}{b}$	$f'(x_*) = 2 - q$	$1 < q < 2$	$0 < f'(x_*) < 1$	Lokal stabil
		$2 \leq q < 3$	$-1 < f'(x_*) \leq 0$	Lokal stabil
		$3 < q$	$f'(x_*) < -1$	Instabil

Die Bestimmung einer Entwicklung nach diesem Modell, wenn x_0 gegeben ist, geschieht nun am besten graphisch.

10.4.2 Der Fall: $1 < q < 2$

Für $1 < q < 2$ spielt sich jede Entwicklung mit $0 < x_0 < x_N$ im Laufe der Zeit auf das positive Gleichgewicht x_* ein, und zwar ab x_1 streng monoton steigend für $f(x_0) < f(x_*)$ wie in Abb. 10.6. Für $f(x_0) > f(x_*)$ ist die Entwicklung streng monoton abnehmend.

Abb. 10.6 Der Fall:
$1 < q < 2$

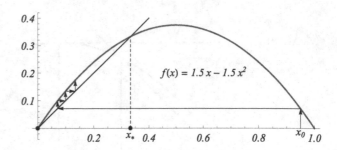

Abb. 10.7 Der Fall:
$2 \leq q < 3$

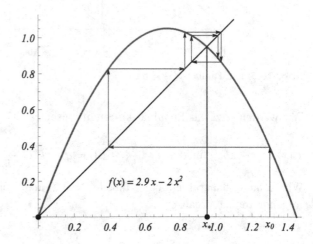

10.4.3 Der Fall: $2 \leq q < 3$

Für $2 \leq q < 3$ *pendelt* sich jede Entwicklung mit $0 < x_0 < x_N$ schließlich auf das positive Gleichgewicht x_* ein wie in Abb. 10.7.

10.4.4 Der Fall: $3 < q$

Für $3 < q$ ist das Gleichgewicht x_* instabil. In Abb. 10.8 ist gut ersichtlich, wie die Entwicklung, wenn sie dem Gleichgewicht nahe genug gekommen ist, wieder von x_* wegläuft. Vgl. die Charakterisierung von „instabil" in 10.3.3. Für $q > 3$ können auch periodische Entwicklungen auftreten. Außerdem ist dies eines der am meisten studierten Modelle für „chaotische" Entwicklungen.

Abb. 10.8 Der Fall: $3 < q$

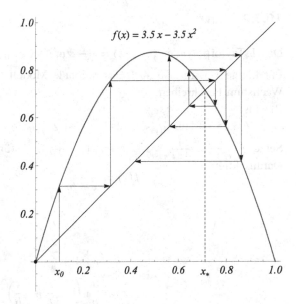

10.5 Beziehungen zwischen den Entwicklungsmodellen

Das lineare Entwicklungsmodell 6.2 erwies sich für das Langzeitverhalten einer Population als unrealistisch, weil nach ihm die Population exponentiell über alle Grenzen wächst. Jedoch für kleine Populationen (junger Wald, frisch angesetzte Zellkultur) stimmte es sehr gut mit den Beobachtungen überein. Hat man nun für kleine Populationen das lineare Modell und für große das Modell von Abschnitt 6.5 oder das logistische Modell zu verwenden?

Weil das Modell von 6.5 eine rationale Reproduktionsfunktion besitzt, wollen wir es das *rationale Modell* nennen.

Die Antwort auf obige Frage ist:

Auch für kleine Populationen kann beim logistischen bzw. beim rationalen Modell geblieben werden; denn ihre erste Näherung an der Stelle 0, also für kleine x ist ein lineares Modell wie in 6.2:

10.5.1 Satz

Das 1. Taylorpolynom von $f(x) = ax - bx^2$ zur Stelle $x_0 = 0$ ist $p_1(x) = ax$.

Das logistische Modell ist also für kleine x (näherungsweise) ein lineares und beschreibt exponentielles Wachstum.

10.5.2 Satz

Das 1. Taylorpolynom von $f(x) = \frac{ax}{x+b}$ zur Stelle $x_0 = 0$ ist $p_1(x) = \frac{a}{b}x$.

Für kleine x wird also auch das rationale Modell (näherungsweise) ein exponentielles Wachstum beschreiben.

Beweis:

Nach 6.3.15 ist für $|q| < 1$ $\frac{1}{1-q} = 1 + q + q^2 + \dots$ (geometrische Reihe)

Setze $q = -\frac{x}{b}$: $\frac{1}{1+\frac{x}{b}} = 1 - \frac{x}{b} + \left(\frac{x}{b}\right)^2 - + \dots$ für $\left|\frac{x}{b}\right| < 1$ d. h. $|x| < b$.

Daraus folgt:

$$f(x) = \frac{ax}{x+b}$$

$$= \frac{ax}{b(1 + \frac{x}{b})}$$

$$= \frac{a}{b}x \, \frac{1}{1 + \frac{x}{b}}$$

$$= \frac{a}{b}x \left(1 - \frac{x}{b} + \left(\frac{x}{b}\right)^2 - + \dots\right)$$

$$f(x) = \frac{ax}{x+b} = \frac{a}{b}x - \frac{a}{b^2}x^2 + \frac{a}{b^3}x^3 - + \dots \tag{10.6}$$

Dies ist die Taylorreihe von $\frac{ax}{x+b}$ zur Stelle $x_0 = 0$, und das 1. Taylorpolynom ist so, wie in 10.5.2 angegeben.

Außerdem ergibt sich hieraus folgende

10.5.3 Beziehung zwischen rationalem und logistischem Modell

Das 2. Taylorpolynom von $\frac{ax}{x+b}$ zur Stelle $x_0 = 0$ ist $p_2(x) = \frac{a}{b}x - \frac{a}{b^2}x^2$, d. h. für kleine x beschreibt das rationale Modell (näherungsweise) eine logistische Entwicklung:

$$x_{n+1} = qx_n - Bx_n^2 \quad \text{mit} \quad q = \frac{a}{b} \quad \text{und} \quad B = \frac{a}{b^2} \tag{10.7}$$

Da das logistische Modell durch innerspezifische Konkurrenz und durch die Einschränkung des freien Lebensraumes gestützt werden kann, sehen wir damit, dass auch das rationale Modell damit in Beziehung steht. Für große x ist das logistische Modell andererseits etwas problematisch für biologische Anwendung, weil $qx - Bx^2$ für große x negativ wird, was nur durch einen an sich willkürlichen Trick in Abschn. 10.4, Gl. (10.5) behoben wurde. Das spricht alles dafür, das rationale Modell bei kleinem wie bei großem x zu verwenden. Eine weitere Begründung hierfür wird sich bei der Behandlung kontinuierlicher Entwicklungen in Abschn. 12.3.7, Gl. (12.22) ergeben.

10.5.4 Zahlenbeispiel

Sei $x_0 = 0$ und $f(x) = \frac{2x}{x+1.5}$.

1. Taylorpolynom von f bei x_0: $p_1(x) = \frac{2}{1.5}\, x = \frac{4}{3}\, x$ nach 10.5.2

2. Taylorpolynom von f bei x_0: $p_2(x) = \frac{2}{1.5}\, x - \frac{2}{(1,5)^2}\, x^2 = \frac{4}{3}\, x - \frac{8}{9}\, x^2$

nach 10.5.3. (S. Abb. 9.6)

10.6 Ausgewählte Übungsaufgaben

10.6.1 Aufgabe

Das Modell $x_{n+1} = x_n e^{r\left(1-\frac{x_n}{K}\right)}$, $0 < r < 1$, $K > 0$ ist auf alle Gleichgewichte und deren lokalen Stabilitätscharakter zu untersuchen.

Integralrechnung

11

Überblick

Ausgehend von der anschaulichen Vorstellung eines Flächeninhaltes wird der Begriff des Integrales einer Funktion erklärt. Mit vielen Beispielen werden die Berechnung von Integralen und die Integrationsregeln eingeübt. Ein zentraler Punkt ist der Hauptsatz der Differenzial- und Integralrechnung, den wir auf elementare Weise mit dem Begriff der Geschwindigkeit erklären. Das Kapitel schließt mit uneigentlichen Integralen, die in der Statistik auftreten.

11.1 Integral und Flächeninhalt

Wir betrachten eine Funktion, die auf einem endlichen abgeschlossenen Intervall definiert ist:

$$f : [a, b] \longrightarrow \mathbb{R} \qquad (11.1)$$

11.1.1 Anschauliche Vorstellung bei positiver Funktion

Falls $f(x) \geq 0$ ist für alle $x \in [a, b]$, dann soll das Integral $I(f)$ von f der Inhalt F der Fläche sein, die zwischen Graph(f) und der x-Achse liegt (s. Abb. 11.1).

11.1.2 Allgemeinere anschauliche Vorstellung

Hat f auch negative Werte, so kann es sein, dass man eine Zerlegung von $[a, b]$ in Teilintervalle hat, in denen f sein Vorzeichen nicht wechselt.

© Springer Fachmedien Wiesbaden 2015
A. Riede, *Mathematik für Biowissenschaftler,*
DOI 10.1007/978-3-658-03687-4_11

Abb. 11.1 Integral als
Flächeninhalt bei $f(x) \geq 0$

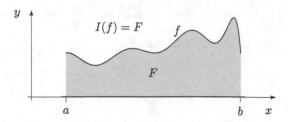

Abb. 11.2 Integral als
Differenz-Summe von
Flächeninhalten

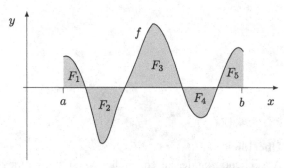

Dann betrachtet man über den Teilintervallen die Flächen zwischen Graph(f) und der
x-Achse und gibt den Inhalten von Flächen unter der x-Achse ein Minuszeichen, denjenigen oberhalb der x-Achse ein Pluszeichen und addiert die so mit Vorzeichen versehenen
Flächeninhalte auf. Diese Summe ist das Integral $I(f)$. So wie in der Abb. 11.2 erhalten
wir beispielsweise:

$$I(f) := F_1 - F_2 + F_3 - F_4 + F_5 \tag{11.2}$$

11.1.3 Frage

Wie wird ein Flächeninhalt aber überhaupt definiert? Wie rechnet man ihn aus?
Dies kann näherungsweise dadurch geschehen, dass man ihn durch endlich viele Rechtecke annähert, so dass die Summe der Rechteckinhalte etwa gleich $I(f)$ ist. Dabei wird
ein Inhalt eines unter der x-Achse liegenden Rechtecks ähnlich wie oben negativ gezählt.
Dazu zerlegen wir das Intervall $[a, b]$ in n gleichlange Teilintervalle der Länge

$$\Delta x := \frac{b - a}{n}, \ n \in \mathbb{N} \text{ mit den Teilpunkten } x_i := a + i \, \Delta x, \ i = 0, 1, 2, \ldots, n.$$

Dann werden die Rechtecke mit folgenden Eckpunkten betrachtet:

$$(x_{i-1}, 0), \ (x_{i-1}, f(x_i)), \ (x_i, f(x_i)), \ (x_i, 0) \tag{11.3}$$

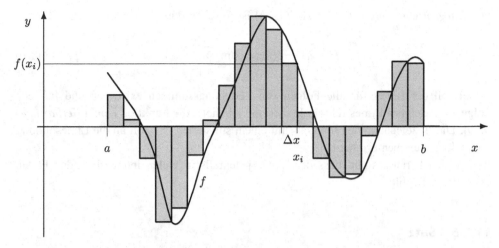

Abb. 11.3 Zerlegungssumme

Ein schon mit dem richtigen Vorzeichen versehener Rechteckinhalt ist dann gleich $f(x_i) \, \Delta \, x, \quad i = 1, 2, \ldots, n.$

Als Annäherung des Integrals durch eine Summe von mit Vorzeichen versehenen Rechteckinhalten bekommen wir Abb. 11.3:

$$I(f) \approx \sum_{i=1}^{n} f(x_i) \, \Delta \, x \tag{11.4}$$

Eine solche Summe wird eine *Zerlegungssumme* genannt. Für immer größeres n und damit immer kleiner werdendem Δx wird anschaulich die Approximation der Zerlegungssumme an das Integral immer besser. Daher liegt es nahe, als den Limes dieser Zerlegungssummen für $n \to \infty$ als das Integral von f anzusehen. $I(f) := \lim_{n \to \infty} \sum_{i=1}^{n} f(x_i) \, \Delta x$. Sehr nützlich ist ein etwas allgemeinerer Begriff von Zerlegungssumme, den wir später auch verwenden werden. Daher definieren wir:

11.1.4   Definition: Zerlegungssumme

Eine *Zerlegungssumme* ist eine Summe der Form

$$\sum_{i=1}^{n} f(c_i) \, \Delta \, x, \tag{11.5}$$

wobei die Stellen c_i irgendwie aus dem Intervall $[x_{i-1}, x_i]$ gewählt sind. Oben waren sie als $c_i = x_i$ gewählt. Manchmal ist es z. B. nützlich, die Mitten dieser Intervalle als c_i zu nehmen.

Das *Integral von f über das Intervall* $[a, b]$ ist gegeben durch:

$$\int_a^b f(x) \, dx = I(f) := \lim_{n \to \infty} \sum_{i=1}^n f(c_i) \, \Delta x \qquad (11.6)$$

Dabei soll der Limes für alle Folgen von Zerlegungssummen existieren und für jede Folge zum gleichen Limes führen. In diesem Falle heißt die Funktion f *integrierbar über* $[a, b]$. Die Bezeichnung des Integrals mit einem stilisierten „S" soll an die Limesbildung von solche Summen erinnern.

Es hat sich herausgestellt, dass der Limes jedenfalls in vielen interessierenden Fällen existiert, z. B. gilt:

11.1.5 Satz

Die stetigen und die monotonen Funktionen sind integrierbar.
Den Beweis übergehen wir.

11.2 Berechnung von Integralen durch Stammfunktionen

Für eine Funktion $G : [a, b] \longrightarrow \mathbb{R}$ auf einem abgeschlossenen endlichen Intervall $[a, b]$ greifen wir noch einmal auf die Gl. (9.1) aus Abschn. 9.1.2 zurück. Danach gilt für die mittlere Änderungsrate

$$\frac{G(b) - G(a)}{b - a} = \frac{1}{n} \sum_{i=1}^n \frac{G(x_i) - G(x_{i-1})}{\Delta x} \qquad (11.7)$$

Dabei ist

$$x_0 = a < x_1 < \cdots < x_{n-1} < x_n = b$$

eine Zerlegung von $[a, b]$ in gleichlange Teilintervalle der Länge $\Delta x = \frac{b-a}{n}$.
(Gegenüber Gl. (9.1) aus Abschn. 9.1 haben wir jetzt: G anstelle von f, $[a, b]$ anstelle von $[t_0, t]$, x_i anstelle von t_i und Δx anstelle von Δt.)
Falls G differenzierbar ist, erhalten wir aus dem Mittelwertsatz der Differenzialrechnung:

$$\frac{G(b) - G(a)}{b - a} = \frac{1}{n} \sum_{i=1}^n G'(c_i) \qquad \text{für geeignete } c_i \in \,]x_{i-1}, x_i[$$

$$\frac{G(b) - G(a)}{b - a} = \frac{1}{n} \sum_{i=1}^n f(c_i) \qquad G' = f \text{ gesetzt}$$

$$G(b) - G(a) = \sum_{i=1}^{n} f(c_i)\frac{b-a}{n}$$

$$G(b) - G(a) = \sum_{i=1}^{n} f(c_i)\Delta x \qquad \lim_{n\to\infty} \text{ bilden}$$

$$G(b) - G(a) = \int_{a}^{b} f(x)dx$$

Für die letzte Gleichung haben wir die Definition des Integrals wie in Gl. (11.6) aus Abschn. 11.1 benutzt. Damit wir den Limes bilden können, müssen wir voraussetzen, dass f eine integrierbare Funktion ist.

Dieses Ergebnis kann verwendet werden zur Berechnung von Integralen. Um dieses Verfahren zu formulieren, zunächst eine

11.2.1 Definition: Stammfunktion

Eine differenzierbare Funktion G heißt eine *Stammfunktion von f*, falls ihre Ableitung gleich f ist: $G' = f$

11.2.2 Hauptsatz der Differenzial- und Integralrechnung, 1. Version

f sei integrierbar und besitze eine Stammfunktion G. Dann berechnet sich das Integral nach der Formel:

$$\int_{a}^{b} f(x)\,dx = G(b) - G(a) =: G\Big|_{a}^{b} \tag{11.8}$$

$G\Big|_{a}^{b}$ ist nur als Abkürzung für $G(b) - G(a)$ anzusehen und wird gelesen als „G an den Grenzen a und b".

11.2.3 Bemerkungen zum Begriff „Stammfunktion"

a) In der Wahrscheinlichkeitsrechnung wird uns eine bestimmte Stammfunktion als Verteilungsfunktion wieder begegnen.
b) Ist G eine Stammfunktion von f, dann ist $G + c$ ebenfalls eine Stammfunktion von f für $c = $ konstant.
c) Sind G_1 und G_2 Stammfunktionen von f, dann gilt: $G_1 = G_2 + c$ für eine geeignete Konstante c.

Zu b): Dies liegt daran, dass eine additive Konstante beim Differenzieren herausfällt.
Zu c): $(G_1 - G_2)' = G_1' - G_2' = f - f = 0 \Rightarrow G_1 - G_2 = c$, c eine Konstante.

11.2.4 Beispiele

$$\int_1^2 \frac{1}{x}\, dx = \ln x \Big|_1^2 = \ln 2 - \ln 1 = \ln 2 \tag{11.9}$$

$$\int_a^b x^n dx = \frac{x^{n+1}}{n+1}\Big|_a^b = \frac{1}{n+1}\left(b^{n+1} - a^{n+1}\right) \tag{11.10}$$

$$\int_0^1 e^x\, dx = e^x \Big|_0^1 = e - 1 \tag{11.11}$$

$$\int_a^b e^{-\lambda x} dx = \frac{e^{-\lambda x}}{-\lambda}\Big|_a^b = \frac{1}{-\lambda}\left(e^{-\lambda b} - e^{-\lambda a}\right), 0 \neq \lambda = \text{konstant} \tag{11.12}$$

Um die hier benötigte Stammfunktion zu finden, muss man natürlich etwas „probieren". Systematischere Methoden, um Stammfunktionen zu gewinnen, werden wir in Abschn. 11.3 kennenlernen. Wir wollen hier wenigstens nachrechnen, dass $\frac{e^{-\lambda x}}{-\lambda}$ eine Stammfunktion von $e^{-\lambda x}$ ist:

$$\left(\frac{e^{-\lambda x}}{-\lambda}\right)' = \frac{1}{-\lambda}\left(e^{-\lambda x}\right)' = \frac{1}{-\lambda}\, e^{-\lambda x}\, (-\lambda) = e^{-\lambda x} \tag{11.13}$$

Diese Methode kann natürlich nur angewendet werden, wenn man vom Integranden eine Stammfunktion kennt. Es erhebt sich die

11.2.5 Frage

Wie berechnet man eine Stammfunktion?
Die erste Hälfte einer Antwort darauf gibt die zweite Version des Hauptsatzes. Kurz gefasst, besagt sie: Man erhält eine Stammfunktion durch Integrieren der Ausgangsfunktion. Die zweite Hälfte der Antwort besteht darin, die anstehenden Integrale auch konkret auszurechnen. Dies gelingt manchmal mit den Rechenregeln, die im folgenden Abschnitt besprochen werden.

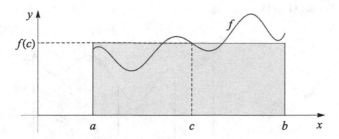

Abb. 11.4 Zum Mittelwertsatz der Integralrechnung

11.2.6 Hauptsatz, 2. Version

$f : [a, b] \longrightarrow \mathbb{R}$ stetig $\Rightarrow F(z) = \int_a^z f(x)\, dx$ ist eine Stammfunktion von f.
Dieser Satz leitet sich aus dem Mittelwertsatz der Integralrechnung ab, der auch sonst gut verwendet werden kann. Siehe Abb. 11.4.

11.2.7 Mittelwertsatz der Integralrechnung

f stetig $\Rightarrow \int_a^b f(x)\, dx = f(c)\, (b - a)$ für ein $c \in\,]a, b[$
Der Wert $f(c) = \frac{1}{(b-a)} \int_a^b f(x)\, dx$ ist der *Mittelwert von f im Intervall* $[a, b]$.

Die zweite Version des Hauptsatzes ergibt sich wie folgt:

$$F(z) - F(z_0) = \int_{z_0}^z f(x)\, dx \quad \text{(vgl. Abb. 11.5)} \tag{11.14}$$

$$F(z) - F(z_0) = f(c)\, (z - z_0) \quad \text{wegen des Mittelwertsatzes} \quad 11.2.7 \tag{11.15}$$

$$\frac{F(z) - F(z_0)}{z - z_0} = f(c) \quad \text{für} \quad z \to z_0 \quad \text{gilt} \quad c \to z_0 \tag{11.16}$$

$$\lim_{z \to z_0} \frac{F(z) - F(z_0)}{z - z_0} = \lim_{c \to z_0} f(c) \tag{11.17}$$

$$F'(z_0) = f(z_0) \tag{11.18}$$

Der Limes rechts existiert, weil f stetig, also auch links und beide sind gleich.
Abschließend bemerken wir, dass – schon wegen der verschiedenen Voraussetzungen – die beiden Versionen des Hauptsatzes nicht äquivalent zueinander sind. Jedoch hängen sie natürlich sehr eng miteinander zusammen.

Abb. 11.5 Zu Formel (11.14)

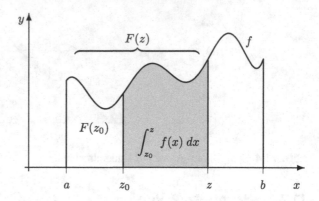

11.3 Integrationsregeln

Wie kann man zu einer Funktion f eine Stammfunktion F finden, z. B. $f(x) = \frac{1}{x}\ln x$ für $x > 0$, die bisher nicht als Ableitung einer anderen aufgetaucht ist?

Bei dieser Frage führt manchmal eine der in diesem Abschnitt besprochenen Regeln zum Ziel.

Aus der Definition des Integrals bekommt man den folgenden Satz. Eine formale Herleitung des Satzes übergehen wir.

11.3.1 Satz

Sind f und g integrierbar und ist c eine Konstante, dann sind auch $f + g$ und cf integrierbar. Für ihre Integrale gilt:

1. $\int_a^b (f(x) + g(x))\, dx = \int_a^b f(x)\, dx + \int_a^b g(x)\, dx$

2. $\int_a^b c f(x)\, dx = c \int_a^b f(x)\, dx$

Für stetig differenzierbare Funktionen $f, g : [a, b] \longrightarrow \mathbb{R}$ gilt die Produktregel der Differenziation (9.2.4):

$$(fg)' = f'g + fg' \qquad\qquad \Rightarrow$$

$$f'g = (fg)' - fg' \qquad\qquad \Rightarrow \text{(wegen 11.3.1)}$$

$$\int_a^b f'g\, dx = \int_a^b (fg)'\, dx - \int_a^b fg'\, dx \Rightarrow \text{(wegen 11.2.2)}$$

$$\int_a^b f'g\, dx = (fg)\Big|_a^b - \int_a^b fg'\, dx$$

Damit haben wir folgende Regel gefunden:

11.3.2 Regel der partiellen Integration (oder Produktintegration)

$f, g : [a, b] \longrightarrow \mathbb{R}$ stetig differenzierbar $\Rightarrow \int_a^b f'g \, dx = (fg)\Big|_a^b - \int_a^b fg' \, dx$

11.3.3 Beispiel

$$\int_1^e \frac{1}{x} \ln x \, dx = \ln x \ \ln x \Big|_1^e - \int_1^e \ln x \ \frac{1}{x} \, dx \qquad (11.19)$$

$$2 \int_1^e \frac{1}{x} \ln x \, dx = \ln^2 x \Big|_1^e \qquad (11.20)$$

$$\int_1^e \frac{1}{x} \ln x \, dx = \frac{1}{2} \ln^2 x \Big|_1^e = \frac{1}{2}(1-0) = \frac{1}{2} \qquad (11.21)$$

11.3.4 Definition: Unbestimmtes Integral

Eine Stammfunktion von f nennt man auch ein *unbestimmtes Integral von f* und bezeichnet Stammfunktion bzw. unbestimmtes Integral mit

$$\int f(x) \, dx.$$

Der Name rührt daher, dass eine Stammfunktion eben nur bis auf eine additive Konstante bestimmt, also zum Teil noch unbestimmt ist.

11.3.5 Produktregel für unbestimmtes Integral

$$\int f'g \, dx = (fg) - \int fg' \, dx$$

11.3.6 Beispiel

Sei λ eine positive Konstante.

$$\int \underbrace{\lambda \, e^{-\lambda x}}_{f'} \ \underbrace{x}_{g} \, dx = -e^{-\lambda x} x + \int e^{-\lambda x} dx \qquad \text{nach 11.3.5}$$

$$= -e^{-\lambda x} x - \frac{1}{\lambda} e^{-\lambda x} \qquad \text{nach (11.12)}$$

$$= -(x + \frac{1}{\lambda}) \ e^{-\lambda x}$$

11.3.7 Beispiel

$$\int \underbrace{\lambda e^{-\lambda x}}_{f'} \underbrace{\left(x - \frac{1}{\lambda}\right)^2}_{g}\, dx \;=\; -e^{-\lambda x}\left(x - \frac{1}{\lambda}\right)^2 + \int e^{-\lambda x}\, 2\left(x - \frac{1}{\lambda}\right)\, dx$$

$$= \; -e^{-\lambda x}\left(x - \frac{1}{\lambda}\right)^2 + \frac{2}{\lambda}\int \lambda e^{-\lambda x}\, x\, dx \;-\; \frac{2}{\lambda}\int e^{-\lambda x}\, dx$$

$$= \; -e^{-\lambda x}\left(x - \frac{1}{\lambda}\right)^2 - \left(\frac{2x}{\lambda} + \frac{2}{\lambda^2}\right) e^{-\lambda x} \;+\; \frac{2}{\lambda^2} e^{-\lambda x}$$

$$= \; -e^{-\lambda x}\left(x - \frac{1}{\lambda}\right)^2 - \frac{2x}{\lambda} e^{-\lambda x}$$

$$= \; -e^{-\lambda x}\left[\left(x - \frac{1}{\lambda}\right)^2 + \frac{2x}{\lambda}\right] = e^{-\lambda x}\left[x^2 + \frac{1}{\lambda^2}\right]$$

Eine weitere Methode, um Stammfunktionen zu finden, basiert auf der

11.3.8 Variablen-Substitution

Wenn eine Stammfunktion einer Funktion $f(x)$ gesucht ist, dann kann man versuchen, für x eine andere Variable u zu *substituieren*; das bedeutet, eine stetig differenzierbare und umkehrbare Funktion $x(u)$ zu wählen und die Funktion $f(x(u))\, x'(u)$ zu betrachten. Die Umkehrfunktion von $x(u)$ bezeichnen wir mit $u(x)$. Diese Funktion sieht theoretisch zunächst komplizierter aus. Der Faktor $x'(u)$ wird jedoch aus gutem Grunde angebracht; denn, wenn man jetzt

$$g(u) = \int f(x(u))\, x'(u)\, du$$

bildet und in $g(u)$ setzt $u = u(x)$, so bekommt man eine Stammfunktion $F(x) = g(u(x))$ von $f(x)$. Davon können wir uns sofort überzeugen:

$$
\begin{aligned}
F'(x) &= g'(u(x))\, u'(x) && \text{nach der Kettenregel} \\
&= f\big(x(u(x))\big)\, x'(u)\, u'(x) && \text{weil } g(u) \text{ Stammfunktion von } f(x(u))x'(u) \text{ ist} \\
&= f(x)\, x'(u)\, \frac{1}{x'(u)} && \text{nach 9.2.11} \\
&= f(x)
\end{aligned}
$$

Das Verfahren führt dann zum Erfolg, wenn man eine Substitution findet, bei der eine Stammfunktion zu $f(x(u))\, x'(u)$ bereits bekannt ist. Häufig enthält $f(x)$ einen Ausdruck in x, den man als $u(x)$ nehmen kann. Die Substitutionsregel kann kurz so formuliert werden:

11.3.9 Substitutionsregel

Sei $f(x)$ stetig und $x(u)$ stetig differenzierbar und umkehrbar mit Umkehrfunktion $u(x)$. Dann gilt:

$$\int f(x)dx = \left[\int f(x(u))\,x'(u)\,du\right]_{u=u(x)}$$

$[]_{u=u(x)}$ bedeutet, dass für u in der eckigen Klammer $u(x)$ einzusetzen ist.

11.3.10 Beispiel

$$\int e^{\lambda x}dx = \int \underbrace{e^u}_{f(u)}\ \underbrace{\frac{1}{\lambda}}_{x'(u)}\ du = \frac{1}{\lambda}\int e^u du = \left[\frac{1}{\lambda}e^u\right]_{u=\lambda x} = \frac{1}{\lambda}e^{\lambda x}$$

$$u := \lambda x$$
$$\Rightarrow x = \frac{1}{\lambda}u$$
$$x' = \frac{1}{\lambda}$$

11.3.11 Zwischenergebnis

$a^x = e^{\ln(a)x}$ ist von der Form $e^{\lambda x}$ für $\lambda = \ln(a)$. Daher gilt:

$$\int a^x\,dx = \frac{1}{\ln(a)}e^{\ln(a)x} = \frac{1}{\ln(a)}a^x$$

11.3.12 Beispiel

$$\int\sqrt{1+\frac{9}{4}x}\,dx = \int\sqrt{u}\,\frac{4}{9}\,du = \frac{4}{9}\int u^{1/2}\,du = \left[\frac{4}{9}\frac{2}{3}u^{\frac{3}{2}}\right]_{u=1+\frac{9}{4}x} = \frac{8}{27}\left(1+\frac{9}{4}x\right)^{\frac{3}{2}}$$

$$u = 1+\frac{9}{4}x$$
$$x = \frac{4}{9}u - \frac{4}{9}$$
$$x' = \frac{4}{9}$$

11.3.13 Beispiel

$$\int \frac{2x\,e^{\frac{1}{1+x^2}}}{(1+x^2)^2}\,dx = \int \frac{2\sqrt{\frac{1}{u}-1}\,e^u}{\frac{1}{u^2}}\,\frac{(-1)}{2\sqrt{\frac{1}{u}-1}\,u^2}\,du = -\int e^u\,du = \left[-e^u\right] = -e^{\frac{1}{1+x^2}}$$

$$u := \frac{1}{1+x^2} \quad \text{für } x > 0 \text{ umkehrbar} \Rightarrow x = \sqrt{\frac{1}{u}-1} \Rightarrow x' = \frac{-1}{2\sqrt{\frac{1}{u}-1}\,u^2}$$

11.3.14 Beispiel

Dieses Beispiel wird in der Statistik eine wichtige Rolle spielen (s. 14.7).

$$\int_{-\infty}^{b} \frac{1}{\sqrt{2\pi}\,\sigma}\,\exp\left(-\frac{1}{2}\left(\frac{(x-\mu)}{\sigma}\right)^2\right)\,dx = \int_{-\infty}^{(b-\mu)/\sigma} \frac{1}{\sqrt{2\pi}}\,\exp\left(-\frac{1}{2}u^2\right)\,du$$

$$u = \frac{x-\mu}{\sigma}, \quad x = \sigma\,u + \mu, \quad \frac{dx}{du} = \sigma$$

Hierbei haben wir die Substitutionsregel auf ein sogenanntes *uneigentliches* Integral angewandt, was hier (aber nicht allgemein) erlaubt ist. Uneigentliche Integrale sind das Thema des nächsten Abschnittes. Die Substitution hat hier nicht zu einer expliziten Formel für eine Stammfunktion geführt. Ihr Sinn liegt darin, dass der Integrant links auf den standardisierten Fall $\mu = 0$ und $\sigma = 1$ zurückgeführt wurde. μ und σ gehen auf der rechten Seite in die Integrationsgrenzen ein.

11.4 Uneigentliche Integrale

11.4.1 Definition

Wir betrachten eine Funktion $f : \,]A,b] \to \mathbb{R}$ mit $A \in \mathbb{R}$ oder $A = -\infty, A < b$, derart, dass f integrierbar ist auf $[a,b]$ für alle $a \in \,]A,b]$. Dann wird, falls der Limes existiert, definiert (s. Abb. 11.6 α):

$$\int_A^b f(x)dx := \lim_{a \to A} \int_a^b f(x)dx \tag{11.22}$$

Sei $f : [a,B[\to \mathbb{R}$, $B \in \mathbb{R}$ oder $B = \infty$, $a < B$, f integrierbar über $[a,b]$ für alle $b \in [a,B[$. Dann wird, falls der Limes existiert, definiert (s. Abb. 11.6 β):

$$\int_a^B f(x)dx := \lim_{b \to B} \int_a^b f(x)dx \tag{11.23}$$

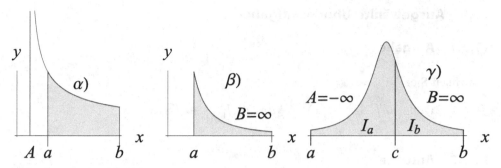

Abb. 11.6 Veranschaulichung im Falle $f(x) \geq 0$

D. h. $I = \int_a^B f(x)dx$ ist definiert durch $I := \lim\limits_{b \to B} I_b$ mit $I_b = \int_a^b f(x)dx$.

Sei $f : \,]A, B[\to \mathbb{R}$, $A, B \in \mathbb{R}$ oder $A = -\infty$ bzw. $B = \infty$, f integrierbar auf jedem Teilintervall $[a, b] \subset \,]A, B[$, $c \in \,]A, B[$. Falls die Limites in $\mathbb{R}$ existieren, wird definiert (s. Abb. 11.6 γ):

$$\int_A^B f(x)dx := \lim_{a \to A} \int_a^c f(x)dx + \lim_{b \to B} \int_c^b f(x)dx \qquad (11.24)$$

Dabei kommt es auf die Wahl von c nicht an!

D. h. $I = \int_A^B f(x)dx$ ist definiert durch $I := \lim\limits_{a \to A} I_a + \lim\limits_{b \to B} I_b$ mit

$I_a = \int_a^c f(x)dx$ und $I_b = \int_c^b f(x)dx$.

11.4.2 Uneigentliche Integrale aus der Statistik

In der Statistik treten folgende uneigentliche Integrale auf:

$$\text{Sei} \quad f(x) := \begin{cases} 0 & \text{für } x < 0 \\ \lambda \, e^{-\lambda x} & \text{für } x \geq 0, \text{ wobei } \lambda > 0 \text{ konstant ist.} \end{cases} \qquad (11.25)$$

$$\int_{-\infty}^{\infty} f(x)\, dx = 1 \qquad (11.26)$$

$$\int_{-\infty}^{\infty} f(x)\, x \, dx = \frac{1}{\lambda} \qquad (11.27)$$

$$\int_{-\infty}^{\infty} f(x) \left(x - \frac{1}{\lambda} \right)^2 dx = \frac{1}{\lambda^2} \qquad (11.28)$$

11.5   Ausgewählte Übungsaufgaben

11.5.1   Aufgabe

Berechnen Sie:

a) $\int_1^2 2x^5 dx$ b) $\int_0^1 4e^{2x} dx$ c) $\int_1^2 \frac{1}{x^2} dx$ d) $\int_1^2 \left(\frac{1}{x} + \sqrt{x}\right) dx$

11.5.2   Aufgabe

Ein Waldschädling einer bestimmten Art vertilge pro Tag 3 cm^2 Blätter. Wenn wir einmal annehmen, dass er Tag und Nacht gleichmäßig frisst, so hat er eine momentane Vertilgungsrate von 3 cm^2/Tag.

Ist $x(t)$ die Größe der Population zur Zeit t (in Tagen), wie groß ist dann die momentane Vertilgungsrate der ganzen Population zur Zeit t?

Nehmen wir an, dass die Population exponentiell wächst $x(t) = x_0 \, e^{\lambda t}$, $\quad \lambda > 0$ konstant, derart, dass sie sich an einem Tag verdoppelt. An einem bestimmten Tag seien 100 Schädlinge gezählt worden. Wieviel Blattfläche wird in den folgenden vier Wochen von der Population gefressen worden sein?

11.5.3   Aufgabe

Untersuchen Sie, welche uneigentliche Integrale definiert sind, und berechnen Sie sie gegebenenfalls.

a1) $\int_0^1 \frac{1}{x} dx$,   a2) $\int_1^\infty \frac{1}{x} dx$,   a3) $\int_0^\infty \frac{1}{x} dx$

b1) $\int_0^1 \frac{1}{x^2} dx$,   b2) $\int_1^\infty \frac{1}{x^2} dx$,   b3) $\int_0^\infty \frac{1}{x^2} dx$

c1) $\int_0^1 \frac{1}{\sqrt{x}} dx$,   c2) $\int_1^\infty \frac{1}{\sqrt{x}} dx$,   c3) $\int_0^\infty \frac{1}{\sqrt{x}} dx$

Kontinuierliche Entwicklungsprozesse

12

Überblick

Hier geht es darum, wie man zeitliche Entwicklungsprozesse aus einem nicht mathematischen Bereich quantitativ durch eine Differenzialgleichung erfassen oder, wie man auch sagt, modellieren kann, wobei mit kontinuierlicher Zeit gerechnet wird. Auf eine abstrakte Begriffsbildung wird verzichtet. Stattdessen wird die Modellierung und das Lösen der Modellgleichung an vier Beispielen erläutert.

12.1 Exponentieller Prozess

12.1.1 Exponentielle Funktionen

In Abschn. 9.3 hatten wir das gleichmäßige kontinuierliche Wachstum durch eine Differenzialgleichung modelliert, nämlich die folgende:

$$x'(t) = p \cdot x(t) \tag{12.1}$$

Nach 8.1.7 sind die Funktionen

$$x(t) = a\,e^{pt} \quad \text{mit einer beliebigen Konstanten} \quad a \tag{12.2}$$

Lösungen von (12.1). Die Konstante a ist hat die Bedeutung $a = x(0) =: x_0$. Bei den Funktionen $x(t) = a\,e^{p(t-t_0)}$ ist $a = x(t_0)$ und sie sind ebenso Lösungen der Differenzialgleichung (12.1). Denn $a\,e^{p(t-t_0)} = a\,e^{pt-pt_0} = a\,e^{-pt_0}e^p t = b\,e^{pt}$ mit der Konstanten $b = a\,e^{-pt_0}$. Sie sind also wiederum von der Form (12.2); statt der Konstanten a steht jetzt die Konstante b da. Solche Funktionen nennen wir, falls a nicht 0 ist, *exponentielle*

© Springer Fachmedien Wiesbaden 2015
A. Riede, *Mathematik für Biowissenschaftler,*
DOI 10.1007/978-3-658-03687-4_12

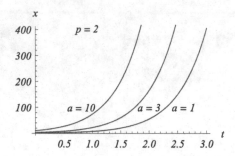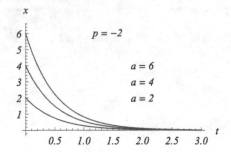

Abb. 12.1 Exponentielle Funktionen

Funktionen. Mit ihnen verhält es sich ähnlich wie mit dem Begriff einer sinusförmigen Funktion in Abschnitt 15.5. Nach Einführung neuer Einheiten auf der t- und x-Achse und einer Verschiebung des Nullpunktes auf der t-Achse gehen sie über in die Exponentialfunktion zur Basis e. $x_0 = x(t_0) = a$ heißt *Anfangswert*. Ab jetzt betrachten wir der Einfachheit halber wieder den Fall $t_0 = 0$.

12.1.2 Satz über die Eindeutigkeit einer Lösung

Bei gegebenem x_0 ist $x_0 \, e^{pt}$ die einzige Funktion mit $x(0) = x_0$, die (12.1) erfüllt, also die einzige *Lösung* der Differenzialgleichung (12.1) zu gegebenem Anfangswert x_0.

Damit stellen die exponentiellen Funktionen und die Nullfunktion alle Lösungen der Differenzialgleichung (12.1) dar. Deswegen heißt jeder Prozess, der durch eine Differenzialgleichung der Art (12.1) beschrieben wird, ein exponentieller Prozess (Abb. 12.1). Hat $x(t)$ z. B. die Bedeutung einer Populationsgröße, so macht nur $x(t) \geq 0$ einen Sinn. Für eine Funktion wie in Gl. (12.2) gilt:

$$x_0 \begin{cases} > 0 \\ = 0 \\ < 0 \end{cases} \Leftrightarrow \quad \text{für alle } t \text{ ist} \quad x(t) \begin{cases} > 0 \\ = 0 \\ < 0 \end{cases} \tag{12.3}$$

Für $x(t) = 1$ wird $x'(t) = p$. p ist also die momentane Zuwachsrate einer Einheit der Zustandsgröße x. Um einen Namen für p zu haben, nennen wir p *die momentane spezifische Wachstumsrate*.

12.1.3 Übergang zum zugehörigen diskreten Prozess

Sei die Zeiteinheit ein Jahr. Wir betrachten nun den kontinuierlichen exponentiellen Prozess einmal nur zu den diskreten Zeiten $t = j = 0, 1, 2, \ldots$:

$$x(j) = (e^p)^j x_0 \qquad (12.4)$$

Dieser diskrete Prozess genügt der Differenzengleichung (vgl. 6.2)

$$x(j + 1) = e^p x(j) \qquad (12.5)$$

Denn $x(j + 1) = (e^p)^{j+1} x_0 = (e^p)^j (e^p)^1 x_0 = e^p (e^p)^j x_0 = e^p x(j)$. Wir nennen diesen Prozess den *zum betrachteten kontinuierlichen Prozess gehörigen diskreten Prozess*.

Da $1 + x$ das erste Taylorpolynom (die Tangente) von e^x zur Stelle 0 ist (vgl. 9.6), folgt

$$e^p \approx 1 + p \text{ für kleines } p \qquad (12.6)$$

Für den Fall eines kleinen p, der in der Praxis oft vorliegt, können wir in Gl. (12.5) e^p durch $1 + p$ ersetzen und erhalten:

$$x(j + 1) = (1 + p) x(j), \text{ oder } x(j + 1) - x(j) = p x(j) \qquad (12.7)$$

Wir fassen das Ergebnis in folgendem Satz:

12.1.4 Satz

Der zu einem kontinuierlichen exponentiellen Prozess gehörige diskrete Prozess ist der diskrete exponentielle Prozess mit der linearen Modellgleichung (12.5) bzw. (12.7). Wegen (12.6) stimmen für kleines p die jährliche Zuwachsrate p des diskreten Prozesses (12.7) und die momentane, spezifische Zuwachsrate des kontinuierlichen Prozesses e^p praktisch überein.

12.2 Exponentieller Abbau bei konstanter Zufuhr

Das Modell des vorigen Abschnittes findet Anwendung bei Abbauprozessen von Giftstoffen oder eines Medikamentes im Körper. In diesem Abschnitt wollen wir zusätzlich modellieren, dass eine konstante momentane Rate d zugeführt wird. Im kontinuierlichen Fall wird dies beschrieben durch die Differenzialgleichung:

$$x' = p x + d, \ d > 0, p < 0 \qquad (12.8)$$

Dann ist

$$x(t) = -\frac{d}{p} \qquad (12.9)$$

der einzige konstante Zustand, das einzige *Gleichgewicht*. Die Differenzialgleichung

$$x' = p\,x \qquad (12.10)$$

heißt zu (12.8) gehörige *homogene* Differenzialgleichung. Ihre Lösungen sind nach 12.1 bekannt. Sie sind alle von der Form $a\,e^{pt}$ mit einer beliebigen Konstanten a. Aus ihnen erhalten wir die Lösungen von (12.8) gemäß folgendem Satz.

12.2.1 Satz

Addieren wir zu jeder Lösung von (12.10), $a\,e^{pt}$, die konstante Lösung $-\frac{d}{p}$, so bekommen wir alle Lösungen von (12.8):

$$x(t) = a\,e^{pt} - \frac{d}{p}, \;\; a \in \mathbb{R} \qquad (12.11)$$

Um uns mit dem Begriff einer Lösung einer Differentialgleichung vertraut zu machen, wollen wir nachrechnen, dass die Funktionen in (12.11) tatsächlich Lösungen von (12.8) sind.
Für $x(t) = a\,e^{pt} - d/p$ ergibt die linke Seite der Differenzialgleichung (12.8):
$x'(t) = p\,a\,e^{pt}$.
Die rechte Seite wird: $p\,x(t) + d = p\left(a\,e^{pt} - d/p\right) + d = p\,a\,e^{pt} - d + d = p\,a\,e^{pt}$.
Rechte und linke Seite stimmen also überein.
Der Anfangswert von (12.11) ist:

$$x_0 = x(0) = a - \frac{d}{p} \qquad (12.12)$$

Da bei einem Abnahmeprozess $p < 0$ ist, gilt $\lim_{t\to\infty} e^{pt} = 0$ und folglich

$$\lim_{t\to\infty} x(t) = -\frac{d}{p} \qquad (12.13)$$

Dafür sagt man, $-d/p$ ist ein *asymptotisch stabiles* Gleichgewicht. (12.13) ist für jede Lösung $x(t)$ von Gl. (12.8) sogar ein „monotoner" Limes (s. Abb. 12.2).

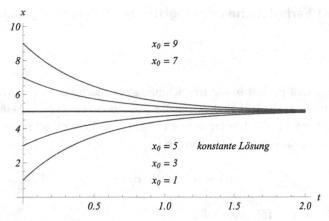

Abb. 12.2 Lösungen von $x' = -2\,x + 10$

12.3 Logistisches Modell und begrenztes Wachstum

Durch innerspezifische Konkurrenz, Begrenzung des Lebensraumes etc. ist in biologischen Systemen das Wachstum begrenzt. Dies haben wir in Abschn. 6.6 modelliert durch die Differenzengleichung 6.6.5:

$$x_{n+1} = ax_n - bx_n^2, \quad a > 1, b > 0 \tag{12.14}$$

$$\Rightarrow \quad x_{n+1} = (1+p)x_n - bx_n^2, \quad \text{mit } p := a - 1 > 0$$

$$\Rightarrow \quad \Delta x = x_{n+1} - x_n = px_n - bx_n^2$$

Dabei hatten wir $\Delta t = 1$ angenommen. Es ist nun naheliegend, bei beliebigem $\Delta t > 0$ für den Zuwachs Δx das Δt-fache anzusetzen:

$$\Delta x = (px_n - bx_n^2)\Delta t$$

$$\frac{\Delta x}{\Delta t} = px_n - bx_n^2$$

Dabei sind p und b nicht mehr konstant, sondern hängen von Δt ab, sind Funktionen von Δt, $p = p(\Delta t)$ und $b = b(\Delta t)$. Nehmen wir einmal an, dass wir hier den Grenzübergang $\Delta t \to 0$ bilden dürfen, wobei die Funktionen $p(\Delta t)$ und $b = b(\Delta t)$ gegen Konstante p_* und b_* konvergieren. Dann erhalten wir ein kontinuierliches Modell, nämlich die

12.3.1   Pearl-Verhulstsche oder logistische Differenzialgleichung

$$x' = px - bx^2 \tag{12.15}$$

Dabei haben wir statt p_* und b_* die Bezeichnungen p und b verwendet. Dies sind dann andere p und b als oben. Während es für die Lösungen von (12.14) keinen einfachen Ausdruck gibt, kann für die Lösungen von (12.15) eine Formel gefunden werden. Wir suchen zunächst Lösungen $x(t) \neq 0$. Dazu sei

$$y(t) = \frac{1}{x(t)} \quad \text{für } x(t) \neq 0 \tag{12.16}$$

Ist $x(t)$ Lösung von (12.15), dann folgt:
$y(t)$ ist Lösung der aus Abschn. 12.2, (12.8) bekannten Differenzialgleichung:

$$y'(t) = -p\,y(t) + b \tag{12.17}$$

Denn es ergibt sich:

$$y'(t) = \frac{-x'(t)}{(x(t))^2} = \frac{-px(t) + b(x(t))^2}{(x(t))^2} = -p\frac{1}{x(t)} + b = -p\,y(t) + b$$

Wenn $y(t)$ eine Lösung von (12.17) ist, so kann man genau entsprechend einsehen, dass $x(t) := \frac{1}{y(t)}$ für $y(t) \neq 0$ eine Lösung von (12.15) ist.
Dabei ist gegenüber 12.2 $-p$ anstelle von p getreten, wofür die Ergebnisse von 12.2 ebenfalls gelten. Außer der Lösung $y(t) = 0$ für alle t haben alle Lösungen von (12.17) die Form

$$y(t) \;=\; ae^{-pt} - \frac{b}{-p} \;=\; ae^{-pt} + \frac{b}{p} \quad \text{für } a \in \mathbb{R}$$

$$\Rightarrow \quad x(t) \;=\; \frac{1}{y(t)} \;=\; \frac{1}{ae^{-pt} + \frac{b}{p}}$$

$$= \frac{p/b}{(p/b)ae^{-pt} + 1}$$

$$= \frac{K}{De^{-pt} + 1}$$

Am Schluss haben wir zur Abkürzung gesetzt:

$$K := p/b, \; D := (p/b)a \tag{12.18}$$

Außerdem haben wir noch die Nullfunktion, $x(t) = 0$ für alle t als Lösung. Wir fassen zusammen:

12.3.2 Satz

1. Die Funktionen der Form

$$x(t) = \frac{K}{De^{-pt} + 1} \quad \text{mit } D \in \mathbb{R} \quad \text{und } De^{-pt} + 1 \neq 0 \tag{12.19}$$

sind zusammen mit der Nullfunktion alle Lösungen der logistischen Differentialgleichung 12.15.

2. Sind reelle Zahlen $x_0 \in \mathbb{R}$ und $t_0 \in \mathbb{R}$ gegeben, so gibt es genau eine Lösung $x(t)$ mit $x(t_0) = x_0$, nämlich für $x_0 \neq 0$ diejenige mit $D = \left(\frac{K}{x_0} - 1\right) e^{pt_0}$.

$$
\begin{aligned}
\text{Beweis der letzten Behauptung:} \quad \frac{K}{De^{-pt_0}+1} &= x_0 &&\Leftrightarrow \\
\frac{De^{-pt_0}+1}{K} &= \frac{1}{x_0} &&\Leftrightarrow \\
De^{-pt_0} + 1 &= \frac{K}{x_0} &&\Leftrightarrow \\
D &= \left(\frac{K}{x_0} - 1\right) e^{pt_0}
\end{aligned}
$$

12.3.3 Bemerkung zum Begriff einer Lösung

An dieser Stelle ist es angezeigt, ein weiteres Detail zum Begriff einer Lösung anzugeben:

Per Definition soll eine Lösung einer Differenzialgleichung immer eine Funktion $x : I \to \mathbb{R}$ sein, die ein Intervall I als Ausgangsbereich hat. Dabei sei I außerdem immer das maximale Intervall, das man erreichen kann. Es ist ein Satz der Theorie der Differenzialgleichungen, dass in den von uns betrachteten Beispielen I dann immer ein offenes Intervall ist. Wir bezeichnen seine Grenzen mit t_- und t_+, so dass also $I =]t_-, t_+[$ ist. Die Grenzen t_- und t_+ hängen von der gerade betrachteten Lösung ab.

Die logistische Differenzialgleichung hat daher die folgenden

12.3.4 Lösungstypen

1. $x(t) = 0$ für $-\infty < t < \infty$

2. $x(t) = \frac{K}{1 + De^{-pt}}$ mit $D > 0$ für $-\infty < t < \infty$

3. $x(t) = K$ für $-\infty < t < \infty$

4. $x(t) = \frac{K}{1 + De^{-pt}}$ mit $D < 0$ für $\hat{t} < t < \infty$, wobei $\hat{t} := \frac{\ln(-D)}{p}$

5. $x(t) = \frac{K}{1 + De^{-pt}}$ mit $D < 0$ für $-\infty < t < \hat{t}$

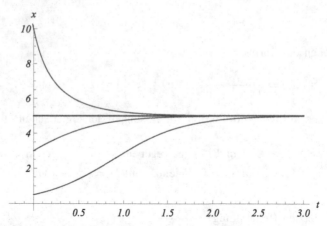

Abb. 12.3 Lösungen von $x' = 2,5\,x - 0,5\,x^2$

Für $D < 0$ ist $\hat{t}$ die Nullstelle des Nenners von (12.19), und es gilt:

$$\hat{t} < t \quad \Leftrightarrow \quad 1 + D\,e^{-pt} > 0 \quad \Leftrightarrow \quad x(t) > 0$$

Der fünfte Typ von Lösungen hat keine biologische Bedeutung, da, wie man nachrechnen kann, $x(t)$ negativ wird. Daher gilt für alle Lösungstypen außer dem ersten und fünften:

$$\lim_{t\to\infty} x(t) = K \text{ und der Limes ist monoton.}$$

In Abb. 12.3 sieht man, wie sich die Lösungen im Laufe der Zeit auf die konstante Lösung einspielen. In der Abb. 12.3 ist $K = 5$ und es sind die Lösungen zu den Anfangswerten $x(0) = 1/2,\ 3$ und 10 eingezeichnet.

D. h. K ist ein *asymptotisch stabiles Gleichgewicht*. K heißt die *Kapazität* oder *Tragfähigkeit* des Lebensraumes für die Population.

Wir wollen noch festhalten, dass 0 und K die einzigen Gleichgewichte sind.

12.3.5 Wendepunkte

Die Lösungen des zweiten Typs haben alle einen Wendepunkt bei $x = \frac{1}{2}K$.
Denn für $x' \neq 0$ folgt aus 12.15 (vgl. Abb. 12.3):

$$x'' = 0 \quad \Leftrightarrow \quad p\,x' - 2\,b\,x\,x' = 0 \quad \Leftrightarrow \quad p - 2\,b\,x = 0 \quad \Leftrightarrow \quad x = \frac{1}{2}\frac{p}{b} = \frac{1}{2}K$$

12.3.6 Biologische Interpretation des Wendepunkts

Vor dem Wendepunkt steigt die momentane Wachstumsrate ständig an, dagegen nimmt die Wachstumsrate nach dem Wendepunkt ständig ab. Dies kann man bei einer Populationsentwicklung ansehen als eine *Wende in der Vitalität* der Population.

Die logistische Differenzialgleichung kann auf zwei Arten so umgeschrieben werden, dass bereits die Kapazität K ersichtlich ist.

$$1.\ \text{Art:}\ x' = p\,x\left(\frac{K-x}{K}\right) \tag{12.20}$$

Denn: $x' = p\,x - b\,x^2 = p\,x\left(1 - \frac{b}{p}x\right) = p\,x\left(1 - \frac{x}{K}\right) = p\,x\left(\frac{K-x}{K}\right)$

$$2.\ \text{Art:}\ x' = b\,x\,(K-x) \tag{12.21}$$

Denn: $x' = p\,x - b\,x^2 = b\,x\left(\frac{p}{b} - x\right) = b\,x\,(K-x)$

12.3.7 Übergang zum zugehörigen diskreten Prozess

Wir können einen kontinuierlichen logistischen Prozess zu den diskreten Zeitpunkten $j = 0, 1, 2, \ldots$ betrachten und erhalten einen diskreten Entwicklungsprozess. Dieser gehorcht jedoch nicht, wie man denken könnte, einem diskreten logistischen Gesetz, sondern einem rationalen Gesetz, nämlich:

$$x_{j+1} = \frac{A x_j}{x_j + B} \quad \text{mit}\quad A = \frac{K\,e^p}{e^p - 1} \quad \text{und}\quad B = K\,\frac{1}{e^p - 1} \tag{12.22}$$

Für kleines p können die Formeln durch einfachere approximiert werden, wenn wir $e^p = 1 + p$ setzen. Dann folgt: $A = K\frac{1+p}{p}, B = \frac{K}{p}$

Da das rationale Modell (12.22) auf dem logistischen Gesetz beruht, modelliert es wie das logistische Modell innerspezifische Konkurrenz und Beschränkung des freien Lebensraumes.

12.4 Ein Zwei-Gruppen-Modell für Epidemien

Epidemien stellen einen stochastischen Prozess dar, einen, der dem Zufall unterworfen ist. Jedoch für „einfache" Epidemien ist folgendes deterministische Modell brauchbar und liefert ein Ergebnis, das den Begriff des stabilen Gleichgewichts noch einmal an einem praktischen Beispiel erläutert. Das Modell betrifft Epidemien vom Typ $S \to I \to S$, bei dem die Bevölkerung in zwei Gruppen aufgeteilt wird:

- Die Gruppe der S-Individuen (von engl. *susceptible*), der Infizierbaren
- Die Gruppe der I-Individuen, der Infektiösen

Es bezeichnet

- x die Größe der S-Teilpopulation,
- y die Größe der I-Teilpopulation.

Die Anfangswerte werden wie folgt bezeichnet: $x(0) =: n, y(0) =: a$
Alle verwendeten Zahlen seien Zahlen, die nur die Infektionkrankheit betreffen, sie seien
also z. B. bereinigt um andere Todesursachen. Wir machen die

12.4.1 Annahme

$$x(t) + y(t) = \text{ konstant } = n + a$$

Die momentane Änderungsrate y' von y setzt sich zusammen aus einem Neuinfektions-
anteil abzüglich einem Gesundungsanteil. Die einfachste Annahme darüber ist, dass die
Anzahl der Neuinfektionen proportional zu x und y ist – was Proportionalität zur Häufigkeit eines Kontaktes zwischen einem S- und einem I-Individuum bedeutet –, und die
Gesundung proportional zur Anzahl der Infizierten verläuft.

$$y' = \text{ Neuinfektionen } - \text{ Gesundungen}$$

$$y' = bxy - cy, b, c > 0 \qquad\qquad \text{wegen } 12.4.1 \Rightarrow$$

$$y' = b(n + a - y)y - cy \qquad\qquad\qquad\qquad \Rightarrow$$

$$y' = b(n + a - \tfrac{c}{b} - y)y$$

12.4.2 Modell

$$y' = b(K - y)y, K := n + a - \frac{c}{b}$$

Für $K > 0$ ist dies ein logistisches Entwicklungsgesetz (vgl. 12.3, (12.21)). Der Krankenstand (die Größe y der $I-$Individuen) nähert sich monoton (entweder wachsend oder
fallend) einem festen Wert K. Für $K = 0$ wird aus 12.4.2 $y' = -b\,y^2$. In diesem Falle
wie auch im Falle $K < 0$ geht der Krankenstand im Laufe der Zeit ($t \to \infty$) nach 0.
(Wir übergehen eine Begründung.)
Es gibt also einen festen Wert für den Krankenstand, K oder 0, auf den sich die Epidemie
im Laufe der Zeit einspielt, ein asymptotisch stabiles Gleichgewicht.
Den sich im Laufe der Zeit einstellenden Krankenstand K möchte man natürlich möglichst klein haben, möglichst < 0. Wann ist dies der Fall?
Rein rechnerisch dann, wenn c groß, b klein ist. Das bedeutet aber, dass die Gesun-
dungsrate groß und die Infektionsrate klein ist.

12.5   Ausgewählte Übungsaufgaben

12.5.1   Aufgabe

Die Weltbevölkerung wächst in der exponentiellen Phase ihrer Entwicklung pro Jahr um 2,9 % (s. [Br], S. 39). Berechnen Sie, in wieviel Jahren sie sich während der exponentiellen Phase verdoppelt.

12.5.2   Aufgabe

Bei einer Epidemie in einer Stadt mit 100.000 Einwohnern sei festgestellt worden, dass die Infektionsrate $b = \frac{1}{1.000.000} = 10^{-6}$ und die Gesundungsrate $c = 5\%$ beträgt.

a) Wird die Epidemie verschwinden oder auf einen bestimmten Krankenstand, gegebenenfalls welchen anwachsen?
b) Um wieviel muss durch Verbesserung der medizinischen Versorgung der Kranken die Gesundungsrate mindestens erhöht werden, damit bei gleich bleibender Infektionsrate die Epidemie verschwindet?

12.5.3   Aufgabe

Wird Ungeziefer eingeschleppt, so passiert oft nicht viel, weil die Population von selbst wieder ausstirbt. Wenn die eingeschleppte Population jedoch groß genug war, wächst sie explosionsartig. Dafür betrachten wir ein möglichst einfaches Modell $x' = -x + x^2$. Zu untersuchen:

a) $x(t) = \frac{1}{1-Ce^t}$ mit einer Konstanten C ist in jedem offenen Intervall, in dem $1-Ce^t \neq 0$ ist, eine Lösung.
b) In welchem maximalen Intervall I ist $x(t) > 0$? Unterscheide die Fälle $C > 0$ und $C < 0$.
   Betrachte im folgenden nur die Fälle mit $x(t) > 0$.
c) Ist die Lösung monoton?
d) Welches sind die Limites an den Grenzen von I?
e) Zeigen Sie: $C < 0$ ist äquivalent mit $x_0 < 1$ und $C > 0$ ist gleichbedeutend mit $x_0 > 1$.
f) $x(t) = 1$ für $t \subset \;] -\infty, \infty[$ ist eine Lösung.
Interpretieren Sie das Ergebnis im Sinne der Einleitung zu dieser Aufgabe.

12.5.4 Aufgabe

Bei Epidemien wie in Abschn. 12.4 gibt es den Sonderfall $K = 0$. Die Entwicklung wird modelliert durch die Differenzialgleichung

(*) $y' = -py^2, \quad p > 0$.

a) Wenn $y(t)$ eine Lösung davon ist, welche Differentialgleichung erfüllt $x(t) := \frac{1}{y(t)}$ für $y(t) \neq 0$?

b) Bestimmen Sie alle Lösungen der für $x(t)$ in a) erhaltenen Differentialgleichung und alle Lösungen von (*). Drücken Sie in Alltagssprache aus, wie sich die Infektiösen im Intervall $]0, \infty[$ entwickeln?

Unendliche diskrete Wahrscheinlichkeits-Modelle

13

Überblick

In diesem und in den folgenden zwei Kapiteln wenden wir die in Kap. 6 bis 11 entwickelten Hilfsmittel in der Stochastik an. In diesem Kapitel verallgemeinern wir den Begriff eines endlichen Wahrscheinlichkeitsmodells auf diskrete unendliche Wahrscheinlichkeitsmodelle, bei denen das Merkmal so viele Ausprägungen hat wie es natürliche Zahlen gibt. Die betrachteten Beispiele sind die Poissonverteilung und die geometrische Verteilung. Die Bedeutung der Poissonverteilung liegt erstens darin, dass man mit ihr eine einfachere Verteilung hat als die Binomialverteilung, und dass sie die Binomialverteilung approximiert. Zweitens kann durch Vergleich mit der Poissonverteilung geprüft werden, ob Pflanzen, Tiere oder Hefezellen in einer Kultur rein nach dem Zufall verteilt sind, oder ob sie zur Koloniebildung neigen oder nicht.

Die geometrische Verteilung wenden wir auf die Frage an, wie viele Pflanzen man untersuchen muss, um eine Mutation zu beobachten.

13.1 Poissonverteilung

Wir betrachten einmal alle Binomialverteilungen mit festem Erwartungswert $\lambda = np$, setzen $p := \lambda/n$ und lassen n gegen unendlich gehen:

$$
\begin{aligned}
b_{n,p}(k) &= \binom{n}{k} p^k (1-p)^{n-k} \\
&= \frac{n(n-1)\cdots(n-k+1)}{k!} \frac{\lambda^k}{n^k} \left(1 - \frac{\lambda}{n}\right)^{n-k}
\end{aligned}
$$

© Springer Fachmedien Wiesbaden 2015
A. Riede, *Mathematik für Biowissenschaftler,*
DOI 10.1007/978-3-658-03687-4_13

$$= \frac{n(n-1)\cdot \dots \cdot (n-(k-1))}{n\ \cdot n\cdot \dots \dots \dots \cdot n}\ \ \frac{\lambda^k}{k!}\ \ \left(1-\frac{\lambda}{n}\right)^n \left(1-\frac{\lambda}{n}\right)^{-k}$$

$$= \ \ 1\left(1-\frac{1}{n}\right)\dots\left(1-\frac{k-1}{n}\right)\ \ \frac{\lambda^k}{k!}\ \ \left(1-\frac{\lambda}{n}\right)^n \left(1-\frac{\lambda}{n}\right)^{-k}$$

$$\lim_{n\to\infty} b_{n,p}(k) \ = \ \ 1\ \cdot 1\ \cdot \dots \dots \dots \cdot 1\ \ \ \frac{\lambda^k}{k!}\ \ e^{-\lambda}\ \ 1$$

($\lim_{n\to\infty}(1-\lambda/n)^n = e^{-\lambda}$ nach Gl. (8.13)). Unsere Betrachtung hat also das

13.1.1 Ergebnis:

$$\lim_{n\to\infty} b_{n,p}(k) = \frac{\lambda^k}{k!}\,e^{-\lambda} \quad \text{für} \quad p = \frac{\lambda}{n}$$

Was ist der praktische Nutzen davon? Nun, zunächst bilden die $P_\lambda(k) := \dfrac{\lambda^k}{k!}\,e^{-\lambda}$ eine Wahrscheinlichkeitsverteilung auf $\Omega = \mathbb{N}_0$; denn es gilt (vgl. 9.6.2, (9.17)):

$$0 < P_\lambda(k) < 1 \quad \text{und} \quad \sum_{k=0}^{\infty} P_\lambda(k) = e^{-\lambda}\sum_{k=0}^{\infty}\frac{\lambda^k}{k!} = e^{-\lambda}e^{\lambda} = 1 \tag{13.1}$$

Dabei ist zu beachten, dass eine Wahrscheinlichkeitsverteilung für eine *unendliche* Liste von Ausprägungen

$$\Omega = \{a_k; k \in \mathbb{N}_0\}\,, \ a_k \in \mathbb{R},\ a_0 < a_1 < a_2 < \dots \tag{13.2}$$

analog zum endlichen Fall definiert ist: Jedem a_k ist eine Wahrscheinlichkeit $p(a_k)$ zugeordnet, so daß gilt:

$$0 \le p(a_k) \le 1 \quad \text{und} \quad \sum_{k=0}^{\infty} p(a_k) = 1 \tag{13.3}$$

Damit haben wir den Begriff einer *unendlichen diskreten Wahrscheinlichkeitsverteilung* kennengelernt (vgl. 4.2).

Für $a_k = k$, $\Omega = \mathbb{N}_0$ sind wir mit $p(k) = P_\lambda(k)$ auf ein Beispiel gestoßen, die *Poisson-verteilung*, benannt nach dem französischen Mathematiker und Physiker Simon Denis Poisson (1781–1840). Der praktische Nutzen, der aus 13.1.1 gezogen werden kann, ist der, dass $P_\lambda(k)$ für großes n als eine Näherung an $b_{n,p}(k)$ mit $p = \lambda/n$ ist. n groß, bedeutet bei festem λ aber, dass p klein ist. Eine Binomialverteilung $b_{n,p}(k)$ für kleines p und großes n wird also durch die Poissonverteilung mit $\lambda = np$ approximiert.

$$b_{n,p}(k) \approx \frac{\lambda^k}{k!}\,e^{-\lambda} \quad \text{für} \quad \lambda = np \tag{13.4}$$

Diese Approximation ist in der Praxis brauchbar für $n \geq 30$ und $p \leq 0,1$
Der Nutzen, statt der Binomialverteilung die Poissonverteilung zu verwenden, liegt im geringeren Rechenaufwand, da von den Binomialkoeffizienten nur $k!$ übrig bleibt und $k!$ für große k nach der *Stirlingschen Näherungsformel* berechnet werden kann:

$$k! \approx \sqrt{2\pi k} \left(\frac{k}{e}\right)^k$$

13.1.2 Erwartungswert und Varianz einer unendlichen diskreten Verteilung

$$\mu = E(X) = \sum_{k=0}^{\infty} p(a_k) a_k \quad \sigma^2 = V(X) = \sum_{k=0}^{\infty} p(a_k)(a_k - \mu)^2 = E((X-\mu)^2)$$

Sie sind also bei einer unendlichen diskreten Wahrscheinlichkeitsverteilung entsprechend 4.2.11 und 4.2.12 definiert. X bezeichnet das zugrundeliegende Zufallsmerkmal, das die Ausprägungen a_k besitzt. Es ist dann auch $(X - \mu)^2$ ein Zufallsmerkmal, woraus die letzte Gleichung folgt.

13.1.3 Erwartungswert der Poissonverteilung

$$\mu = \mu_\lambda = \lambda$$

$$
\begin{aligned}
\text{Denn: } \mu_\lambda &= \sum_{k=0}^{\infty} \left(\frac{\lambda^k}{k!} e^{-\lambda} k\right) = \sum_{k=1}^{\infty} \left(k \frac{\lambda^k}{k!} e^{-\lambda}\right) \\
&= e^{-\lambda} \lambda \sum_{k=1}^{\infty} \frac{\lambda^{k-1}}{(k-1)!} \quad (\text{Setze } k-1 = l) \\
&= e^{-\lambda} \lambda \sum_{l=0}^{\infty} \frac{\lambda^l}{l!} \\
&= e^{-\lambda} \lambda e^{\lambda} \\
&= \lambda
\end{aligned}
$$

Eine ähnliche Rechnung zeigt:

13.1.4 Varianz der Poissonverteilung

$$\sigma^2 = \sigma_\lambda^2 = \lambda$$

Bei der Poissonverteilung stimmen also Erwartungswert und Varianz überein.
Die Praxis hat bestätigt, dass eine Poisonverteilung z. B. vorliegt

- bei der Anzahl der Mutationen in einer großen Messreihe (Mutationen sind selten, also ist hier p klein),
- für die Anzahl der Verkehrsunfälle pro Tag in einer Stadt und
- für die Anzahl der Hefezellen, die in einem Teilvolumen ΔV einer Suspension enthalten sind. In diesem Beispiel ist λ die mittlere Anzahl der Hefezellen pro Volumen, also die mittlere Dichte der Hefezellen
- für die Anzahl von Pflanzen, die in gleich großen Parzellen rein nach dem Zufall sich angesiedelt haben.

Mit dem letzten Beispiel befassen wir uns in etwas größerem Detail.

13.1.5 Beispiel: Rein zufällige räumliche Verteilung von Pflanzen

Eine Fläche sei in 50 gleichgroße Quadrate eingeteilt, und es mögen sich 150 Pflanzen rein zufällig auf den 50 Quadraten angesiedelt haben. Dann ist die Wahrscheinlichkeit für die Anzahl der Quadrate mit genau k Pflanzen Poisson-verteilt, $P_\lambda(k) = \dfrac{\lambda^k}{k!}\,e^{-\lambda}$ für ein $\lambda \in \mathbb{R}$. Für $\lambda = 3$ ergeben sich absolute Häufigkeiten $h(k) = 150\,P_3(k)$ wie in der zweiten Zeile folgender Tabelle.
In der Tabelle seien ferner in der dritten und vierten Zeile die Ergebnisse zweier Experimente in der Natur mit verschiedenen Pflanzen eingetragen, bei denen jeweils die Anzahlen von Quadraten mit k Pflanzen ausgezählt wurden. Sowohl bei den Beobachtungen a) wie auch bei b) ist das empirische Mittel $\bar{x} = 3$ (, wenn man auf die 0-te Stelle rundet).

	k	0	1	2	3	4	5	6	7	≥ 8
	$h(k)$	7,5	22,5	33,6	33,6	25,2	15,0	7,5	3,3	1,8
a)	$h(k)$	39	15	9	24	15	18	18	12	0
b)	$h(k)$	9	15	27	39	42	12	6	0	0

Wenn wir einmal den empirischen Mittelwert und die empirische Varianz mit dem Erwartungswert und der Varianz einer Wahrscheinlichkeitsverteilung identifizieren (so wie wir relative Häufigkeit mit Wahrscheinlichkeit gleichgesetzt haben) so finden wir im Falle a), dass $s^2 = 5,74 > \mu = 3$ und im Falle b), dass $s^2 = 2,08 < \mu = 3$ ist. Die

Pflanzen scheinen also in beiden Fällen, nicht rein nach dem Zufall verteilt zu sein; denn für die Poissonverteilung ist $\sigma^2 = \mu$. Eine biologische Erklärung kann darin zu suchen sein, dass die Pflanzen im Falle a) zu Koloniebildung neigen. Dann findet man viele Felder mit keiner oder nur einer oder zwei Pflanzen und viele Felder mit vielen Pflanzen. Die Anzahl streut also stark. Im Falle b) kann es daran liegen, dass sie, um optimale Lebensbedingungen zu erreichen, einen bestimmten Abstand halten wollen wie etwa Bäume im Wald oder Fische im Schwarm, von dem nur kleine Abweichungen auftreten, was stochastisch eben bedeutet, dass σ^2 klein ist. Als Wahrscheinlichkeitsmodell mit $\sigma^2 > \mu$ kann die *negative Binomialverteilung* verwendet werden (vgl. [W]). Wir werden in Beispiel 17.6.1 nochmals auf die Beobachtungsreihe b) zurückkommen und sie mit einem statistischen Test auswerten.

13.2 Geometrische Verteilung

13.2.1 Fragestellung

Mutationen sind sehr selten. Nehmen wir einmal an, dass die Wahrscheinlichkeit, bei einer bestimmten Pflanze in einem gewissen Merkmal eine Mutation zu beobachten, $1/10000$ ist.
Wieviele Beobachtungen muss man erwarten, bis zum ersten Mal eine Mutation auftritt? Die Antwort kann man versuchen zu erraten: Man kann erwarten, dass beim 10000. Versuch eine Mutation beobachtet wird. Dazu betrachten wir uns das Bernoulli-Experiment, bei dem eine Mutation M mit Wahrscheinlichkeit $p = p(M) = 1/10000$ oder keine Mutation $\overline{M}$ mit einer Wahrscheinlichkeit $q = q(\overline{M}) = 0,9999$ auftritt. Wir denken uns das Experiment beliebig oft wiederholt und stellen die

13.2.2 Frage

Wie groß ist die Wahrscheinlichkeit $g_p(k)$, beim k-ten Versuch zum ersten Mal eine Mutation zu beobachten?
Es ist gefragt nach der Wahrscheinlichkeit der Messreihe der Länge k

$$(\underbrace{\overline{M}, \overline{M}, \cdot \ldots, \overline{M}}_{k-1}, M).$$

Wir setzen voraus, dass eine unabhängige Messreihe vorliegt. Dann ergibt sich die gefragte Wahrscheinlichkeit aus der Produktregel:

$$P(\overline{M}, \overline{M}, \ldots, \overline{M}, M) = q \cdot q \cdots q \cdot p \tag{13.5}$$

13.2.3 Antwort

$$g_p(k) = q^{k-1} \cdot p$$

13.2.4 Definition: Geometrische Verteilung

Diese Verteilung auf $\Omega = \mathbb{N}$ heißt *geometrische Verteilung (mit Parameter p)*. Sie gibt die Wahrscheinlichkeit dafür an, dass bei unbegrenzter, variabler Länge der Messreihe beim k-ten Versuch erstmals A (Erfolg) eintritt. Diese Verteilung trifft immer zu, wenn jede einzelne Messung ein bestimmtes Bernoulli-Experiment mit den Ausprägungen A (Erfolg) und $\overline{A}$ (Misserfolg) ist, deren Wahrscheinlichkeiten $P(A) = p$ bzw. $P(\overline{A}) = q = 1 - p$ sind.

Es ist $g_p(k) \geq 0$ und

$$\sum_{k=1}^{\infty} g_p(k) = \sum_{k=1}^{\infty} q^{k-1} p = p \sum_{k=1}^{\infty} q^{k-1} = p \sum_{l=0}^{\infty} q^l = p \frac{1}{1-q} = p \frac{1}{p} = 1 \qquad (13.6)$$

Bei der drittletzten Gleichung ist verwendet, dass die geometrische Reihe konvergiert und den Wert $\dfrac{1}{1-q}$ hat (nach 6.3.15).

Damit sind die zwei Bedingungen an eine Wahrscheinlichkeitsverteilung auf $\Omega = \mathbb{N}$ nachgewiesen.

Unsere Ausgangsfrage läuft nun auf die Berechnung des Erwartungswertes hinaus.

13.2.5 Erwartungswert der geometrischen Verteilung

$$\mu_g = \mu = 1/p$$

Denn: $\mu = \displaystyle\sum_{k=1}^{\infty} p\, q^{k-1}\, k = p \sum_{k=1}^{\infty} k\, q^{k-1} = p \frac{1}{(1-q)^2} = p \frac{1}{p^2} = \frac{1}{p}$.

Den Wert der hier aufgetretenen Reihe hatten wir in Abschn. 9.6.3, Gl. (9.20) bestimmt. In unserem Beispiel wird $\mu = 1/p = 10000$. Auf unsere Frage finden wir die oben schon geratene Antwort. Damit ist jedoch nicht viel gewonnen; denn um diesen Erwartungswert herum werden die Versuchsergebnisse stark streuen, da die Varianz sehr groß ist im Vergleich zu den bisher aufgetretenen Verteilungen:

13.2.6 Varianz der geometrischen Verteilung

$$\sigma^2 = \frac{q}{p^2}, \quad q = 1 - p$$

Der Nachweis dieser Formel wird nicht durchgeführt.

In unserem Beispiel ergibt sich: $\sigma^2 = \dfrac{0,9999}{0,0001^2} = 99990000$ und $\sigma \approx 10000$. Die Kenntnis des Erwartungswertes bringt also wegen der großen Streuung nicht viel. Um ein nützlicheres Ergebnis zu bekommen, stellen wir eine andere

13.2.7 Frage

Wieviele Pflanzen müssen untersucht werden, um mit mindestens 90 % Sicherheit wenigstens eine Mutation zu beobachten? Dazu müssen wir die Wahrscheinlichkeit $G_p(n)$ ausrechnen, dass man bis zum n-ten Versuch mindestens eine Mutation beobachtet hat. Eine Rechnung zeigt:

$$G_p(n) = 1 - q^n \tag{13.7}$$

Dazu beachten wir zuerst, dass folgende Ereignisse gleich sind, und nach der Additionsregel weitergerechnet werden muss:

$$\begin{pmatrix} \text{Bis zur } n\text{-ten Pflanze} \\ \text{mindestens eine Mutation} \end{pmatrix} = \begin{pmatrix} \text{Zum ersten Mal beobachtet man eine Mutation} \\ \text{entweder bei 1. oder 2. oder } \dots n\text{-ter Pflanze.} \end{pmatrix}$$

$$
\begin{aligned}
G_p(n) \quad &= g_p(1) + g_p(2) + \cdots + g_p(n) \\
&= p + qp + \cdots + q^{n-1}p \\
&= (1 + q + q + \cdots + q^{n-1})p \\
&= \frac{1 - q^n}{1 - q}\,p = 1 - q^n
\end{aligned}
$$

Damit finden wir für unsere Frage 13.2.7 die Antwort folgendermaßen: n muss so groß gewählt werden, dass gilt:

$$1 - q^n \;\geq\; 90\% = 0,9$$

$$1 - 0,9 \;\geq\; q^n$$

$$\ln(0,1) \;\geq\; n \ln q \quad (\text{Beachte } \ln(q) < 0)$$

$$23024,7 = \frac{\ln(0,1)}{\ln(0,9999)} \;\leq\; n$$

$$23025 \;\leq\; n$$

13.2.8 Antwort

Bei der Untersuchung von 23025 Pflanzen ist man also mit mindestens 90 % sicher, wenigstens eine Mutation zu finden.

13.3 Ausgewählte Übungsaufgaben

13.3.1 Aufgabe

Rechnen Sie die zur Tabelle in Abschn. 13.1.5 angegebenen Werte für μ und σ nach:
   a) $\mu = 3$, $\sigma^2 = 5,74$ b) $\mu = 3$, $\sigma^2 = 2,08$

13.3.2 Aufgabe

Zeigen Sie: Hat bei einem bestimmten Merkmal einer bestimmten Pflanzenart ein Mutation eine Wahrscheinlichkeit von $p = 1/100000$, so muss man etwa eine halbe Million Pflanzen untersuchen, um mit 99 % Sicherheit eine Mutation zu beobachten.

Kontinuierliche Wahrscheinlichkeitsmodelle 14

Überblick

Jetzt geht es um Merkmale, deren Ausprägungen ein Intervall reeller Zahlen ausfüllen. Im ersten Abschnitt wird aus dem Begriff der relativen Summenhäufigkeit bei einem endlichen Wahrscheinlichkeitsmodell die Verteilungsfunktion bei kontinuierlichem Modell hergeleitet. Im zweiten Abschnitt ergibt sich aus dem Begriff der relativen Häufigkeiten der Begriff der Wahrscheinlichkeitsdichte einer kontinuierlichen Verteilung. Schließlich wird der Zusammenhang von Dichte und Verteilungsfunktion erklärt. Als Anwendungsbeispiel wird die Dauer der Funktionsfähigkeit eines technischen Gerätes behandelt. Die wichtigen Normalverteilungen führen wir am Beispiel des Geburtsgewichtes ein. Wir definieren die Maßzahlen von kontinuierlichen Verteilungen und behandeln ihre Veränderungen bei Skalenwechsel. Es wird beschrieben, warum Normalverteilungen so häufig auftreten. Ein weiterer Nutzen der Normalverteilungen ist, dass die Binomialverteilung und andere Verteilungen oft durch eine übersichtlichere Normalverteilung approximiert werden können.

14.1 Verteilungsfunktion

Um zum Begriff eines kontinuierlichen Wahrscheinlichkeitsmodell zu kommen, orientieren wir uns am Modell für ein quantitatives endliches Merkmal:

$$X: \quad \frac{a_1 \mid a_2 \mid \ldots \mid a_k}{p_1 \mid p_2 \mid \ldots \mid p_k} \qquad \text{in Abb. 14.1:} \quad \frac{1 \mid 2 \mid 3 \mid 4}{0,2 \mid 0,4 \mid 0,2 \mid 0,2} \qquad (14.1)$$

© Springer Fachmedien Wiesbaden 2015
A. Riede, *Mathematik für Biowissenschaftler,*
DOI 10.1007/978-3-658-03687-4_14

Abb. 14.1 Graph der
Verteilungsfunktion einer
diskreten Verteilung

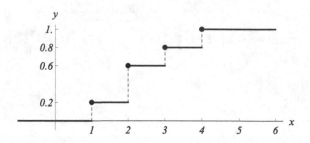

In diesem können Wahrscheinlichkeiten auch durch die sogenannte *Verteilungsfunktion*
beschrieben werden. Ihr entspricht in der empirischen Statistik die relative Summenhäufigkeit. Beachte: Der Wert von F an der Stelle a_i ist derjenige, der in Abb. 14.1 mit
einem Punkt markiert ist

14.1.1 Definition: Verteilungsfunktion im diskreten Fall

Die *Verteilungsfunktion* für ein diskretes, quantitatives Modell einer Zufallsgröße X ist
definiert durch:

$$F(x) := \sum_{a_i \leq x} p(a_i), \quad x \in \mathbb{R}$$

14.1.2 Einige Eigenschaften einer Verteilungsfunktion

1. $\lim\limits_{x \to -\infty} F(x) = 0$
2. $\lim\limits_{x \to \infty} F(x) = 1$
3. F ist monoton wachsend.
4. F ist stetig bis auf diskrete Sprungstellen a_i, für die gilt $\lim\limits_{\substack{x \to a_i \\ x > a_i}} F(x) = F(a_i)$.
5. $P(X \in] -\infty, x]) = F(x)$

Aus der Additionsregel folgt für a<b:

$$P(] -\infty, a]) + P(]a, b]) = P(] -\infty, b])$$

$$P(]a, b]) = P(] -\infty, b]) - P([-\infty, a])$$

$$P(]a, b]) = F(b) - F(a) \tag{14.2}$$

14.1.3 Bemerkung

Bei unseren diskreten Modellen ist sogar $F(x) = 0$ für $x < a_0$ und bei den endlichen Modellen ist $F(x) = 1$ für $x > a_k$.
Ganz allgemein können wir nun definieren:

14.1.4 Definition: Verteilungsfunktion im kontinuierlichen Fall

Eine Funktion $F : \mathbb{R} \to \mathbb{R}$ mit obigen Eigenschaften 1 bis 4 wird eine *Verteilungsfunktion* genannt. Mit ihr ist eine *kontinuierliche* Wahrscheinlichkeitsverteilung auf $\mathbb{R}$ gegeben; die Wahrscheinlichkeit von $]-\infty, x]$ ist gegeben durch

$$P(]-\infty, x]) := F(x),$$

woraus nach der Additionsregel wie oben in Gl. (14.2) die Wahrscheinlichkeit endlicher Intervalle sich ergibt.

14.2 Wahrscheinlichkeitsdichte und Exponentialverteilung

14.2.1 Bezeichnung

Für eine Zufallsgröße X sei: $P_X(A) := P(X \in A)$
Als Beispiel einer Zufallsgröße betrachten wir die Dauer X der Funktionstüchtigkeit eines technischen Gerätes (etwa eines Röntgenapparates). X ist eine kontinuierliche Zufallsvariable. Als Einheit wählen wir ein Jahr. Durch Klassenbildung gehen wir zu einem diskreten Merkmal über, einmal mit der Klassenbreite $b = 3$, einmal mit Klassenbreite $b = 1$. Die Klassen werden durch ihre Klassenenden A_j bezeichnet. Die Statistik ergebe folgende Häufigkeiten r_i für den Ausfall in Prozent im i-ten Jahr:

i	1	2	3	4	5	6	7	8	9	10	11	12	13
r_i	15,5	14,5	12,0	10,0	8,0	6,5	5,5	4,5	4,0	3,0	2,8	2,2	1,8

i	14	15	16	17	18
r_i	1,5	1,2	1,0	0,7	0,6

Bei Klassenbreite $b = 3$ ergeben sich daraus 6 Ausprägungen A_j, $j = 1, 2, 3, 4, 5, 6$:

A_j	$0 - 3$	$3 - 6$	$6 - 9$	$9 - 12$	$12 - 15$	$15 - 18$
Ausfall r in %	42	24,5	14	8	4,5	2,3
$r/b = r/3$	14,0	8,2	4,7	2,7	1,5	0,8

Die graphische Darstellung ergibt Balkendiagramme wie in Abb. 14.2. Die Balkenfläche ist die Wahrscheinlichkeit von A_j.

Die graphische Darstellung dieser empirischen Daten legt nahe, dass man beim Grenzübergang – Klassenbreite gegen 0 – zu einer integrierbaren Funktion f gelangt, welche die Wahrscheinlichkeitsverteilung von X beschreibt, und zwar so, dass die Wahrscheinlichkeit $P_X([a, b])$ die Fläche zwischen $[a, b]$ und dem Graphen von f ist, d. h.

$$P_X([a, b]) = \int_a^b f(t)\, dt \tag{14.3}$$

Bei diesem Wahrscheinlichkeitsmodell für ein kontinuierliches Merkmal X heißt f die *Wahrscheinlichkeitsdichte*. Genauer gilt folgende

14.2.2 Definition

Eine *kontinuierliche Wahrscheinlichkeitsverteilung mit Dichte f* besteht in einer integrierbaren Funktion $f : \mathbb{R} \rightarrow \mathbb{R}$ mit den Eigenschaften

$$f(x) \geq 0 \quad \text{und} \quad \int_{-\infty}^{\infty} f(x) = 1 \tag{14.4}$$

In einem solchen Modell ist per Definition die Wahrscheinlichkeit eines Intervalles mit den Grenzen $a, b \in R$ und $a \leq b$ erklärt durch

$$P(]a, b]) := P([a, b]) := \int_a^b f(x)\, dx \tag{14.5}$$

Für $a = b$ bedeutet das:

$$P(\{a\}) = 0 \tag{14.6}$$

14.2.3 Mathematische Bemerkungen

1. In diesem Buch werden nur solche Verteilungen auftreten mit folgender zusätzlicher Eigenschaft. Daher werden wir immer annehmen, dass diese zusätzliche Eigenschaft

Abb. 14.2 Von
Klassenbildung zum
kontinuierlichen Modell

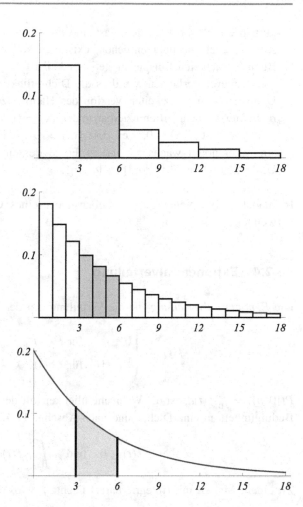

besteht.

Es gibt a_0 und a_1 mit $a_0 < a_1$, so dass

(a) $f(x) = 0$ für alle $x \in \ ] - \infty, a_0]$,

(b) $f(x) > 0$ für alle $x \in \ ]a_0, a_1[$ und   (14.7)

(c) $f(x) = 0$ für alle $x \in [a_1, \infty[$.

Hierbei ist $a_0 \in \mathbb{R}$ oder $a_0 = -\infty$ und $a_1 \in \mathbb{R}$ oder $a_1 = \infty$. Im Falle von $a_0 = -\infty$
fällt die Bedingung (a) weg, im Falle $a_1 = \infty$, fällt die Bedingung (c) weg.
Dann folgt für die Verteilungsfunktion:

(a) $F(x) = 0$ für alle $x \in \ ] - \infty, a_0]$

(b) $0 < F(x) < 1$ für alle $x \in \ ]a_0, a_1[$ (14.8)

(c) $F(x) = 1$ für alle $x \in [a_1, \infty[$

2. „Integrierbar" soll bedeuten, dass alle im folgenden auftauchenden Integrale, insbesondere auch die uneigentlichen, existieren sollen, was ebenfalls in den in diesem Buch betrachteten Beispielen stets der Fall ist.

3. Des weiteren verlangen wir, dass die Dichtefunktion im Intervall $]a_0, a_1[$ stetig ist.

4. Dann ist nach der zweiten Version des Hauptsatzes der Differenzial- und Integralrechnung F sogar differenzierbar und $F'(x) = f(x)$ im Intervall $]a_0, a_1[$.

5. In $]a_0, a_1[$ ist $F'(x) > 0$, weil dort $f(x) > 0$ ist. Folglich ist F im Intervall $]a_0, a_1[$ streng monoton wachsend und in Folge dessen gibt es in diesem Intervall eine Umkehrfunktion $F^{-1} :]0, 1[\to]a_0, a_1[$.

In manchen Beispielen für die Lebensdauer eines Gerätes wird folgende Verteilung verwendet.

14.2.4 Exponentialverteilung

Die *Exponentialverteilung* ist die Verteilung mit der Dichte

$$f(t) := \begin{cases} 0 & \text{für } t < 0 \\ \lambda\, e^{-\lambda t} & \text{für } t \geq 0, \ \lambda > 0 \text{ konstant.} \end{cases}$$

$P([0, b]) = \int_0^b f(t)dt$ ist die Wahrscheinlichkeit für den Ausfall bis zum Zeitpunkt b. Die Bedingungen an eine Dichte sind nach Abschn. 11.4.2, Gl. (11.26) erfüllt:

$$f(t) \geq 0 \quad \text{und} \quad \int_{-\infty}^{\infty} f(t)dt = 1 \tag{14.9}$$

Zu einem Modell mit (integrierbarer) Dichte f wird definiert:

14.2.5 Definition

Die Funktion $F(x) := \int_{-\infty}^{x} f(t)\, dt$ heißt *Verteilungsfunktion*. Sie hat alle Eigenschaften einer Verteilungsfunktion wie in 14.1.2 und ist sogar stetig. Auch Formel (14.5) gilt.
Im Beispiel der Dauer bis zum Ausfall berechnet sich die Verteilungsfunktion für $x \geq 0$ folgendermaßen: $F(x) = \int_{-\infty}^{x} f(t)\, dt = \int_0^x \lambda e^{-\lambda t}\, dt = -e^{-\lambda x}\big|_0^x$

$$F(x) := \begin{cases} 0 & \text{für } x < 0 \\ 1 - e^{-\lambda x} & \text{für } x \geq 0 \end{cases} \tag{14.10}$$

$F(x)$ ist die Wahrscheinlichkeit dafür, dass ein Gerät nach x Jahren ausgefallen ist.

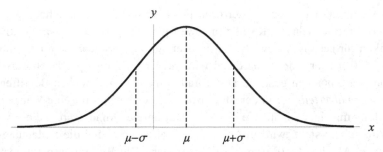

Abb. 14.3 Dichte der (μ, σ)-Normalverteilung

14.2.6 Beispiel

$P([0, 5]) = \int_0^5 f(t)\,dt$ ist z. B. die Wahrscheinlichkeit für einen Ausfall innerhalb fünf Jahren. Das ergibt für $\lambda = 0,01$:

$$P([0, 5]) = \int_0^5 0,01\ e^{-0,01\,t}\,dt = -e^{-0,01\,t}\big|_0^5 = 1 - e^{-0,01 \cdot 5} = 0,048 = 4,8\%$$

In Worten: 4, 8 % der Geräte fallen in den ersten 5 Jahren aus.
Die Wahrscheinlichkeit für einen Ausfall im dritten bis fünften Jahr berechnet sich wie folgt:

$$P([3, 5]) = F(5) - F(3) = 1 - e^{-0,01 \cdot 5} - 1 + e^{-0,01 \cdot 3} = 0,019 = 1,9\%$$

14.3 Die Normalverteilung

14.3.1 Beispiel und Definition

Das Gewicht von Neugeborenen wird sehr gut modelliert durch eine Verteilung mit einer Dichte der Art

$$f(x) = \frac{1}{\sqrt{2\pi}\,\sigma}\ \exp\left(-\frac{1}{2}\left(\frac{x-\mu}{\sigma}\right)^2\right) \quad \text{mit } \mu, \sigma \in R \text{ konstant, } \sigma > 0$$

Beim Geburtsgewicht ist $\mu = 3430\,\text{g}$ und $\sigma = 530\,\text{g}$.
Offenbar ist $f(x) > 0$ für alle $x \in \mathbb{R}$. Der Faktor $\frac{1}{\sqrt{2\pi}\sigma}$ ist gerade so gewählt, dass $\int_{-\infty}^{\infty} f(x)\,dx = 1$ ist. Der (nicht einfache) Beweis wird übergangen. Es sind also die Bedingungen von Gl. (14.9) aus Abschn. 14.2.4 an eine Wahrscheinlichkeitsdichte erfüllt. Diese Verteilung heißt (μ, σ)-*Normalverteilung*.
Die Funktion f ist symmetrisch zu μ, streng monoton steigend für $x < \mu$ und streng monoton fallend für $x > \mu$. Sie hat also ihr absolutes Maximum bei μ. Entfernt man

sich vom Maximum nach rechts oder nach links, so nimmt f sehr schnell ab. Deshalb ist f beim Geburtsgewicht der Realität in soweit gut angepaßt, dass zwar positive Wahrscheinlichkeit für negatives Gewicht auftritt aber vernachlässigbar klein ist. Ein Gewicht von $\mu = 3430$ g oder eines nahe dabei wird in der Umgangssprache das „Normalgewicht" von Neugeborenen genannt. Daher und von anderen ähnlichen Begriffen kommt der Name *Normalverteilung;* in der Stochastik wird er benutzt für eine Wahrscheinlichkeitsverteilung mit einer Dichte wie in 14.3.1. Der tiefere Grund, warum diese Verteilung einen Normalfall darstellt, wird in Abschn. 14.9 angegeben und die Bedeutung für Anwendungen in Abschn. 14.10 exemplarisch erläutert. Die Bedeutung der Konstanten μ und σ besprechen wir im nächsten Abschnitt. Einiges von der Bedeutung von σ ist auch in Abb. 14.3 bereits eingetragen.

14.4   Maßzahlen

14.4.1   Definition des Erwartungswertes

Der *Mittelwert* oder *Erwartungswert* einer kontinuierlichen Zufallsgröße, deren Verteilung durch eine Dichte f gegeben ist, wird definiert durch:

$$\mu = \mu(X) = E(X) := \int_{-\infty}^{\infty} f(x)x \, dx$$

Es erhebt sich die

14.4.2   Frage zur Motivation für diese Definition

Wodurch wird diese Definition motiviert?
Um dieser Frage nachzugehen, machen wir eine Klasseneinteilung von $\mathbb{R}$ in Intervalle der Länge $\Delta x = b$ und bezeichnen die Klassen durch die Klassenmitten a_i, dann folgt aus der Definition des Integrals durch Zerlegungssummen (Näheres s. unten):

$$\int_{-\infty}^{\infty} f(x)x \, dx \approx \sum_i f(a_i)a_i \Delta x \approx \sum_i p(a_i)a_i =: \mu_b \qquad (14.11)$$

Für die Exponentialverteilung mit der Dichte $f(x) = 0,2e^{-0.2t}$ ist dies in Abb. 14.4 dargestellt. Dabei ist $b = 3$, μ_b bezeichnet den Erwartungswert der durch die Klasseneinteilung erhaltenen diskreten Verteilung.
Nehmen wir einmal an, dass auch ein Integral mit den Grenzen $-\infty$ und ∞ durch ein Zerlegungssumme approximiert werden kann, dann erhalten wir die erste Approximation in (14.11). Weiter ist $f(a_i)\Delta x \approx p(a_i)$ bezüglich einer Klasseneinteilung mit Klassenbreite $b = \Delta x$. Beide Approximationen sind umso besser, je kleiner b ist. $\sum_i p(a_i)a_i = \mu_b$

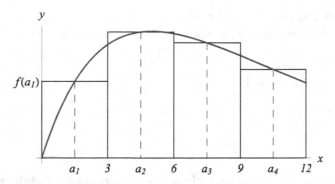

Abb. 14.4 Zur Erläuterung der Definition des Erwartungswertes

ist aber der Erwartungswert des diskreten Merkmals, das durch die Klassenbildung mit Breite b definiert ist. Deshalb ist es sinnvoll, das Integral bei 14.4.1 als μ anzusehen und die Definition 14.4.1 aufzustellen.

Jetzt sehen wir, welche Bedeutung das in 11.4.2, (11.27) berechnete Integral $\int_0^\infty \lambda\, e^{-\lambda x} x\, dx = \frac{1}{\lambda}$ hat. Es ist der

14.4.3 Erwartungswert der Exponentialverteilung

$$\mu = \mu_\lambda = \frac{1}{\lambda}$$

14.4.4 Erwartungswert der Normalverteilung

Der Erwartungswert der (μ, σ)-Normalverteilung ist die bereits mit μ bezeichnete Konstante.

Dies folgt aus der Symmetrie von f zu μ; denn für jede zu einer Konstanten μ symmetrischen Verteilung ist diese Konstante der Erwartungswert. f „symmetrisch" zu μ bedeutet dabei: $f(\mu + x) = f(\mu - x)$ oder für $x = \mu - u : f(2\mu - u) = f(u)$

$$
\begin{aligned}
\int_{-\infty}^{\infty} (x - \mu) f(x)\, dx \;=\;& \\
\int_{-\infty}^{\mu} (x - \mu) f(x)\, dx \;+\;& \int_{\mu}^{\infty} (x - \mu)\, f(x)\, dx \overset{*}{=} \\
\cdots \;\;&-\; \int_{\mu}^{-\infty} (\mu - u)\, f(2\mu - u)\, du = \\
\cdots \;\;&-\; \int_{-\infty}^{\mu} (u - \mu)\, f(u)\, du = \\
\cdots \;\;&-\; \int_{-\infty}^{\mu} (x - \mu)\, f(x)\, dx = 0
\end{aligned}
$$

Bei * wurde im zweiten Summanden substituiert: $x = 2\mu - u$, $\frac{dx}{du} = -1$. Die Substitutionsregel darf hier auch auf uneigentliche Integrale angewendet werden.

$$\int_{-\infty}^{\infty} (x - \mu) f(x) \, dx = \int_{-\infty}^{\infty} x f(x) \, dx - \mu \int_{-\infty}^{\infty} f(x) \, dx = \int_{-\infty}^{\infty} x f(x) \, dx - \mu$$

$$\Rightarrow \int_{-\infty}^{\infty} x f(x) \, dx = \mu$$

14.4.5 Definition der Varianz einer kontinuierlichen Zufallsgröße

Die *Varianz* einer kontinuierlichen Zufallsgröße, deren Verteilung durch eine Dichte f gegeben ist, wird definiert durch:

$$\sigma^2 = \sigma^2(X) = V(X) := \int_{-\infty}^{\infty} f(x) (x - \mu)^2 \, dx$$

σ heißt wie im diskreten Fall *Standardabweichung*. Man kann die Varianz auch als den Erwartungswert der Zufallsgröße $(X - \mu)^2$ ansehen.

$$V(X) = E((X - \mu)^2) \tag{14.12}$$

14.4.6 Varianz der Exponentialverteilung

Nach Gl. (11.28) aus Abschn. 11.4.2 gilt für die Exponentialverteilung:

$$\sigma_\lambda = \int_{-\infty}^{\infty} f(x) \left(x - \frac{1}{\lambda}\right)^2 \, dx = \frac{1}{\lambda^2} \tag{14.13}$$

14.4.7 Varianz der Normalverteilung

Die Varianz der (μ, σ)-Normalverteilung ist das Quadrat σ^2 der bereits mit σ bezeichneten Konstante.

14.4.8 Frage

Was hat σ damit zu tun, wie die Werte um den Mittelwert μ herum streuen?
Eine quantitative Antwort ist möglich. Wir schätzen dazu die Wahrscheinlichkeit dafür ab, dass ein Messwert x höchstens um δ von μ abweicht. Das ist die Wahrscheinlichkeit $P_X([\mu - \delta \, , \, \mu + \delta])$. Die gesuchte Beziehung zwischen der Größe σ und der Streuung

einer Zufallsvariablen um den Erwartungswert μ wird durch eine Ungleichung hergestellt und einige konkrete Angaben weiter unten bei 14.4.10.

14.4.9 Ungleichung von Tschebyscheff

Für alle Wahrscheinlichkeitsverteilungen mit Dichtefunktion gilt:

$$P_X([\mu - \delta \, , \, \mu + \delta]) \; \geq \; 1 - \frac{\sigma^2}{\delta^2}$$

Diese Ungleichung ist nach dem russischen Mathematiker Pafnuti Lwowitsch Tschebyscheff (1821−1894) benannt. Man findet sie mit folgender Rechnung:

$$\sigma^2 = \int_{-\infty}^{\infty} f(x)(x - \mu)^2 \, dx$$

$$\geq \int_{-\infty}^{\mu-\delta} f(x)(x - \mu)^2 \, dx \; + \; \int_{\mu+\delta}^{\infty} f(x)(x - \mu)^2 \, dx$$

$$\geq \int_{-\infty}^{\mu-\delta} f(x)\delta^2 \, dx \; + \; \int_{\mu+\delta}^{\infty} f(x)\delta^2 \, dx$$

$$= \delta^2 \left(\int_{-\infty}^{\mu-\delta} f(x) \, dx \; + \; \int_{\mu+\delta}^{\infty} f(x) \, dx \right)$$

$$= \delta^2 \left(1 - \int_{\mu-\delta}^{\mu+\delta} f(x) \, dx \right)$$

$$= \delta^2 \left(1 - P_X([\mu - \delta \, , \, \mu + \delta]) \right) \quad \Rightarrow \quad 14.4.9$$

14.4.10 Zwei konkrete Angaben (siehe Abb. 14.5.)

Für $\delta = 2\sigma : P_X([\mu - 2\sigma, \, \mu + 2\sigma]) \; \geq \; 1 - \frac{\sigma^2}{(2\sigma)^2} \; = \; 3/4 \; = \; 75\,\%$

Für $\delta = 3\sigma : P_X([\mu - 3\sigma, \mu + 3\sigma]) \; \geq \; 1 - \frac{\sigma^2}{(3\sigma)^2} \; = \; 8/9 \; \approx \; 88,9\,\%$

Für eine einzelne Verteilung kann es bessere Abschätzungen geben, z. B. für die Normalverteilung, die weg von μ sehr schnell abnimmt:

Abb. 14.5 Zur Bedeutung
von σ bei beliebiger
Verteilung

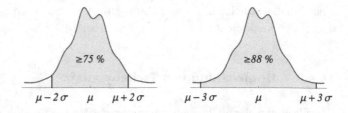

14.4.11 Einige Wahrscheinlichkeiten für die Normalverteilung (Abb. 14.6)

$$P_X([\mu - \sigma, \mu + \sigma]) \approx 68,3\,\%$$

$$P_X([\mu - 2\sigma, \mu + 2\sigma]) \approx 95,5\,\%$$

$$P_X([\mu - 3\sigma, \mu + 3\sigma]) \approx 99,7\,\%$$

14.5 Quantile für kontinuierliche Verteilungen

Überblick

Manchmal machen sich Eltern Sorgen, ob ihr Kind auch nicht zu klein sei für sein Alter. Der Arzt kann sie dann meist mit der Angabe beruhigen, dass die Körperlänge ihres Kindes oberhalb des 10 % Quantils ist. Was das bedeutet, wird in diesem Abschnitt erklärt.

Die Quantile sind weitere Maßzahlen für eine Wahrscheinlichkeitsverteilung, die wir z. B. benötigen, um den Fehler eines Schätzwertes und das Risiko einer Fehlentscheidung beim Test einer Hypothese angeben zu können.

Wir befassen uns hier mit den Quantilen für solche kontinuierliche Verteilungen, wie sie in diesem Buch vorkommen werden (s. 14.2.3); denn sie sind einfacher zu handhaben als die Quantile diskreter Verteilungen, die dem Zweck der Beurteilenden Statistik entsprechend etwas anders definiert werden müssen. Der Leser findet die Verwendung der Quantile eines diskreten Ornungsmerkmals in einem Beispiel 17.10.2 und die allgemeine Definition in Abschn. 17.11.

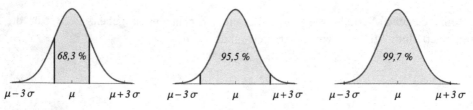

Abb. 14.6 Zur Bedeutung von σ bei der Normalverteilung

Abb. 14.7 Beschreibung des α-Quantils q_α durch Dichte f und Verteilungsfunktion F

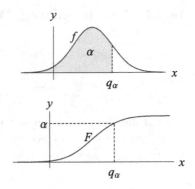

14.5.1 Definition der Quantile

Bei einer kontinuierlichen Verteilung wird für $0 < \alpha < 1$ das α-*Quantil* q_α, genauer das *untere α-Quantil* , erklärt durch:

$$F(q_\alpha) = \alpha \quad \text{d. h.} \quad q_\alpha = F^{-1}(\alpha) \tag{14.14}$$

q_α ist also der *Schwellenwert*, bei dem die Verteilungsfunktion F den Wert α überschreitet. Es ist also die Fläche zwischen dem Graphen der Dichtefunktion f und der x-Achse bis zur Stelle q_α gleich α (s. Abb. 14.7). Das *obere α-Quantil* Q_α ist definiert durch:

$$F(Q_\alpha) = 1 - \alpha \quad \text{d.h.} \quad Q_\alpha = F^{-1}(1 - \alpha) \tag{14.15}$$

Mit der Dichtefunktion f kann man dies auch so ausdrücken: Der Flächeninhalt zwischen dem Graphen der Dichtefunktion f und der x-Achse ab der Stelle Q_α beträgt α. Es ist folglich $Q_\alpha = q_{1-\alpha}$.

Bei einer zu μ symmetrischen Verteilung liegen oberes und unteres Quantil ebenfalls symmetrisch zu einander bezüglich μ. Für $\alpha < 1/2$ ist $q_\alpha < Q_\alpha$.

Bei der $(0,1)$-Normalverteilung wird das obere Quantil klassisch mit z_α bezeichnet und das untere Quantil ist dann $-z_\alpha$.

$$z_\alpha := Q_\alpha \quad - z_\alpha = q_\alpha \quad \text{bei der } (0,1)\text{-Normalverteilung} \tag{14.16}$$

Achtung: Mit dieser Bezeichnung muss man vorsichtig sein; denn manche Autoren setzen $z_\alpha = q_\alpha$.

Bei zu 0 symmetrischen Verteilungen wie der Standard-Normalverteilung ist $Q_\alpha = -q_\alpha$.

Mit der Bezeichnung Φ für die Verteilungsfunktion der Standardnormalverteilung erhält man:

$$\Phi(z_\alpha) = 1 - \alpha , \ \Phi(-z_\alpha) = \alpha \quad \text{oder} \quad z_\alpha = \Phi^{-1}(1 - \alpha), -z_\alpha = \Phi^{-1}(\alpha) \tag{14.17}$$

14.5.2 Tabelle einiger z_α-Werte

α	0.5 %	1%	2.5 %	5%	10 %	50 %
z_α	2.576	2.326	1.960	1.645	1.282	0

Um auf die Bemerkung am Anfang zurückzukommen: Was bedeutet es in der Sprache des Alltags, dass die Körperlänge eines Kindes oberhalb des unteren 10 % Quantils liegt? Die Beantwortung sei dem Leser überlassen.

14.6 Skalenwechsel

14.6.1 Beispiel

Bei Reisen in angelsächsische Länder ist man häufig gezwungen von der Fahrenheit-Skala der Temperatur auf die Celsius-Skala umzurechnen. Sei X die Temperatur in ° Fahrenheit, dann ist $\hat{X} = \frac{X-32}{1,8}$ die Temperatur in ° Celsius. Etwas anders aufgeschrieben, lautet die Skalentransformation $\hat{X} = \frac{1}{1,8} X - \frac{32}{1,8} = 0,56 X + 17,8$. Es handelt sich also um eine *lineare* Transformation $\hat{X} = aX + b$, wobei hier $a = 0,56$ und $b = 17,8$ ist.

14.6.2 Definition einer linearen Transformation

Sind $a, b \in \mathbb{R}$ und X eine Zufallsgröße, dann ist auch $\hat{X} = aX + b$ eine Zufallsgröße. Man sagt, $\hat{X}$ entsteht aus X durch eine *lineare Transformation*.

14.6.3 Erwartungswert und Varianz einer linear transformierten Zufallsgröße

Für $\hat{X} = aX + b$, $E(X) = \mu$, $V(X) = \sigma^2$ gilt:

$$\hat{\mu} := E(\hat{X}) = aE(X) + b = a\mu + b \tag{14.18}$$

$$\hat{\sigma}^2 := V(\hat{X}) = a^2 V(X) = a^2 \sigma^2 \tag{14.19}$$

14.7 Standardisierung von Verteilungen

Besonders handlich sind Verteilungen mit Erwartungswert 0 und Varianz 1. Dies sind einfache Standardtypen von Verteilungen. Man kann jede Verteilung durch eine lineare Skalen-Transformation in einen Standardtyp überführen.

14.7.1 Definition der Standardisierung

Ist $\mu = E(X)$ und $\sigma^2 = V(X)$, $\sigma \neq 0$, dann besteht die *Standardisierung* in folgender linearer Transformation

$$\tilde{X} = \frac{X - \mu}{\sigma} = \frac{1}{\sigma}X - \frac{\mu}{\sigma} = aX + b \quad \text{mit} \quad a = \frac{1}{\sigma} \quad \text{und} \quad b = \frac{\mu}{\sigma} \quad (14.20)$$

Nach Abschn. 14.6 (14.18) und (14.19) folgt:

$$E(\tilde{X}) = \frac{1}{\sigma}\mu - \frac{\mu}{\sigma} = 0 \quad \text{und} \quad V(\tilde{X}) = \frac{1}{\sigma^2}V(X) = 1 \quad (14.21)$$

Die Verteilung der transformierten Zufallsgröße hat also einen Standardtyp.

14.7.2 Standardisierung der (μ, σ)-Normalverteilung

Wir untersuchen einmal die Standardisierung einer (μ, σ)-Normalverteilung.
Bei einer kontinuierlichen Verteilung mit differenzierbarer Verteilungsfunktion $F_X(x)$ gilt für die Transformation $\tilde{X} = \frac{X-\mu}{\sigma}$:

$$\tilde{X} \in]-\infty, x] \quad \Leftrightarrow \quad X \in]-\infty, \sigma x + \mu] \quad \text{und folglich}$$

$$P_{\tilde{X}}(]-\infty, x]) = P_X(]-\infty, \sigma x + \mu])$$

Nach Definition der Verteilungsfunktion ist letzteres das Gleiche wie

$$F_{\tilde{X}}(x) = F_X(\sigma x + \mu). \quad (14.22)$$

Hieraus erhalten wir durch Differenzieren nach x:

$$f_{\tilde{X}}(x) = f_X(\sigma x + \mu) \cdot \sigma \quad (14.23)$$

Ist $X(\mu, \sigma)$ -normalverteilt $\quad f_X(x) = \frac{1}{\sqrt{2\pi}\,\sigma} \exp\left(-\frac{1}{2}\left(\frac{x-\mu}{\sigma}\right)^2\right)$,

dann folgt $\quad f_X(\sigma x + \mu) = \frac{1}{\sqrt{2\pi}\,\sigma} \exp\left(-\frac{1}{2}(x)^2\right)$

und aus (14.23) wird: $\quad f_{\tilde{X}}(x) = \frac{1}{\sqrt{2\pi}} \exp\left(-\frac{1}{2}(x)^2\right)$

Dies bedeutet, dass wir folgendes Ergebnis haben.

14.7.3   Ergebnis: Standard-Normalverteilung

Die Standardisierung der (μ, σ)-Normalverteilung ist die $(0, 1)$-Normalverteilung.

Diese wird auch *Standard-Normalverteilung* genannt. Die Dichte und die Verteilungs-funktion der Standard-Normalverteilung werden wie folgt bezeichnet.

$$\varphi(x) := \frac{1}{\sqrt{2\pi}} \, e^{-\frac{x^2}{2}} \quad \Phi(x) := \int_{-\infty}^{x} \frac{1}{\sqrt{2\pi}} \, e^{-\frac{u^2}{2}} \, du \qquad (14.24)$$

Φ liegt in Tabellenform vor oder in Computerprogrammen (s. Abb. 14.8). Wir können uns mit einer kleinen Tabelle einen Überblick verschaffen. Mit Excel berechnet sich Φ durch den Befehl: =STANDNORMVERT(x)

14.7.4   Tabelle

x	$-\infty$	-3	-2	-1	0	1	2	3	∞
$y = \Phi(x)$	0	0,0013	0,0228	0,1587	0,5	0,8413	0,9772	0,9987	1

Nach (14.22) gilt $\Phi(x) = F_X(\sigma x + \mu)$. Setzen wir hier $\frac{x-\mu}{\sigma}$ anstelle von x ein und vertauschen wir rechte und linke Seite, dann erhalten wir:

$$y := F_X(x) = \Phi\left(\frac{x - \mu}{\sigma}\right) \qquad (14.25)$$

Wir wenden auf diese Gleichung Φ^{-1} an und erhalten:

$$u := \Phi^{-1}(y) = \Phi^{-1}(F_X(x)) = \frac{x - \mu}{\sigma} = \frac{1}{\sigma}x - \frac{\mu}{\sigma} \qquad (14.26)$$

14.7.5   Interpretation der Gl. (14.26)

Aus Gl. (14.26) geht hervor, dass die Größe u eine lineare Funktion von x ist. Ferner kann $u = \Phi^{-1}(y)$ als eine nicht lineare Skalentransformation angesehen werden. u ist das Quantil von y bezüglich der Standard-Normalverteilung. Dann besagt die Gl. (14.26), dass die (μ, σ)-Normalverteilung auf der u-Skala als eine lineare Funktion dargestellt wird. Ihr Graph ist also eine Gerade, und zwar mit dem u-Achsenabschnitt $-\frac{\mu}{\sigma}$ und der Steigung $\frac{1}{\sigma}$. Zur Veranschaulichung stellen wir in Abb. 14.9 die Standard-Normalverteilung und die $(4.8, 1.67)$-Normalverteilung in der (x, u)-Ebene dar. Für letztere ist der u-Achsenabschnitt gleich $-\frac{\mu}{\sigma} = -2.9$ und die Steigung $\frac{1}{\sigma} = 0.6$.

Abb. 14.8 Dichte φ,
Verteilungsfunktion Φ und
ihre Umkehrfunktion Φ^{-1} für
die Standard-Normalverteilung

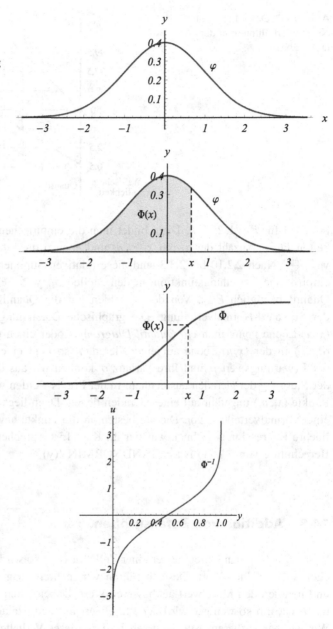

14.7.6 Untersuchung auf Vorliegen einer Normalverteilung durch einen Q-Plot

Liegt eine Messreihe $x_1, ..., x_n$ vor und man weiß noch nicht, ob eine Normalverteilung vorliegt, dann wählt man eine Klasseneinteilung $c_0 < c_1 < ... < c_k$ eines Bereiches in dem die Messwerte $x_1, x_2, ..., x_n$ liegen. a_i sei jeweils die Mitte des Intervalles

Abb. 14.9 Darstellung von Normalverteilungen in der (x, u)-Ebene

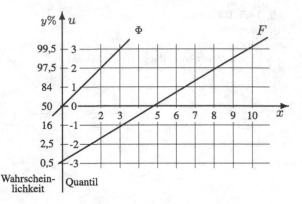

$[c_{i-1}, c_i]$ für $i = 1, 2, ..., k$. Dann bildet man die empirischen absoluten Summenhäufigkeiten hh_i = Anzahl der x_j mit $x_j \le a_i$ und ebenso die relativen Summenhäufigkeiten $y_i = \frac{hh_i}{n}$. Nach 2.2.10 bis 2.3.3 sind diese relativen Summenhäufigkeiten die Werte der empirischen Verteilungsfunktion an den Stellen a_i. $y_i = F_{emp}(a_i)$. D. h. a_i ist das y_i-Quantil bezüglich F_{emp}. Von den y_i bilden wir die Quantile $u_i = \Phi^{-1}(y_i)$ bezüglich der Standard-Normalverteilung. Die graphische Darstellung der Punkte (a_i, u_i) in der (x, u)-Ebene nennt man ein *Quantil-Diagramm* oder einen *Q-Plot*. Liegen die Punkte (a_i, u_i) in der (x, u)-Ebene auf einer Geraden, so liegt eine Normalverteilung vor. Ihren Erwartungswert μ und Ihre Varianz σ können wir aus dem u-Achsenabschnitt und der Steigung der Geraden ausrechnen. In der Praxis werden wir zufrieden sein, wenn die Punkte (x_i, u_i) ungefähr auf einer Geraden liegen. Dann liegt wenigstens näherungsweise eine Normalverteilung vor. Die am besten an die Punkte angepasste Gerade wird durch lineare Regression berechnet, was wir im Kap. 15 besprechen. Der Excel-Befehl für die Berechnung von $\Phi^{-1}(y)$ ist: =STANDNORMINV(y)

14.8 Addition von Zufallsgrößen

Wenn wir z. B. den Durchmesser einer Zelle messen, so wird das Ergebnis etwas abweichen vom exakten Wert. Deshalb führen wir mehrere, sagen wir n, Messungen durch und nehmen den Mittelwert als besseren Wert. Dabei haben wir die Vorstellung, je größer n ist, um so weniger wird der Mittelwert um den exakten Wert herum schwanken. Wir werden in diesem Abschnitt sehen, dass dieses Verhalten des Mittelwertes von der aufgestellten Wahrscheinlichkeitstheorie widergespiegelt wird.

Sind X und Y zwei Zufallsgrößen, dann entsteht durch Addition eine neue Zufallsgröße $X + Y$. Zum Beispiel beim gleichzeitigem Wurf eines roten und eines weißen Würfels sei X die Augenzahl des roten und Y die Augenzahl des weißen Würfels, dann ist $X + Y$ die Augensumme. Es gilt, falls X und Y unabhängig sind:

14.8.1 Erwartungswert und Varianz einer Summe

$$E(X + Y) = E(X) + E(Y) \quad V(X + Y) = V(X) + V(Y) \tag{14.27}$$

Der Beweis wird übergangen. Die Unabhängigkeit von Zufallsgrößen ist dabei wichtig. Wir erinnern nochmals an die Definition.

14.8.2 Definition unabhängiger Zufallsgrößen

X und Y sind *unabhängig*, falls alle Ereignisse A von X und B von Y unabhängig voneinander sind. Nach 4.3.7 bedeutet das:

$$P(X \in A \text{ und } Y \in B) = P(X \in A) \cdot P(Y \in B)$$

In der Statistik hat man häufig n unabhängige Zufallsgrößen $X_1, X_2, \ldots, X_n$ zu betrachten. Unabhängig bedeutet hier entsprechend zum Fall $n = 2$:
$P(X_1 \subset A_1 \text{ und } X_2 \in A_2 \text{ und } \ldots X_n \in A_n) =$
$P(X_1 \in A_1) \cdot P(X_2 \in A_2)) \cdot \ldots) \cdot P(X_n \in A_n)$ für alle Ereignisse A_i von X_i und alle $i = 1, 2, \ldots, n$.
$\sum_{i=1}^{n} X_i$ und $\frac{1}{n} \sum_{i=1}^{n} X_i =: \bar{X}$ sind dann neue Zufallsgrößen. Wer etwas Konkretes vor Augen haben möchte, für den kann X_i z. B. die Anzahl der Geburten in einer Stadt am i-ten Tag des Jahres sein. $\sum_{i=1}^{365} X_i$ ist dann die Anzahl der Geburten im ganzen Jahr und $\bar{X}$ ist die durchschnittliche Zahl von Geburten pro Tag.
Obige Formeln (14.27) verallgemeinern sich für unabhängige X_i zu:

$$E\left(\sum_{i=1}^{n} X_i\right) = \sum_{i=1}^{n} E(X_i) \quad V\left(\sum_{i=1}^{n} X_i\right) = \sum_{i=1}^{n} V(X_i) \tag{14.28}$$

Für die Statistik besonders wichtig ist der Spezialfall, dass alle X_i die gleiche Verteilung haben. Mit den Bezeichnungen $\mu := E(X_i)$ und $\sigma^2 := V(X_i)$ wird dann:

$$E\left(\sum_{i=1}^{n} X_i\right) = n\mu \quad V\left(\sum_{i=1}^{n} X_i\right) = n\sigma^2 \tag{14.29}$$

Aus 14.6 (14.18) und (14.19) folgt für $a = \frac{1}{n}$ und $\bar{X} = \frac{1}{n}\left(\sum_{i=1}^{n} X_i\right)$:

14.8.3 Erwartungswert und Varianz eines arithmetischen Mittels

$$E(\bar{X}) = \mu \quad V(\bar{X}) = \frac{\sigma^2}{n} \tag{14.30}$$

Denn $E(\bar{X}) = \frac{1}{n} E\left(\sum_{i=1}^{n} X_i\right) = \frac{1}{n} n \mu = \mu$, $V(\bar{X}) = \frac{1}{n^2} V\left(\sum_{i=1}^{n} X_i\right) = \frac{1}{n^2} n \sigma^2 = \frac{\sigma^2}{n}$.

Die zweite Gleichung von (14.30) drückt aus, wie $\bar{X}$ mit wachsendem n immer weniger um den Erwartungswert schwankt.

14.9 Warum eine Normalverteilung so oft die Norm ist

Auf eine Normalverteilung kann – mindestens als Näherung – getippt werden, wenn sich die Zufallsvariable Y additiv aus vielen Zufallsvariablen X_i zusammensetzt:

$$Y = X_1 + X_2 + \ldots + X_n$$

14.9.1 Beispiel

Die Körperlänge wird bestimmt durch zufällige Einflüsse wie Ernährung, Umweltbedingungen, Krankheiten, ärztliche Versorgung etc. Jeder dieser Einflüsse an jedem Tag einer etwa 18-jährigen Wachstumsperiode ist eine Zufallsgröße. Aus all diesen setzt sich die Körpergröße eines Erwachsenen additiv zusammen. Daher ist für die Körperlänge auf eine Normalverteilung zu tippen, was durch Messungen in der Praxis bestätigt wird. Die Körperlänge *ist* normalverteilt.

Dies beruht auf dem *Zentralen Grenzwertsatz*, der in einer einfachen Form wie folgt lautet:

14.9.2 Zentraler Grenzwertsatz

Für $i \in \mathbb{N}$ seien X_i gleichverteilte und unabhängige Zufallsgrößen, $Y_n = X_1 + X_2 + \ldots + X_n$, $\tilde{Y}_n =$ Standardisierung von Y_n, $F_{\tilde{Y}_n}(x)$ die Verteilungsfunktion von $\tilde{Y}_n$ und $\Phi(x)$ die Verteilungsfunktion der $(0, 1)$-Normalverteilung. Dann gilt:

$$\lim_{n \to \infty} F_{\tilde{Y}_n}(x) = \Phi(x)$$

14.10 Binomialverteilung und Normalverteilung

14.10.1 Approximation der Binomialverteilung durch eine Normalverteilung

Bei der Binomialverteilung setzt sich die zugehörige Zufallsgröße Y_n aus einer Summe von gleichverteilten und unabhängigen Zufallsgrößen X_i zusammen: Sei X_i die Zufalls-

Abb. 14.10 Annäherung der Binomialverteilung durch die Normalverteilung

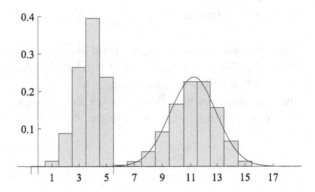

größe mit Ausprägung 1, wenn beim i-ten Versuch der Messreihe der Länge n ein Erfolg eintritt, bzw. Ausprägung 0, wenn im i-ten Versuch kein Erfolg vorliegt. Dann ist die Anzahl Y_n der Erfolge in der ganzen Messreihe die Summe der X_i: $Y_n = \sum_{i=1}^{n} X_i$ Die X_i haben natürlich alle dieselbe Verteilung $p(0) = q, p(1) = p, p + q = 1$. Daher wird für große n die (n, p)-Binomialverteilung durch diejenige Normalverteilung approximiert, welche den gleichen Erwartungswert $\mu = n \cdot p$ und die gleiche Varianz $\sigma^2 = n \cdot p \cdot q$ wie die (n, p)-Binomialverteilung hat.

Dies ist um so erstaunlicher, als die Binomialverteilung für $p \neq 1/2$ eine unsymmetrische, die Normalverteilung dagegen eine symmetrische Verteilung ist. Das bedeutet insbesondere, dass die Binomialverteilung für große n immer symmetrischer wird. Die Abb. 14.10 links für $b_{5,3/4}(k)$ und rechts für $b_{15,3/4}(k)$ macht dies anschaulich. Im letzteren Fall ist $\mu = 11, 25$ und $\sigma \approx 1, 68$. Eingezeichnet ist auch die Dichte der $(11, 25; 1, 68)$-Normalverteilung. Die Annäherung ist gut zu erkennen.

Ein Anhaltspunkt, wie groß n sein muss, damit die Approximation für Anwendungen in der Regel den Anforderungen genügt, ist folgender:

$$n \geq 9 \cdot \text{Max}(p/q, q/p) \quad \text{für} \quad 0, 1 \leq p \leq 0, 9 \tag{14.31}$$

14.11 Ausgewählte Übungsaufgaben

14.11.1 Aufgabe

Angenommen, der Ausfall eines elektronischen Gerätes hat eine Exponentialverteilung mit $\lambda = 0, 02$. Die Zeiteinheit sei ein Jahr.

a) Bis in wieviel Jahren wird wahrscheinlich jedes zehnte Gerät ausgefallen sein? Bis wann sind wahrscheinlich 50 % ausgefallen?

b) Wie groß ist die Wahrscheinlichkeit, dass ein Gerät genau im 10-ten Jahr ausfällt?

14.11.2 Aufgabe

Berechnen Sie $P_3([\mu_3 - d, \mu_3 + d])$ für die Poissonverteilung mit $\lambda = 3$ und $d = 1,5\sigma_3$. Vergleichen Sie den erhaltenen Wert mit der Abschätzung von $P_2([\mu_3 - d, \mu_3 + d])$ durch die Tschebyscheffsche Ungleichung.

Hinweis: Dabei ist bei einer diskreten Zufallsgröße X mit den Ausprägungen $k \in \mathbb{N}$ unter $P_X([a, b])$ folgendes zu verstehen: $P_X([a, b]) := P_X(\{k; \ k \in [a, b]\})$

Stochastische Abhängigkeit

15

Überblick

In diesem Kapitel wird die stochastische Abhängigkeit zweier Zufallsgrößen erklärt und insbesondere auf die lineare Abhängigkeit eingegangen. Für die Stärke einer linearen Abhängigkeit werden Maßzahlen eingeführt. Lineare Abhängigkeit kann graphisch durch die Ausgleichsgerade dargestellt werden. Die Bestimmung der Ausgleichsgeraden wird lineare Regression genannt. Wir besprechen auch verschiedene Arten von nicht linearer Regression. Dabei wird der Regression eines sinusförmigen Biorhythmus ein eigener Abschnitt gewidmet.

15.1 Häufigkeitstafel und Punktwolke

15.1.1 Stichproben

Die *zufällige* Auswahl von Untersuchungsobjekten aus der zugrundeliegenden *Grundgesamtheit* von als gleichwertig angesehenen Objekten heißt eine *Stichprobe (von Objekten)*. An den Objekten wird eine gewisse Zufallsgröße X gemessen. Die Messwerte x von X nennt man in der Beurteilenden Statistik *Realisierungen einer Zufallsgröße X*. Die Messung der Zufallsgröße X an den Objekten der Stichprobe liefert eine Messreihe. Auch eine Messreihe wird als eine Stichprobe bezeichnet, genauer eine *Stichprobe von Realisierungen von X*.

15.1.2 Verbundene Stichproben

Untersucht man in einer Messreihe gleichzeitig zwei quantitative Merkmale X und Y, etwa die Körperlänge von Menschen in cm und das Körpergewicht in kg, so erhält man

© Springer Fachmedien Wiesbaden 2015
A. Riede, *Mathematik für Biowissenschaftler*,
DOI 10.1007/978-3-658-03687-4_15

Tab. 15.1 Korrelationstafel

			a_1	a_2	a_3	a_4	a_5		
			150	160	170	180	190		
	b_1	90				1	1		$h(b_1)$
Y	b_2	80			1	1		2	$h(b_2)$
$[kg]$	b_3	70	1	2	4	8		15	$h(b_3)$
	b_4	60	2	6	5			13	$h(b_4)$
	b_5	50	1	2				3	$h(b_5)$
			4	10	9	9	2	34	n
			$h(a_1)$	$h(a_2)$	$h(a_3)$	$h(a_4)$	$h(a_5)$	n	

als Messreihe (Urliste) eine (endliche) Folge (x, y) von Zahlenpaaren:

$$(x, y) = ((x_1, y_1), (x_2, y_2), \ldots, (x_n, y_n)) = ((150, 70), (151, 62), \ldots, (192, 82))$$

Der Wert x_i und der Wert y_i gehören zum selben Untersuchungsobjekt, im Beispiel zum selben Menschen. Die Stichproben der x_i-Werte und die der y_i-Werte werden als *verbundene Stichproben* bezeichnet.

15.1.3 Demonstrationsbeispiel

x_i	150	151	148	147	164	158	164	162	163	158	156	158	158
y_i	70	62	58	48	74	68	64	62	61	59	57	56	52

x_i	156	174	167	174	172	169	167	166	179	184	182	184	178
y_i	47	74	67	64	63	61	58	56	81	74	73	71	69

x_i	176	180	184	178	173	171	189	192
y_i	66	67	74	68	72	71	90	82

Statt einer Strichliste erhält man eine *Strichtafel* und anstelle einer Liste von Häufigkeiten wie früher eine *Häufigkeitstafel*, die auch *Korrelationstafel* oder *Kontingenztafel* genannt wird.

In Tab. 15.1 bedeuten die Zahlen im zentralen Rechteck die (absoluten) Häufigkeiten $h(a_i, b_m)$, d. h. die Anzahl der Messwertpaare, für die $x = a_i$ und $y = b_m$. Am Rand sind die Häufigkeiten der einzelnen Ausprägungen eingetragen. Sie ergeben sich als Zeilen- und Spaltensummen.

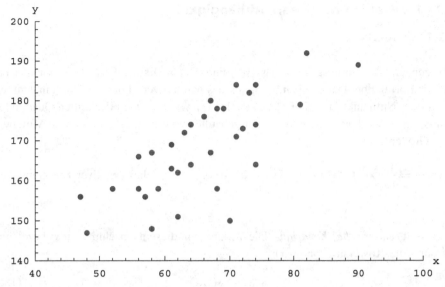

Abb. 15.1 Punktwolke

Stellt man die Messwertpaare als Punkte in der Ebene dar, so erhält man eine *Punktwolke* (s. Abb. 15.1).

15.1.4 Intuitives Erfassen von linearer Abhängigkeit

Die Anschauung sagt uns in unserem Demonstrationsbeispiel: Wenn x wächst, dann steigt auch y im Mittel an. Es besteht eine *Abhängigkeit* oder ein *Zusammenhang (Kontingenz)*. Man kann auch sagen, es gibt eine *Beziehung (Korrelation)* zwischen X und Y, in diesem Beispiel eine *lineare Korrelation*.

Letzteres bedeutet, dass man eine Gerade zeichnen kann, um die die Werte „gleichmäßig" verteilt sind. Y hängt bis auf Streuung linear von X ab. Im Gegensatz zu funktionaler Abhängigkeit besteht hier eine *stochastische Abhängigkeit;* d. h. jedem Wert von X ist nicht ein eindeutiger Wert von Y zugeordnet (wie bei einer Funktion), sondern ein ganzer Bereich, in dem die Werte von Y für jeden Wert von X einer Zufallsverteilung entsprechend liegen. Wächst (bzw. fällt) Y stochastisch mit wachsendem X, so spricht man von *positiver (bzw. negativer) Korrelation*.

Die Korrelation ist um so *straffer*, je „flacher" die Punktwolke ist. Im Extremfall, dass alle Punkte auf einer Geraden liegen (mit Steigung $\neq 0$ und $\neq \infty$), sprechen wir von *perfekter Korrelation*.

15.2 Maßzahlen für lineare Abhängigkeit

15.2.1 Kovarianz

Im folgenden wird vorausgesetzt, dass $s(x)$ und $s(y) \neq 0$ sind. Betrachten wir den Fall positiver Korrelation. Dann liegen bezüglich des parallel verschobenen Koordinatenkreuzes mit dem Nullpunkt in $(\bar{x}, \bar{y})$ fast alle Punkte (x_j, y_j) im ersten oder dritten Quadranten. Dann ist $(x_j - \bar{x})(y_j - \bar{y}) > 0$ und es ist anschaulich zu erwarten, dass für den Mittelwert dieser Größen gilt:

$$s(x, y) = \frac{1}{n} \sum_j (x_j - \bar{x})(y_j - \bar{y}) > 0 \quad \text{bzw.} \quad < 0 \quad \text{bei negativer Korrelation}$$

(15.1)

$s(x, y)$ heißt *(empirische) Kovarianz*. Die Varianz – in diesem Abschnitt mit s^2 bezeichnet – ist dann die Kovarianz von (x, x):

$$s^2(x) = s(x, x)$$

(15.2)

An dieser Größe kann man also wenigstens ablesen, ob positive oder negative Korrelation besteht. Als Maßzahl für die Stärke der Abhängigkeit kann sie jedoch nicht dienen, da sie vom Maßstab abhängig ist; denn wenn man z. B. den Maßstab auf einer Achse etwa um den Faktor 10 streckt, so wird die Kovarianz durch 10 geteilt. Um zu einer gegen Skalenstreckungen unabhängigen Maßzahl zu kommen, wird definiert:

15.2.2 Definition des Korrelationskoeffizienten

Für $s(x) \neq 0$ und $s(y) \neq 0$ ist $r = r(x, y) = \frac{s(x,y)}{s(x)s(y)}$ der *lineare Korrelationskoeffizient*.

Die wesentlichen Eigenschaften von $r(x, y)$ ergeben sich aus einer Ungleichung der Linearen Algebra (Cauchy–Schwarzsche Ungleichung), auf die wir im Rahmen dieses Buches nicht eingehen.

$$|s(x, y)| \leq s(x)s(y)$$

(15.3)

Dabei gilt das Gleichheitszeichen genau dann, wenn die (x_j, y_j) auf einer Geraden liegen.

15.2.3 Die Rolle des Korrelationskoeffizienten

$$-1 \leq r \leq 1 \tag{15.4}$$

$|r| = 1 \Leftrightarrow$ perfekte Korrelation d. h. die Punkte liegen alle auf einer Geraden (15.5)

$r > 0 \quad \text{bzw.} \quad (r < 0) \quad \Leftrightarrow \quad$ positive (bzw. negative) Korrelation (15.6)

15.2.4   Ein Zahlenbeispiel

x_j	0	2	2	$\bar{x} = 4/3$
y_j	1	2	0	$\bar{y} = 1$

Punktwölkchen

Hier wird man vermuten, daß keine lineare Korrelation besteht. Die Rechnung bestätigt dies:

$$s(x,y) = \frac{1}{3}\left(-\frac{4}{3}\cdot 0 + \frac{2}{3}\cdot 1 + \frac{2}{3}(-1)\right) = 0,\, r(x,y) = \frac{s(x,y)}{s(x)s(y)} = 0$$

Ähnlich wie die Varianz gibt es auch für die Kovarianz weitere Formeln:

15.2.5   Formeln für die Kovarianz

1. $s(x,y) = \left(\dfrac{1}{n}\displaystyle\sum_{j=1}^{n} x_j y_j\right) - \bar{x}\bar{y}$

2. $s(x,y) = \dfrac{1}{n}\displaystyle\sum_{i,m} h(a_i, b_m)(a_i - \bar{x})(b_m - \bar{y})$

3. Ist c ein Schätzwert für $\bar{x}$ und d für $\bar{y}$, dann gilt:

   a) $s(x,y) = \left(\dfrac{1}{n}\displaystyle\sum_{j=1}^{n} (x_j - c)(y_j - d)\right) - (\bar{x} - c)(\bar{y} - d)$

   b) $s(x,y) = \left(\dfrac{1}{n}\displaystyle\sum_{i,m} h(a_i, b_m)(a_i - c)(b_m - d)\right) - (\bar{x} - c)(\bar{y} - d)$

15.3   Die Ausgleichsgerade

15.3.1   Definition der Regressionsgeraden

Die Gerade g_0, die den Messwertpaaren am besten angepasst ist, heißt die *Ausgleichsgerade* oder *Regressionsgerade*.
Dabei stellen sich die

15.3.2   Fragen

1. Was soll „am besten angepasst" überhaupt bedeuten?
2. Gibt es eine solche Gerade?
3. Ist sie eindeutig bestimmt?
4. Wie berechnet man ihre Gleichung?

Abb. 15.2 Standard-Streifen

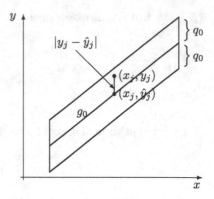

Wir versuchen es, indem wir eine Geradengleichung ansetzen:

$$y = ax + b \qquad (15.7)$$

Zunächst wollen wir verlangen, dass die Gerade g durch den Mittelpunkt $(\bar{x}, \bar{y})$ gehen soll, dass also gilt

$$\bar{y} = a\bar{x} + b \qquad (15.8)$$

oder nach b aufgelöst:

$$b = \bar{y} - a\bar{x} \qquad (15.9)$$

(15.9) in (15.7) eingesetzt, ergibt

$$y = \bar{y} + a(x - \bar{x}) \qquad (15.10)$$

Für jedes Messwertepaar (x_j, y_j) betrachten wir dann noch den Punkt $(x_j, \hat{y}_j)$ von g mit

$$\hat{y}_j := \bar{y} + a(x_j - \bar{x}) \qquad (15.11)$$

(Vergl. Abb. 15.2.)
Dann wird festgesetzt:

15.3.3   Definition

$\frac{1}{n} \sum_j (y_j - \hat{y}_j)^2$ wird die *mittlere quadratische Abweichung* der *y*-Werte *von der Geraden g* genannt.

Wir setzen (15.11) ein und nennen den entstehenden Ausdruck $q^2(a)$ bzw. $Q(a)$:

$$\frac{1}{n} \sum_j (y_j - \hat{y}_j)^2 = \frac{1}{n} \sum_j ((y_j - \bar{y}_j) - a(x_j - \bar{x}))^2 =: q^2(a) =: Q(a) \qquad (15.12)$$

Abb. 15.3 Ausgleichsgerade

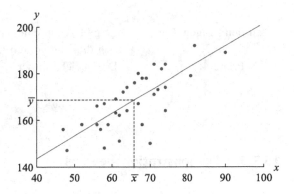

$$Q(a) = \frac{1}{n} \sum_j \left((y_j - \bar{y}_j)^2 - 2a(y_j - \bar{y})(x_j - \bar{x}) + a^2(x_j - \bar{x})^2 \right)$$

$$= \frac{1}{n} \sum_j (y_j - \bar{y}_j)^2 - 2a\frac{1}{n} \sum_j (y_j - \bar{y})(x_j - \bar{x}) + a^2 \frac{1}{n} \sum_j (x_j - \bar{x})^2$$

$$= s^2(y) - 2s(x,y)a + s^2(x)a^2$$

$$= m + sa + ra^2 \text{ mit } m = s^2(y), s = -2s(x,y) \text{ und } r = s^2(x)$$

Hieraus ersehen wir, dass $Q(a)$ eine quadratische Funktion in der Variablen a ist. Durch Bildung der quadratischen Ergänzung wie in Gl. (7.1) von Abschn. 7.1.7 finden wir:

$$Q(a) = s^2(y) - \frac{s^2(x,y)}{s^2(x)} + s^2(x)\left(a - \frac{s(x,y)}{s^2(x)} \right)^2 \qquad (15.13)$$

Aus dieser Gleichung lesen wir ab, dass $Q(a)$ sein absolutes Minimum hat für:

$$a = \frac{s(x,y)}{s^2(x)} =: a_0 \qquad (15.14)$$

Damit ergeben sich auf die Fragen 15.3.2 folgende

15.3.4 Antworten

Die am besten angepasste Gerade

Zu Frage 1:   Am besten angepasst, soll bedeuten:
Die quadratische Abweichung $Q(a)$ ist minimal.

Zu den Fragen 2 und 3:   Es gibt genau eine am besten angepasste Gerade, nämlich diejenige durch $(\bar{x}, \bar{y})$ mit der Steigung a_0.

Zu Frage 4:   Die Gleichung der Ausgleichsgeraden g_0 lautet:

$$g_0 : y = \bar{y} \; + \; \frac{s(x,y)}{s^2(x)}(x - \bar{x}) \tag{15.15}$$

15.3.5 Demonstrationsbeispiel

Messreihe: $(0,0), (1,1), (2,1)$

$$\bar{x} = 1, \bar{y} = \tfrac{2}{3}$$

$$s^2(x) = \tfrac{1}{3}(1 + 0 + 1) = \tfrac{2}{3}$$

$$s(x,y) = \tfrac{1}{3}\left((-1)(-\tfrac{2}{3}) + 0 \cdot (\tfrac{1}{3}) + 1 \cdot \tfrac{1}{3}\right)$$

$$s(x,y) = \tfrac{1}{3}\left(\tfrac{2}{3} + \tfrac{1}{3}\right) = \tfrac{1}{3}$$

Ausgleichsgerade: $y = \tfrac{2}{3} + \tfrac{1/3}{2/3}(x - 1) = \tfrac{1}{2}x + \tfrac{1}{6}$

Setzen wir in (15.13) $a = a_0 = \frac{s(x,y)}{s^2(x)}$ ein, dann wird:

$$q^2(a_0) = s^2(y) \; - \; \frac{s^2(x,y)}{s^2(x)} = s^2(y) \; - \; \frac{s^2(x,y)}{s^2(x)s^2(y)}s^2(y) = s^2(y)(1 - r^2(x,y))$$

$$q_0 := q(a_0) = s(y)\sqrt{(1 - r^2(x,y))} \tag{15.16}$$

15.3.6 Definition

Wir können q_0 die *vertikale Standardabweichung* der Stichprobe (x_j, y_j) von der Ausgleichsgeraden g_0 nennen. (Vertikal bedeutet dabei senkrecht zur x-Achse, nicht etwa
senkrecht zu g_0.) S. Abb. 15.2.

15.3.7 Bedeutung der vertikalen Standardabweichung

Im Streifen der vertikalen Breite $2q_0$ mit g_0 als Mittellinie liegen „viele" Punkte (x_j, y_j)
der Stichprobe (s. Abb. 15.2). Auf Näheres gehen wir nicht ein.
Die Bestimmung von g_0 und q_0 mit den obigen Formeln nennt man *Lineare Regression*.

15.4 Nichtlineare Regression

Besteht keine lineare Korrelation, dann können wir oft aus dem Datenmaterial erraten oder aus den Gesetzen der Biologie vorhersagen, daß eine Abhängigkeit besteht, die durch einen anderen Funktionstyp als den einer linearen Funktion beschrieben werden kann. Für eine solche *nichtlineare Regression* hat man zwei Methoden.

15.4.1 Methode A

Es könnte z. B. eine Beschreibung durch ein Polynom zweiten Grades, $y = a + bx + cx^2$, in Frage kommen. Man versucht dann die „freien Parameter" a, b, c so anzugleichen an die Messdaten, daß wieder die *mittlere quadratische Abweichung*

$$q^2 = \frac{1}{n} \sum_j (y_j - \hat{y}_j)^2 \quad \text{mit} \quad \hat{y}_j = a + bx_j + cx_j^2 \tag{15.17}$$

minimal wird.

15.4.2 Methode B

Man transformiert die Skalen so, daß für die neuen Skalen eine lineare Korrelation zu erwarten ist, und zwar entweder die y-Skala, die x-Skala oder die x-Skala und die y-Skala.

15.4.3 Exponentielle Regression

Falls ein exponentieller Zusammenhang $y = A\,e^{Bx}$ zwischen x und y vermutet wird, setzt man $u := \ln y$ und erhält $u = \ln A + Bx$. D. h. u und x sind linear korreliert; sei $u = a_0 x + b$ die Ausgleichsgerade für $(x_i, u_i) = (x_i, \ln y_i)$. Dann ist $A = e^b$ und $a_0 = B$.

15.4.4 Logarithmische Regression

Vermutet man eine logarithmische Abhängigkeit $y = A + B \ln x$, dann setzt man $v := \ln x$ und erhält $y = A + Bv$ und sieht, dass y und v linear korreliert sind. Sei $y = a_0 v + b$ die Ausgleichsgerade für $(v_i, y_i) = (\ln x_i, y_i)$, dann ist $A = b$ und $B = a_0$.

Abb. 15.4 Sinusförmige
Funktion

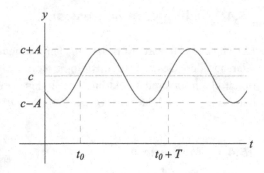

15.4.5 Regression bei einer Potenzfunktion

Geht man davon aus, dass eine Potenzfunktion $y = A\,x^B$ eine angemessene Beschreibung darstellt, dann setzt man $u := \ln y$ und $v := \ln x$. Dann folgt: $\ln y = \ln A + B\,\ln x$ d. h. $u = \ln A + Bv$. Nun bestimmt man die Ausgleichsgerade $u = b + a_0 v$ zu den Punkten $(v_i, u_i) = (\ln x_i, \ln y_i)$. Dann ist $A = e^b, a_0 = B$.

15.5 Regression eines sinusförmigen Biorhythmus

15.5.1 Definition: Sinusförmiger Verlauf

Wir wollen sagen, ein zeitlicher Vorgang hat einen *sinusförmigen* Verlauf, falls er durch eine *sinusförmige* Funktion $f(t)$ von der Zeit t beschrieben werden kann:
$y = f(t) = c + A \sin(\omega(t - t_0))$ mit Konstanten c, $A > 0$, $\omega > 0$ und t_0. S. Abb. 15.4.
Eine sinusförmige Funktion ist eine periodische Funktion mit Periode $T = 2\pi/\omega$, d. h. nach der Zeit T wiederholt sich der Verlauf.
Sinusförmiger Verlauf bedeutet, dass der zeitliche Verlauf tatsächlich durch die Sinus-Funktion beschrieben wird, wenn man folgende Skalenänderungen vornimmt:

1. Verschiebung des Nullpunktes der Zeit nach t_0. Dann hat man:
   $y = c + A \sin(\omega t)$.
2. Einführung einer neuen Zeiteinheit durch *Skalierung* mit dem Faktor ω.
   $u := \omega t, u =$ Zeit in neuer Einheit gemessen. Dann wird:
   $y = c + A \sin(u)$.
3. Verschiebung des Nullpunktes der Skala von y in den Punkt c : Dies ergibt:
   $y = A \sin(u)$.
4. Einführung einer neuen Maßeinheit auch für die Werte von f: $Y = A^{-1}y$. Dies führt zu der Sinus-Funktion:
   $Y = \sin(u)$.

Führt man umgekehrt ausgehend von der Sinus-Funktion Skalentransformationen dieser Art durch, so kommt man immer wieder zu einer Funktion der Form $y = f(t) = c + A\sin(\omega(t - t_0))$. Zusammenfassend können wir dafür sagen:

15.5.2 Satz

Ein sinusförmiger Verlauf ist ein solcher, der nach geeigneten Skalentransformationen durch die Sinus-Funktion beschrieben wird. Eine sinusförmige Funktion ist eine solche, die sich durch geeignete Skalentransformationen in die Sinus-Funktion transformieren lässt. Dabei sind als Skalentransformationen nur zugelassen: Einheitenänderungen auf der x- und y-Achse und Verschiebungen des Nullpunktes auf der x- und y-Achse.

15.5.3 Bezeichnung

Die Bestimmung der Konstanten c, $A > 0$, $\omega > 0$ und t_0, nennen wir *Anpassung der Sinus-Funktion an den Verlauf.*

15.5.4 Die Bedeutung der Konstanten

1. c ist der *Mittelwert* .
2. A ist die maximale Schwankung um den Mittelwert und wird *Amplitude* genannt.
3. ω heißt *Kreisfrequenz* und steht mit der Periode T wie folgt in Verbindung:

$$T = \frac{2\pi}{\omega}$$

4. t_0 heißt *Phase* oder *Phasenverschiebung.*

Zum Beispiel ist die maximale Phase des Verlaufs bei der Funktion
$y = f(t) = c + A\sin(\omega(t - t_0))$ an der Stelle $t_{\max} = \pi/\omega + t_0$, bei der Funktion
$y = f(t) = c + A\sin(\omega t)$ an der Stelle $t_{\max} = \pi/\omega$, bei der erst genannten Funktion
also um t_0 nach rechts verschoben gegenüber der zweiten.
Genauso ist die Phase des *aufsteigenden Mittelwert-Durchgangs (Nulldurchgangs* für
$c = 0$) bei der ersten Funktion gegenüber der zweiten um t_0 nach rechts verschoben,
nämlich von 0 nach t_0. Die erste Funktion hat also bei t_0 einen aufsteigenden Mittelwert-
Durchgang.

Abb. 15.5 Beispiel für nicht
lineare Korrelation

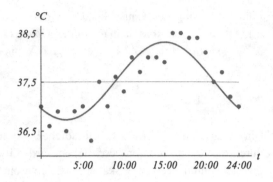

15.5.5 Regression durch eine sinusförmige Funktion

Sehen die Daten so aus, dass eine sinusförmige Funktion $y = c + a \; \sin(\omega(t - t_0))$ sie
annähernd beschreiben könnte, dann setzt man $x := \sin(\omega(t - t_0))$ und findet $y = c + a \, x$.
D. h. y und x sind linear korreliert. Ist $y = b + a_0 \, x$ die Ausgleichsgerade, dann ist $b = c$
und $a_0 = a$. Dabei muss die Phasenverschiebung t_0 bekannt sein, ebenso die Periode T,
aus der sich ω errechnet zu $\omega = \frac{2\pi}{T}$.

15.5.6 Circadianer Verlauf der Körpertemperatur

Nehmen wir an, es soll der circadiane Verlauf der Körpertemperatur bei Ratten beschrieben werden und es liegt eine Stichprobe vor, die bereits als Punkte wie in Abb. 15.5
dargestellt sind. Nachdem man noch den Mittelwert der Temperatur aus den Daten zu
$37,5\,^0$ C berechnet hat, liest man aus der Zeichnung ab, dass der Mittelwert etwa um
9:00 Uhr vorliegt. Damit hat man einen Ansatz für t_0, nämlich $t_0 = 9$. Weiter ist $T = 24$.
Damit erhält die gesuchte Funktion die Form $y = c + a \sin\left(\frac{2\pi}{24}(t - 9)\right)$, in der man die
Koeffizienten a und c wie in 15.5.5 berechnet.

15.6 Ausgewählte Übungsaufgaben

15.6.1 Aufgabe

Sei Y die Sterblichkeitsrate pro 100.000 Personen pro Jahr an Gefäßkrankheiten. X sei
das Alter einer Person. Es wird angenommen, dass Y stochastisch exponentiell mit dem
Alter wächst. Führen Sie für die folgende Messreihe eine exponentielle Regression durch.

x_j	10	20	58	75
y_j	0,6	3	100	1000

Statistische Schätzverfahren

16

Überblick

Bei *Schätzungen* bestimmt man näherungsweise einen unbekannten Wert unter Angabe eines üblicherweise zu erwartenden Fehlers. Dies wird in diesem Abschnitt präzisiert. Die Methode der *Maximum-Likelihood-Schätzungen* bestimmt bei einer Wahrscheinlichkeitsverteilung mit einem Parameter denjenigen Parameterwert, der am besten zu einer vorliegenden Stichprobe passt. Es werden folgende Beispiele behandelt:

- Schätzung des Erwartungswertes und der Varianz bei beliebiger Verteilung.
- Schätzung des Erwartungswertes einer Normalverteilung bei bekannter Varianz mittels der Quantile der Normalverteilung.
- Dasselbe bei unbekannter Varianz mittels der Quantile einer t-Verteilung.
- Schätzung einer Wahrscheinlichkeit.
- Schätzung einer Populationsgröße mit Hilfe der Rückfangmethode und der Hypergeometrischen Verteilung.

16.1 Punktschätzungen

16.1.1 Zum Begriff Wahrscheinlichkeitsmodell und Statistisches Modell

Ein *Wahrscheinlichkeitsmodell* ist eine ganz bestimmte Verteilung wie etwa die $(5, 1/2)$-Binomialverteilung.

Ein *Statistisches Modell* ist dagegen ein *Typ* von Verteilung, bestehend aus einer ganzen *ein- oder mehrparametrigen Schar* von Verteilungen, wie etwa allen (n, p)-Binomialverteilungen mit Parametern $n \in \mathbb{N}$ und p mit $0 < p < 1$.

© Springer Fachmedien Wiesbaden 2015
A. Riede, *Mathematik für Biowissenschaftler,*
DOI 10.1007/978-3-658-03687-4_16

Bisher sind im wesentlichen die folgenden Typen aufgetreten:

	Typ	Schar	Parameter	Anzahl
1.	Bernoulli	$B_p := b_{1,p}$-Verteilung	$0 < p < 1$	1
2.	Binomial	$b_{n,p}$-Verteilungen	$n \in \mathbb{N},\ 0 < p < 1$	2
3.	Hypergeometrisch	$P_{n,N,m}$	$n, N, m \in \mathbb{N}$	3
4.	Poisson	P_λ	$\lambda > 0$	1
5.	Geometrisch	g_p	$0 < p < 1$	1
6.	Exponentiell	$\lambda\,e^{-\lambda x}$	$0 < \lambda$	1
7.	Normal	(μ, σ)-Normalverteilung	$\mu, \sigma^2 \in \mathbb{R}, \sigma > 0$	2

16.1.2 Schätzprobleme

Oft ist bekannt, dass eine bestimmte Zufallsgröße X nach einem gewissen statistischen Modell verteilt ist, aber ein oder mehrere Parameter unbekannt sind. Ein Schätzproblem ist die Aufgabe, für einen unbekannten Parameter wenigstens einen Näherungswert, einen *Schätzwert* zu finden? Die Angabe eines Schätzwertes – eines Punktes auf der Zahlengeraden – heißt eine *Punktschätzung*.

16.1.3 Wiederholung: Stichproben

Die *zufällige* Auswahl von Untersuchungsobjekten aus der zugrundeliegenden *Grundgesamtheit* von als gleichwertig angesehenen Objekten heißt eine *Stichprobe (von Objekten)*. An den Objekten wird eine gewisse Zufallsgröße X gemessen. Die Messwerte x von X nennt man in der Beurteilenden Statistik *Realisierungen von X*. Die Messung der Zufallsgröße X an den Objekten der Stichprobe liefert eine Messreihe. Auch eine Messreihe wird als eine Stichprobe bezeichnet, genauer eine *Stichprobe von Realisierungen von X*.

16.1.4 Schätzverfahren für p bei der $b_{1,p}$-Verteilung

Wir betrachten ein Zufallsmerkmal, das nur zwei Ausprägungen A und $\bar{A}$ hat mit den Wahrscheinlichkeiten p und q ($p, q > 0$ und $p + q = 1$). X sei die Zufallsgröße mit $X = 1$, falls A eintritt und $X = 0$, falls A nicht eintritt. X liegt also eine $b_{1,p}$-Verteilung zugrunde. Dann wird eine Stichprobe $(x_1, x_2, \ldots, x_n)$ gebildet, und wir nehmen die relative Häufigkeit r von 1 (d. h. von A) als einen *Schätzwert* $\hat{p}$ für p. Dies entspricht unserer Vorstellung, dass die Wahrscheinlichkeit eine Idealisierung von relativer Häufig-keit ist. r kann nun angesehen werden als Realisierung einer Zufallsgröße; denn es ist $x_1 + x_2 + \cdots + x_n$ genau die Anzahl, wie oft A eingetreten ist, also die absolute Häufigkeit von A. Die relative Häufigkeit r ist das arithmetische Mittel der x_j. Also gilt:

$$\text{Schätzwert} := r = \bar{x} = \frac{1}{n}(x_1 + x_2 + \cdots + x_n) \tag{16.1}$$

Der j-te Messwert x_j ist eine Realisierung der Zufallsgröße X_j wie in 14.10 und $r = \bar{x}$ eine Realisierung der Zufallsgröße $\bar{X}_n = \frac{1}{n}(X_1 + X_2 + \cdots + X_n)$. Dabei sind alle X_j genauso verteilt wie X. Die Zufallsgröße $\bar{X}_n$ heißt in diesem Schätzverfahren die *Schätzgröße*.

$$\text{Schätzgröße} := \bar{X}_n = \frac{1}{n}(X_1 + X_2 + \cdots + X_n) \tag{16.2}$$

16.1.5 Allgemeine Beschreibung eines Schätzverfahrens

Für eine Zufallsgröße X wird ein statistisches Modell herangezogen, das von einem Parameter θ abhängt. Zu einer Stichprobe vom Umfang n gehören dann wie oben n Zufallsgrößen $X_1, X_2, \ldots, X_n$, die alle die gleiche Verteilung wie X haben. Für eine Funktion $\varphi_n(x_1, x_2, \ldots, x_n)$ z. B. $\varphi_n(x_1, x_2, \ldots, x_n) = \frac{1}{n}\sum_{i=1}^{n} x_i$ heißt dann die Zufallsgröße $S_n = \varphi_n(X_1, X_2, \ldots, X_n)$ eine *Schätzgröße* für θ. $\hat{\theta} := \varphi_n(x_1, x_2, \ldots, x_n)$ heißt ein *Schätzwert* für θ, wobei $x_1, x_2, \ldots, x_n$ die Realisierungen von $X_1, X_2, \ldots, X_n$ bei einer Stichprobe sind. Wir betrachten meist Schätzverfahren, bei denen für *jedes* $n \in \mathbb{N}$ eine Schätzgröße gewählt ist. Von Interesse sind natürlich nur „gute" Schätzgrößen, die erwarten lassen, dass $\hat{\theta}$ ein möglichst genauer Näherungswert für θ wird. Wir wollen verlangen, dass die Schätzgrößen S_n folgende Bedingungen erfüllen:

16.1.6 Erwartungstreue

S_n heißt *erwartungstreu*, wenn der Erwartungswert von S_n gleich θ ist: $E(S_n) = \theta$

Als zweite Bedingung wäre $V(S_n) = 0$ ideal; das ist aber bei wirklichen Zufallsgrößen nicht möglich. Aber eine gute Bedingung ist:

16.1.7 Asymptotisches Verschwinden der Varianz

$$\lim_{n \to \infty} V(S_n) = 0$$

In Worten: Die Varianz wird beliebig klein für genügend großes n. Dies hat zur Folge: Mit wachsendem n wird der Parameter θ mit immer größerer Sicherheit und mit immer kleinerem Fehler geschätzt. Diese Eigenschaft nennt man *Konsistenz des Schätzverfahrens*.

16.1.8 Beispiel: Schätzung des Erwartungswertes

X sei eine beliebige Zufallsgröße mit $E(X) = \mu$ und $V(X) = \sigma^2$. Wir brauchen jetzt nicht einmal das statistische Modell, den Typ von Verteilung zu kennen. Wie bei der Normalverteilung sehen wir μ als einen Parameter der Verteilung an. Stets ist das arithmetische Mittel $S_n = \bar{X}_n$ eine gute Schätzgröße für μ. Denn nach (14.30) ist $E(\bar{X}_n) = \mu$ und $V(\bar{X}_n) = \frac{\sigma^2}{n}$. Folglich ist $\bar{X}$ erwartungstreu und hat wegen $\lim_{n\to\infty} \frac{\sigma^2}{n} = 0$ asymptotisch verschwindende Varianz.

16.1.9 Frage: Wie schätzt man die Varianz?

Die Antwort scheint sogar bei völlig beliebigem Verteilungstyp klar: Als Schätzwert ist die empirische Varianz zu nehmen:

$$s_n^2 := \frac{1}{n} \sum_{i=1}^n (x_i - \bar{x})^2 \text{mit Schätzgröße } S_n = \Sigma_n^2 := \frac{1}{n} \sum_{i=1}^n \left(X_i - \bar{X}\right)^2$$

16.1.10 Frage: Ist Σ_n^2 eine gute Schätzgröße?

Eine längere Rechnung liefert folgendes

$$E\left(\Sigma_n^2\right) = \frac{n-1}{n}\, \sigma^2 \tag{16.3}$$

Σ_n^2 ist daher nicht erwartungstreu; es ist allerdings wegen $\lim_{n\to\infty} \frac{n-1}{n} = 1$ *asymptotisch erwartungstreu*, d. h.

$$\lim_{n\to\infty} E\left(\Sigma_n^2\right) = \sigma^2 \tag{16.4}$$

16.1.11 Antwort

Für großes n ist $S_n = \Sigma_n^2$ als Schätzgröße für σ^2 brauchbar.

Wir halten noch fest:

16.1.12 Definition von asymptotisch erwartungstreuer Schätzgröße

Eine Folge von Schätzgrößen S_n für irgendeinen Parameter a heißt *asymptotisch erwartungstreu*, falls $E(\lim_{n\to\infty} S_n) = a$ ist.

Für kleine n schätzt man σ^2 mit Σ_n^2 jedoch im Mittel etwas zu klein ein wegen $\frac{n-1}{n} < 1$. Für $n = 10$ erhält man z. B. $\frac{n-1}{n} = \frac{9}{10}$; σ^2 wird im Mittel um $\frac{1}{10} = 10\,\%$ zu klein geschätzt. Es ist aus dieser Rechnung aber auch schnell zu sehen, wie man zu einer erwartungstreuen Schätzgröße für σ^2 kommt, nämlich:

16.1.13 Satz

$$\hat{\Sigma}_n^2 := \frac{1}{n-1} \sum_{i=1}^{n} \left(X_i - \bar{X}\right)^2$$

ist eine erwartungstreue Schätzgröße für die Varianz.
Denn: $E(\hat{\Sigma}_n^2) = E\left(\frac{n}{n-1} \Sigma_n^2\right) = \frac{n}{n-1} E(\Sigma_n^2) = \frac{n}{n-1} \frac{n-1}{n} \sigma^2 = \sigma^2$

16.1.14 Schätzung der Varianz bei bekanntem Erwartungswert

Die Zufallsgröße $\Sigma_\mu^2 := \frac{1}{n} \sum_{i=1}^{n} (X_i - \mu)^2$ ist eine erwartungstreue Schätzgröße für die Varianz, wenn der Erwartungswert μ von X bekannt ist.
Die Erwartungstreue von Σ_μ^2 sieht man leicht ein:

$$E\left(\Sigma_\mu^2\right) = \frac{1}{n} \sum_{i=1}^{n} E\left((X_i - \mu)^2\right) = \frac{1}{n} \sum_{i=1}^{n} E\left((X - \mu)^2\right) = \frac{1}{n} n\, V(X) = V(X) = \sigma^2$$

Dabei ist in der drittletzten Gleichheit die Gl. (14.12) verwendet worden. Ohne es nachzuweisen, wollen wir noch festhalten:

16.1.15 Bemerkung

Die drei Schätzgrößen Σ_n^2, $\hat{\Sigma}_n^2$ und Σ_μ^2 haben asymptotisch verschwindende Varianz.

16.2 Maximum-Likelihood-Schätzungen

16.2.1 Diskreter Fall

Die Zufallsvariable X sei nach einem stochastischen Modell verteilt, das von einem unbekannten Parameter Θ abhängt. Es sei eine Stichprobe $(x_1, \ldots, x_n)$ gebildet, bei der die x_i unabhängig von einander bestimmt werden. Dann ist $P(x_1, \ldots, x_n)$ eine von Θ abhängige Funktion.

16.2.2 Definition

$$L(\Theta) := P(x_1, \ldots, x_n) \quad \text{heißt } \textit{Likelihood-Funktion.}$$

Bei der Maximum-Likelihood-Schätzung wird die Maximum-Stelle $\hat{\Theta}$ von $L(\Theta)$ als Schätzwert für Θ genommen. Anders ausgedrückt, man nimmt dasjenige Θ, für das die gefundene Messreihe am wahrscheinlichsten ist. In vielen Beispielen gibt es genau eine Maximumstelle; daher ist dies oft ein sinnvolles Vorgehen, wie etwa in Beispiel 16.2.3. Etwas allgemeiner können wir für eine Funktion $f : \mathbb{R}^n \to \mathbb{R}^k$ das k-tupel $(y_1, \ldots, y_k) := f(x_1, \ldots, x_n) = (f_1(x_1, \ldots, x_n), \ldots, f_k(x_1, \ldots, x_n))$ betrachten und als Likelihoodfunktion nehmen:

$$L(\Theta) = P(y_1, \ldots, y_k)$$

16.2.3 Beispiel

Wir betrachten einen Genort mit zwei Allelen: A, a. Dann haben wir die Genotypen: $a_1 = AA = D$, $a_2 = Aa = H$, $a_3 = aa = R$ mit ihren relativen Häufigkeiten, die wir mit den Wahrscheinlichkeiten gleich setzen:

a_i	D	H	R
$p(a_i)$	p_1	p_2	p_3

Wir setzen voraus, dass die Population sich im Hardy-Weinbergschen Gleichgewicht (vgl. Abschn. 6.7) befindet; dies bedeutet, dass p_1, p_2, p_3 nicht mehr beliebige Zahlen mit $0 \leq p_i \leq 1$ für $i = 1, 2, 3$ und $p_1 + p_2 + p_3 = 1$ sind, sondern dass man sie schreiben kann in der Form:

$$p_1 = \Theta^2, \ p_2 = 2\Theta(1 - \Theta), \ p_3 = (1 - \Theta)^2 \ \text{für} \ \text{ein } \Theta \text{ mit } 0 < \Theta < 1$$

Z. B. sind $p_1 = 1/4$, $p_2 = 1/2$, $p_3 = 1/4$ Zahlentripel, die in einem Hardy-Weinberg-Gleichgewicht auftreten können, nämlich für $\Theta = 1/2$; jedoch das Tripel $p_1 = 1/3$, $p_2 = 1/3$, $p_3 = 1/3$ kann nicht in einem Hardy-Weinberg-Gleichgewicht vorkommen. In einer Stichprobe sind nun die Phänotypen D, H und R trinomial verteilt (vgl. 5.5). Angenommen, in der Stichprobe kommt D k-mal, H l-mal und R m-mal vor. Wir wollen nun nur noch das Tripel (k, l, m) betrachten. Dieses ist eine Funktion von $(x_1, \ldots, x_n)$. $(k, l, m) = f(x_1, \ldots, x_n) = (f_1(x_1, \ldots, x_n), f_2(x_1, \ldots, x_n), f_3(x_1, \ldots, x_n))$ mit

$f_1(x_1, \ldots, x_n) :=$ Anzahl der D in der Messreiche $(x_1, \ldots, x_n)$

$f_2(x_1, \ldots, x_n) :=$ Anzahl der H in der Messreiche $(x_1, \ldots, x_n)$

$f_3(x_1, \ldots, x_n) :=$ Anzahl der R in der Messreiche $(x_1, \ldots, x_n)$

Die Wahrscheinlichkeit für ein Tripel (k, l, m) ist bei der Trinomial-Verteilung:

$$P(k, l, m) = \frac{n!}{k!\, l!\, m!}\, p_1^k p_2^l\, p_3^m$$

$$= \frac{n!}{k!\, l!\, m!}\, (\Theta^2)^k\, (2\Theta(1 - \Theta))^l\, ((1 - \Theta)^2)^m$$

$$= \frac{n!}{k!\, l!\, m!}\, \Theta^{2k+l}\, (1 - \Theta)^{2m+l}\, 2^l$$

Nach obiger Erklärung ist die rechte Seite jetzt die Likelihood-Funktion; da es jedoch nur auf die Stelle des Maximums ankommt, können wir auch jedes positive konstante Vielfache davon nehmen. Wir wählen als Likelihood-Funktion in diesem Falle:

$$L(\Theta) := \Theta^{2k+l}\, (1 - \Theta)^{2m+l} \tag{16.5}$$

16.2.4 Suche nach der Maximum-Stelle

Wir versuchen die Gleichung $\frac{dL(\Theta)}{d\Theta} = 0$ aufzulösen.

Statt dessen können wir genau so gut $\ln(L(\Theta))$, die sogenannte *logarithmische Likelihoodfunktion* – kurz *Log-Likelihood-Funktion* – betrachten. (Beachte $L(\Theta) > 0$!) Da ln streng monoton wachsend ist, hat $\ln(L(\Theta))$ an der gleichen Stelle sein Maximum wie $L(\Theta)$. Daher kann auch versucht werden, ein Θ zu finden mit:

$$\frac{d\ln L(\Theta)}{d\Theta} = 0 \quad \text{wobei} \quad \ln L(\Theta) = (2k + l)\ln\Theta + (2m + l)\ln(1 - \Theta)\ \text{ist.}$$

$$\frac{d\ln L(\Theta)}{d\Theta} = (2k + l)\, \frac{1}{\Theta} - (2m + l)\, \frac{1}{1 - \Theta} = 0$$

$$(2k + l)\, (1 - \Theta) - (2m + l)\, \Theta = 0$$

$$-\underbrace{(2k + l + 2m + l)}_{2n}\, \Theta + 2k + l = 0$$

$$\Theta = \frac{2k + l}{2n} =: \hat{\Theta}$$

Dies ist tatsächlich *die* Stelle des Maximums, wie man etwa mit dem Satz 9.5.3 über den Vorzeichenwechsel der Ableitung zeigen kann. Z. B. für $n = 100$, $k = 25$, $l = 50$ und $m = 25$ erhalten wir als Schätzwert von Θ :

$$\hat{\Theta} = \frac{2 \cdot 25 + 50}{2 \cdot 100} = \frac{1}{2}$$

16.2.5 Kontinuierlicher Fall

Bei einer kontinuierlichen Verteilung mit Dichtefunktion $f(x)$ kann die Likelihood-Funktion folgendermaßen gewählt werden:

$$L(\Theta) = f(x_1) \cdot f(x_2) \cdot \ldots \cdot f(x_n) \qquad (16.6)$$

16.2.6 Beispiel für den kontinuierlichen Fall

$$\text{Sei} \quad f(x) = \begin{cases} 0 & \text{für } x < 0 \\ \lambda e^{-\lambda x} & \text{für } x \geq 0, \quad \lambda > 0 \end{cases}$$

X besitze also eine Exponential-Verteilung mit unbekanntem Parameter $\Theta = \lambda$. Als Likelihood-Funktion haben wir:

$$L(\Theta) := f(x_1) \cdot f(x_2) \cdot \ldots \cdot f(x_n) = \lambda e^{-\lambda x_1} \lambda e^{-\lambda x_2} \cdot \ldots \cdot \lambda e^{-\lambda x_n}$$

Wieder gehen wir zur *Log-Likelihood-Funktion* $\ln L(\Theta)$ über. Da der natürliche Logarithmus $\ln$ streng monoton wachsend ist, hat $\ln L(\Theta)$ dann und nur dann an einer Stelle $\hat{\Theta}$ ein Maximum, wenn $L(\Theta)$ eines hat.

$$
\begin{aligned}
\ln L(\Theta) &= \ln\lambda - \lambda x_1 + \ln\lambda - \lambda x_2 + \cdots + \ln\lambda - \lambda x_n \\
&= n \ln\lambda - \lambda \sum_{i=1}^{n} x_i \\
\Rightarrow \quad \frac{d \ln L(\Theta)}{d\Theta} &= n \frac{1}{\lambda} - \sum_{i=1}^{n} x_i = 0 \\
\Rightarrow \quad \frac{n}{\lambda} &= \sum_{i=1}^{n} x_i \\
\Rightarrow \quad \lambda &= \frac{n}{\sum_{i=1}^{n} x_i} =: \hat{\Theta}
\end{aligned}
$$

Auch dieses Mal ist $\hat{\Theta}$ tatsächlich *die* Maximum-Stelle!

Angenommen, die Zeit bis zum Ausfall eines technischen Gerätes eines bestimmten Types sei exponentiell verteilt. Folgende Ausfallzeiten seien beobachtet worden:

$40, 15, 36, 5, 34, 25, 33, 38$ [Monate].

Dann ist $\Sigma_{i=1}^{n} x_i = 226$ und $\hat{\Theta} = \frac{8}{226} = 0{,}035$. Mit 0,035 ist damit also ein Schätzwert für den Parameter λ in der Exponentialverteilung gefunden. Da der Erwartungswert $\frac{1}{\lambda}$ ist haben wir im Durchschnitt eine Ausfallzeit von $\frac{1}{\lambda} = 29$ Monaten.

16.2.7 Noch ein Beispiel für eine diskrete Verteilung

Wir wiederholen nochmals die Rückfangmethode, um die Größe N einer Population abzuschätzen. Nach der Rückfangmethode 5.4.5 seien $m = 20$ Tiere markiert worden, eine Stichprobe von $n = 20$ Tieren wird wieder eingefangen, worunter sich $k = 5$ markierte Tiere befinden. In diesem Falle werden die Stichproben ohne Zurücklegen entnommen. Dann hatten wir als wahrscheinlich angesehen, dass der Anteil der Markierten in der Stichprobe in etwa gleich dem Anteil der Markierten in der Gesamtpopulation ist: $\frac{k}{n} \approx \frac{m}{N}$. Daraus ergibt sich $N \approx \frac{m \cdot n}{k} = 80$. Wir fragen uns, ob es auch eine Maximum-Likelihood-Schätzung gibt.

Durch diese Art der Fragestellung wollen wir auch darauf hinweisen, dass es ja nicht selbstverständlich ist, dass eine Funktion eine Maximumstelle haben muss.

Da die Stichprobe ohne Zurücklegen entnommen wird, müssen wir die Hypergeometrische Verteilung verwenden. Wir nehmen ein $\hat{N}$ als Schätzwert, für welches $P_{20,N,20}(5)$ maximal wird (vgl. 5.4.2).

Aus der Tab. 16.1 lesen wir ab, dass $P_{20,N,20}(5)$ eine Maximalstelle bei $\hat{N} = 79$ und bei $\hat{N} = 80$ hat. Der obige Schätzwert wird also nach dieser Methode im wesentlichen bestätigt.

Wie sicher ist man aber, dass N nur wenig vom Schätzwert $\hat{N}$ abweicht? Darüber mehr in Abschn. 16.5.

16.3 Intervallschätzung bei Normalverteilung

16.3.1 Zahlenbeispiel

Im Wirkstoffgehalt eines Medikamentes gibt es produktionsbedingt zufällige Schwankungen von Tablette zu Tablette, die normalverteilt sind. Aus einer Tagesproduktion werden $n = 20$ Tabletten zufällig entnommen und ihr Wirkstoffgehalt in mg wie folgt bestimmt:

325,315,311,307,296,330,333,303,290,310,269,298,294,316,313,356,329,288,322,310

Der Mittelwert der Stichprobe ist $\bar{x} = 310,75$ mg. $\bar{x}$ ist also ein Schätzwert für den Mittelwert μ des Wirkstoffes in einer Tablette bei der ganzen Tagesproduktion. Aus langen Erfahrungen mit Produktionsprozessen dieser Art sei bekannt, dass $\sigma = 20$ mg ist. (Später betrachten wir auch den Fall, dass σ nicht bekannt ist.) Es stellt sich die

16.3.2 Frage: Wie groß ist der Fehler von $\bar{x}$?

Da unsere Beobachtungen vom Zufall abhängen, können wir aus ihnen auch nur erwarten, eine gewisse Wahrscheinlichkeit für den Fehler angeben zu können. Aus praktischen Gründen werden wir diese möglichst hoch ansetzen wollen. Stellen wir uns einmal die

16.3.3 Aufgabe

Der Fehler einer Schätzgröße $\hat{\theta}$ für einen Parameter θ ist mit einer Sicherheit von min-destens β (etwa $= 95\%$) anzugeben, z. B. von der Schätzgröße $\bar{x}$ für den Parameter μ. Dabei bedeutet:

- Fehler $\leq d$: $\qquad\qquad\qquad \theta \in [\hat{\theta} - d, \hat{\theta} + d]$

- Sicherheit von mindestens β: $\quad P(\theta \in [\hat{\theta} - d, \hat{\theta} + d]) \geq \beta$

  für $\beta = 95\%$: $\qquad\qquad\quad P(\theta \in [\hat{\theta} - d, \hat{\theta} + d]) \geq 95\%$

Damit sind wir beim Begriff einer Intervallschätzung:

16.3.4 Definition einer Intervallschätzung

Eine *Intervallschätzung* für einen Parameter θ ist die Angabe eines zu $\hat{\theta}$ symmetrischen Intervalles $I = I(\hat{\theta})$, in dem θ mit einer Sicherheit $\geq \beta$ liegt, d. h. $P(\theta \in I) \geq \beta$. Dabei muss $0 < \beta < 1$ sein.

β heißt *Sicherheitsniveau, Konfidenzniveau* oder *Vertrauensniveau. I* heißt *Konfidenzin-tervall*.

1. Fall: σ **bekannt**

16.3.5 Problem A

- Vorgegeben: Sicherheitsniveau β
- Gesucht: Fehler d bzw. Intervalllänge $2d$

X sei (μ, σ)-normalverteilt, $\mu = E(X)$, $\sigma^2 = V(X)$. Gesucht ist ein um $\bar{x}$ symmetrisches Konfidenzintervall $[\bar{x} - d, \bar{x} + d]$ mit $d > 0$ für μ vom Konfidenzniveau β.

Dazu beachten wir, dass die Schätzgröße $\bar{X} = \frac{1}{n}(X_1 + X_2 + \cdots + X_n)$ wieder normalverteilt ist. (Den Beweis übergehen wir.) Nach (14.30) gilt:

$$\mu_{\bar{X}} = \mu \quad \text{und} \quad \sigma_{\bar{X}} = \frac{\sigma}{\sqrt{n}} \tag{16.7}$$

Die Standardisierung $\frac{\bar{X} - \mu}{\sigma_{\bar{X}}}$ von $\bar{X}$ hat die Standard-Normalverteilung. Es gilt:

$$P(\bar{X} - d \leq \mu \leq \bar{X} + d) = P\left(-\frac{d\sqrt{n}}{\sigma} \leq \frac{\mu - \bar{X}}{\sigma_{\bar{X}}} \leq \frac{d\sqrt{n}}{\sigma}\right) = \beta \tag{16.8}$$

Abb. 16.1 Zur Intervallschätzung bei Normalverteilung mit bekannter Varianz

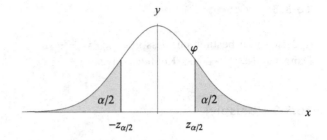

Dann muss für $\alpha = 1 - \beta$ das, was links und rechts von diesem Intervall liegt, jeweils die Wahrscheinlichkeit $\alpha/2$ haben, d. h. es folgt wie in Abb. 16.1 dargestellt:

$$P\left(\frac{\mu - \bar{X}}{\sigma_{\bar{X}}} < -\frac{d\sqrt{n}}{\sigma}\right) = \alpha/2 \quad \text{und} \quad P\left(\frac{\mu - \bar{X}}{\sigma_{\bar{X}}} > \frac{d\sqrt{n})}{\sigma}\right) = \alpha/2 \quad \text{d. h.}$$

$$\frac{d\sqrt{n}}{\sigma} = z_{\alpha/2} \quad \text{und folglich} \quad d = z_{\alpha/2}\frac{\sigma}{\sqrt{n}}. \tag{16.9}$$

16.3.6 Ergebnis

Konfidenzintervall bei Normalverteilung mit bekanntem σ

Das symmetrische Konfidenzintervall I zum Konfidenzniveau β ist:

$$I = [\bar{x} - d, \bar{x} - d] \quad \text{mit} \quad d = z_{\alpha/2}\frac{\sigma}{\sqrt{n}} \quad \text{und} \quad \alpha = 1 - \beta$$

Damit können wir in obigem Zahlenbeispiel 16.3.1 die gestellte Frage 16.3.2 wie folgt beantworten. Wenn wir ein Konfidenzniveau von 95 % erreichen wollen, so ist: $\alpha = 1 - \beta = 100\% - 95\% = 5\%$, $\alpha/2 = 2,5\%$. Aus der Tabelle 14.5.2 entnehmen wir $z_{\alpha/2} = 1,96$. Damit wird $d = z_{\alpha/2}\frac{\sigma}{\sqrt{n}} = 1,96\frac{20}{\sqrt{20}} = 8,77$. $[310.75 - 8.77, 310.75 + 8.77] = [301.98, 319.52]$. Ein Schätzintervall mit mindestens 95 % Konfidenz ist also $[301, 320]$.

16.3.7 Problem B

* Vorgegeben: Fehler d, bzw. Intervalllänge $2d$
* Gesucht: Konfidenz β

Dieses Problem hat nach 16.3.6 folgende

16.3.8 Lösung

$\alpha/2$ ist so zu bestimmen, dass gilt: $z_{\alpha/2} = \frac{d\sqrt{n}}{\sigma}$
Dann ist $\beta = 1 - \alpha$ das Konfidenzniveau.

16.3.9 Beispiel

Angenommen, im obigen Zahlenbeispiel 16.3.1 soll μ in der Form $\mu = \bar{x} \pm 10$ mg
angegeben werden. Dann ist $z_{\alpha/2} = \frac{10\sqrt{20}}{20} = 2,24$. Nach der Definition der Quantile folgt
$\Phi(2,24) = 1 - \frac{\alpha}{2}$. Mit einem Computerprogramm, z. B. Excel erhält man $\Phi(2,24) =$
STANDNORMVERT$(2,24) = 0,9875$.
$1 - \alpha/2 = 0,9875 \Rightarrow \alpha/2 = 0,0125 \Rightarrow \alpha = 0,025 \Rightarrow \beta = 0,975$. Die Konfidenz
beträgt also 97,5 %.

16.3.10 Bemerkung

In der Praxis liegt normalerweise eine Stichprobe von einem ganz bestimmten Umfang
n vor. Man möchte natürlich das Intervall I möglichst klein und das Sicherheitsniveau β
möglichst groß haben. Bei festem n kann aber nicht beides gleichzeitig erreicht werden.
Will man ein kleineres Intervall, so muss man sich mit kleinerer Sicherheit abfinden; will
man eine größere Sicherheit, so muss man sich mit einem größeren Intervall begnügen.
Wird die Stichprobe erst noch gezogen, so können wir uns mit folgendem Problem
befassen:

16.3.11 Problem C

* Vorgewählt: d und β
* Gesucht: n

Genauer: Sind eine Fehlerschranke d und eine Sicherheitsschranke β vorgewählt, wie
groß muss n mindestens gewählt werden muss, damit wir θ mit dem vorgegebenen Fehler
d und der vorgegebenen Sicherheit β schätzen können?
Dazu muss man $d = z_{\alpha/2} \frac{\sigma}{\sqrt{n}}$ nach n „auflösen".

16.3.12 Lösung:

$$n \geq \left(\frac{z_{\alpha/2} \cdot \sigma}{d} \right)^2$$

16.3.13 Beispiel

Angenommen, wir wollten den Mittelwert des Wirkstoffgehaltes im obigen Zahlenbeispiel 16.3.1 auf 5 mg genau mit 99 % Sicherheit schätzen. Aus der Tabelle 14.5.2 entnehmen wir $z_{0.005} = 2,576$. Daraus ergibt sich $n \geq \left(\frac{2,576 \cdot 20}{5}\right)^2 = 106,2$; d. h. $n \geq 107$.

2. Fall: σ unbekannt

Jetzt ist es naheliegend, die Varianz σ durch die empirische Varianz der Stichprobe zu schätzen:

$$s^2 = \frac{1}{n-1} \sum_{i=1}^{n} (x_i - \bar{x})^2$$

Wir erhalten statt der $(0,1)$-normalverteilten Zufallsgröße $\frac{\mu - \bar{X}}{\sigma/\sqrt{n}}$ des 1. Falles die Zufallsgröße $T_{n-1} := \frac{(\mu - \bar{X})\sqrt{n}}{s}$.

T_{n-1} ist nicht mehr $(0,1)$-normalverteilt. Die Verteilung von T_{n-1} ist jedoch bekannt, sie ist symmetrisch zu 0, heißt t_{n-1}-Verteilung oder Student-t-Verteilung mit $n-1$ Freiheitsgraden und liegt in Tabellenform vor. Entsprechend wie beim ersten Fall erhalten wir das.

16.3.14 Ergebnisse

Problem A: Das symmetrische Konfidenzintervall I bei einer Stichprobenlänge n zum Konfidenzniveau β ist:

$$I = [\bar{x} - d, \bar{x} + d] \quad \text{mit} \quad d = t_{n-1;\alpha/2} \cdot \frac{s}{\sqrt{n}}$$

Dabei ist $\alpha = 1 - \beta$ und $t_{n-1;\alpha/2}$ das $1 - \alpha/2$-Quantil der t_{n-1}-Verteilung.

Problem B: d und n sind gegeben. Gesucht ist β.
Man hat zuerst $t_{n-1;\alpha/2} = \frac{d\sqrt{n}}{s}$ zu berechnen, dann $1 - \alpha/2 = F^{-1}(t_{n-1;\alpha/2})$ und schließlich $\beta = 1 - \alpha$. Dabei ist F die Verteilungsfunktion der t_{n-1}-Verteilung.

Problem C: Gegeben sind d und β. Gesucht ist n.
Ein formales Vorgehen liefert das Resultat:

$$n \geq \left(\frac{s\, t_{n-1;\alpha/2}}{d}\right)^2$$

Dies muss man kritisch ansehen; denn es geht die Standardabweichung s der Stichprobe der Länge n ein. D. h. indirekt geht das n bereits in die rechte Seite ein. In der Praxis umgeht man dieses Problem durch einen Vorversuch mit einer kleinen Stichprobenlänge und setzt die Standardabweichung der kleinen Stichprobe als s ein.

Abb. 16.2 Zur einseitigen
Intervallschätzung

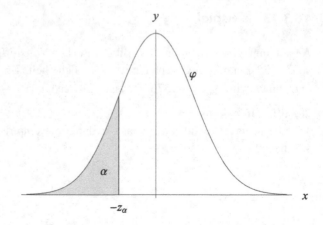

16.3.15 Einseitige Intervallschätzung

Unter einer einseitigen Intervallschätzung eines Parameters θ durch eine Schätzgröße $\hat{\theta}$ versteht man die Angabe eines Intervalles entweder von der Form $[\hat{\theta} - d, \infty[$ oder von der Form $]-\infty, \hat{\theta}+d]$, in dem der Parameter θ mit einer bestimmten Wahrscheinlichkeit liegt. Bei $[\hat{\theta} - d, \infty[$ wird θ nach unten abgeschätzt durch die untere Schranke $\hat{\theta} - d$, bei $]-\infty, \hat{\theta} + d]$ nach oben durch die obere Schranke $\hat{\theta} + d$.

Für die Abschätzung des Erwartungswertes einer (μ, σ)-Normalverteilung durch das Stichprobenmittel $\bar{x}$ erhalten wir

$$P(\mu \geq \bar{X} - d) = P\left(\frac{\mu - \bar{X}}{\sigma_{\hat{\sigma}}} \geq -\frac{d\sqrt{n}}{\sigma}\right) = \beta.$$ Daraus folgt $-\frac{d\sqrt{n}}{\sigma} = -z_\alpha$ d. h. $d = \frac{z_\alpha \sigma}{\sqrt{n}}$

Das einseitige Intervall der Konfidenz $\beta = 1 - \alpha$ ist $\left]\bar{x} - \frac{z_\alpha \sigma}{\sqrt{n}}, \infty\right]$ (Abb. 16.2).

16.3.16 Beispiel

Wie groß ist bei der Stichprobe von 16.3.1 eine untere Schranke, über der μ mit einer Sicherheit von $\beta = 99\,\%$ liegt?

$\alpha = 1\,\%$, $z_\alpha = 2.326$, $d = 2.326\,\frac{20}{\sqrt{20}} = 10.40$, $\bar{x} - d = 310.75 - 10.40 = 300.35$

In Worten: Mit mindestens 99 % Sicherheit ist der Mittelwert μ der Tagesproduktion ≥ 300 mg.

16.4 Intervallschätzung einer Wahrscheinlichkeit

16.4.1 Beispiel

Bei der Verabreichung eines neuen Medikamentes an 100 Patienten habe man 40 Mal eine Nebenwirkung beobachtet. Sehen wir die 100 Patienten einmal als eine zufällige Stichprobe an. Dann erhalten wir nach 16.1.4 $\hat{p} = \bar{X}_n = r = \frac{40}{100} = 0,4$ als Schätzwert für die Wahrscheinlichkeit einer Nebenwirkung.

Wie in 16.3.1 bis 16.3.4 läuft die Frage nach dem Fehler dieser Schätzung auf eine Schätzung eines zu $\hat{p}$ symmetrischen Intervalles hinaus. Sicherheit $\geq \beta$ (etwa $\beta = 90\%$) bedeutet:

$P(p \in [\hat{p} - d, \hat{p} + d]) \geq \beta$.

Wir gehen analog zu Abschn. 16.3 vor. Statt einer Normalverteilung nehmen wir die Bernoulli-Verteilung $b_{1,p}$, die Erwartungswert $\mu = p$ und Varianz $\sigma = p(1 - p)$ hat. Die Zufallsgröße X hat den Wert 1, falls eine Nebenwirkung eintritt, und sonst den Wert 0. Dann ist $X_1 + X_2 + \ldots + X_n$ die Zufallsgröße, die die Anzahl der Patienten mit Nebenwirkung angibt. $\bar{X}$ gibt die relative Häufigkeit von Nebenwirkungen an. $\bar{X}$ hat den Erwartungswert $\mu_n = p$ und die Varianz $\sigma_{\bar{X}}^2 = \frac{p(1-p)}{n}$. Für die Standardisierung $\frac{\bar{X}-p}{\sigma_{\bar{X}}}$ gilt analog zu Gl. (16.8) aus Abschn. 16.3:

$$P(\bar{X} - d \leq p \leq \bar{X} + d) = P\left(-\frac{d\sqrt{n}}{\sqrt{p(1-p)}} \leq \frac{p - \bar{X}}{\sigma_{\bar{X}}} \leq \frac{d\sqrt{n}}{\sqrt{p(1-p)}}\right) = \beta \qquad (16.10)$$

Nach [We] S. 134 wird für $np(1 - p) \geq 9$ die Binomialverteilung hinreichend genau durch eine Normalverteilung approximiert. Sei diese Ungleichung erfüllt. Dann können wir folgern:

$$\frac{d\sqrt{n}}{\sqrt{p(1-p)}} = z_{\alpha/2} \quad \text{d. h.} \quad d = z_{\alpha/2}\frac{\sqrt{p(1-p)}}{\sqrt{n}}$$

Jetzt schätzen wir p noch durch $\hat{p}$ ab und erhalten als halbe Intervalllänge:

$$d = z_{\alpha/2}\frac{\sqrt{\hat{p}(1-\hat{p})}}{\sqrt{n}} \qquad (16.11)$$

Weil wir hier nochmals eine Näherung verwenden mussten, wird das Intervall $[\bar{x} - d \leq p \leq \bar{x} + d]$ nur angenähert die Konfidenz β haben. Damit haben wir eine Lösung für folgendes Problem gefunden:

16.4.2 Problem A

n und β sind gegeben, d ist gesucht.
Das Intervall $[\hat{p} - d, \hat{p} + d]$ mit d wie in Gl. (16.11) hat approximativ die Konfidenz β.

16.4.3 Bemerkung bei kleinen Stichproben

Wenn man $\frac{1}{2n}$ zu d hinzuaddiert, kann man ein leicht größeres Intervall finden, das auch bei kleinen Stichproben noch annähernd die Konfidenz β hat. Es muss dabei $n\hat{p} > 5$ und $n(1 - \hat{p}) > 5$ sein (s. [We] S. 154). Das bedeutet, dass der Sichprobenumfang immer noch nicht zu klein sein darf und $\hat{p}$ und $1 - \hat{p}$ nicht zu nahe bei 0 oder 1 liegen dürfen.

16.4.4   Problem B

n und d sind gegeben, das Konfidenzniveau β ist gesucht.

Hier ist zunächst $z_{\alpha/2} = \dfrac{d\sqrt{n}}{\sqrt{\hat{p}(1-\hat{p})}}$ zu berechnen. Dann ist $1 - \alpha/2 = \Phi(z_{\alpha/2})$, wobei Φ die Verteilungsfunktion der Standard-Normalverteilung ist. $\beta = 1 - \alpha$ ist approximativ die Konfidenz von $[\hat{p} - d, \hat{p} + d]$.

16.4.5   Problem C

β und d sind gegeben, n ist gesucht.

Dazu müssen wir die Gl. (16.11) nach n „auflösen" und finden:

$n \geq \left(\frac{z_{\alpha/2}}{d}\right)^2 \hat{p}(1 - \hat{p})$ mit $\alpha = 1 - \beta$.

Analog wie in 16.3.14 muss hier ein $\hat{p}$ aus einem Vorversuch mit kleinerer Stichprobenlänge eingesetzt werden.

16.4.6   Beispiel

Für Problem A in Beispiel 16.4.1 bekommen wir die folgende Lösung:

Wir verwenden den Dezimalpunkt, da das Komma für die Intervallbezeichnung gebraucht wird. $\beta = 90\,\% \Rightarrow \alpha = 10\,\% \Rightarrow \alpha/2 = 5\,\% \Rightarrow 1 - \alpha/2 = 95\,\% = 0.95 \Rightarrow z_{\alpha/2} = \Phi^{-1}(0.95) = 1.64$. Hier ist Φ die Verteilungsfunktion der Standard-Normalverteilung. Eine Nebenrechnung zeigt: $\sqrt{\frac{\hat{p}(1-\hat{p})}{n}} = 0.049$ Damit wird: $d = 1.64 \cdot 0.049 = 0.08$. Wir erhalten: $[\hat{p} - d, \hat{p} + d] = [0.32, 0.48]$

16.5   Schätzung bei hypergeometrischer Verteilung

In diesem Abschnitt behandeln wir ein typisches Beispiel einer Intervallschätzung bei einer diskreten Verteilung. In 5.4.5 und 16.2.7 war die Schätzung der Größe einer Population mit der *Rückfangmethode* beschrieben worden.

16.5.1   Demonstrationsbeispiel

$N \;\; = \qquad\qquad$ unbekannte Anzahl der Tiere

$m \;\; = \;\; 20 \;\; = \;$ Anzahl der markierten Tiere

$n \;\; = \;\; 20 \;\; = \;$ Anzahl der wieder eingefangenen Tiere

$k \;\; = \;\; 5 \;\; = \;$ Anzahl der markierten Tiere unter den gefangenen

Nach dem Beispiel am Ende von 16.2.7 haben wir die Punktschätzung $N = 79$ oder 80.

16.5.2 Frage: Wie gut ist diese Schätzung?

Hier haben wir zu den bisherigen Schätzungen den Unterschied, dass keine Stichprobe von unabhängigen Messungen mit Zurücklegen vorliegt, sondern eine Stichprobe ohne Zurücklegen, bei der die n Tiere kurz hintereinander gefangen werden, wobei der Fang des j-ten Tieres davon abhängt, welche Tiere vorher schon gefangen wurden. Das bedeutet, dass wir die hypergeometrische Verteilung benutzen müssen, die bei kleinen Zahlen von der binomialen wesentlich verschieden ist. Nach 5.4 ist die Wahrscheinlichkeit, dass in der Stichprobe k markierte Tiere sind, gegeben durch die Formel:

$$P_{n,N,m}(k) = \binom{m}{k}\binom{N-m}{n-k} \Big/ \binom{N}{n} =: P_N(k) \qquad (16.12)$$

Da m und n in unserer Anwendung fest sind, hängt die Verteilung nur von einem Parameter ab, nämlich N; daher bezeichnen wir die Verteilung auch mit P_N.
Mit Sicherheit ist $N \geq$ Anzahl der markierten $+$ Anzahl der unmarkierten Tiere in der Stichprobe:

$$N \geq m + (n - k) = 20 + 15 = 35 \qquad (16.13)$$

16.5.3 Abschätzung von N nach unten

Wir wollen uns zunächst mit der *einseitigen Intervallschätzung* befassen, wie groß N mindestens ist. Wir wollen also eine einseitige Intervallschätzung der Form

$$N \in \,]a, \infty[\quad \text{d. h.} \quad N > a$$

angeben. a soll so gewählt werden, dass die Irrtumswahrscheinlichkeit $\leq \alpha$ (etwa $\alpha = 1\,\%$) ist.
Sei Y_n die Zufallsgröße, die die Anzahl der markierten Tiere in der Stichprobe angibt. k ist also eine Realisierung von Y_n. Da n fest ist, braucht es nicht jedesmal mit angegeben zu werden. Daher werden wir auch die Bezeichnung Y für Y_n verwenden.
Ist N groß, etwa $N > a$, dann besteht eine große Wahrscheinlichkeit, dass Y klein, etwa $\leq k$ ist. Wir berechnen $P_N(Y \leq k)$ für verschiedene Werte von N und für $k = 5$ und erhalten eine Tabelle für die hypergeometrische Verteilung (s. Tab. 16.1).
Aus dieser Tabelle ersehen wir: Für den wahren Wert von N kommt ≤ 40 kaum in Frage, weil das beobachtete Ereignis eine ganz geringe Wahrscheinlichkeit ($< 0.2\,\%$) hätte. Genau bis $N = 43$ ist $P_N(Y \leq 5) \leq 1\,\%$. Wenn wir also behaupten: $N > 43$, so irren wir uns mit einer Wahrscheinlichkeit von $\leq 1\,\%$. Oder anders ausgedrückt:
Die einseitige Intervallschätzung $N > 43$ hat ein Konfidenzniveau $\geq 99\,\%$.
Was ist die allgemeine Regel für das Auffinden eines einseitigen Konfidenzintervalles $]a, \infty[$ mit Konfidenz $\geq \beta$?

16.5.4 Ergebnis

Einseitige Intervallschätzung nach unten
Man bestimme

$$a = \text{Max}\{N; P_N(Y \leq k) \leq \alpha\}. \hspace{2cm} (16.14)$$

Dann ist $]a, \infty[$ ein einseitiges Konfidenzintervall nach unten der Konfidenz $1 - \alpha$, z. B. für $\alpha = 5\%$ mit 95% Sicherheit. Anders ausgedrückt: N ist mit einer Gewissheit von $1 - \alpha$ größer als a.

16.5.5 Abschätzung von N nach oben

N klein	bedeutet	Y wahrscheinlich groß
Etwa $N < b$	bedeutet	$P_N(Y \geq k)$ groß
Diejenigen N ausscheiden,	für die	$P_N(Y \geq k)$ klein,
	etwa für die	$P_N(Y \geq k) \leq \alpha,$ etwa $\alpha = 5\%$

$$\Updownarrow$$

$$P_N(Y \leq k - 1) \geq 1 - \alpha = \beta\ = 95\%$$

Da $P_N(Y \leq k - 1)$ streng monoton mit N steigt, finden wir also ein möglichst kleines Konfidenzintervall der Form $] - \infty, b[$ mit Konfidenz $\geq \beta$, wenn wir das kleinste N nehmen, für das $P_N(Y \leq k - 1) \geq \beta$ ist. Wir halten fest:

16.5.6 Ergebnis

Einseitige Intervallschätzung nach oben
Für $\beta = 1 - \alpha$ bestimmen wir b nach der Formel

$$b = \text{Min}\{N; P_N(Y \leq k - 1) \geq \beta\}. \hspace{2cm} (16.15)$$

Dann ist $I = [0, b\ [$ ein Intervall der Konfidenz $\geq \beta$ für N. D. h. N ist mit einer Sicherheit von mindestens β kleiner als b.

In unserem Zahlenbeispiel mit $k = 5$ finden wir für $\beta = 95\%$ aus der Tab. 16.1:

$$b = \text{Min}\{N; P_N(Y \leq 4)\ \geq 0,95\} = 182$$

16.5.7 Zweiseitige Intervallschätzung

Aus einseitigen Intervallschätzungen können wir *zweiseitige* zusammensetzen:]43, 182[ist ein Schätzintervall mit mindestens 94 % Konfidenz. Denn, dass $N < 43$ ist, beobachten wir mit einer Wahrscheinlichkeit von $\leq 1\,\%$; das Ereignis $N > 182$ beobachten wir mit einer Wahrscheinlichkeit von $\leq 5\,\%$; zusammen also für das Ereignis $Y \notin \,]43, 182[$ haben wir die Irrtumswahrscheinlichkeit $\leq 6\,\%$; folglich ist die Konfidenz 94 %.
Wir erhalten also ein relativ großes Schätzintervall. Das bedeutet für die Frage 16.5.2, dass unsere Punktschätzung einen großen Fehler aufweist! Wenn wir mit einer geringeren Sicherheit uns zufrieden geben, etwa 80 %, so erhalten wir, indem wir die Irrtumswahrscheinlichkeit zu 10 % auf Werte von höchstens a und zu 10 % von mindestens b aufteilen, folgendes Ergebnis: Aus letzter Spalte von Tabelle 16.5.9: $a = 52$; aus vorletzter Spalte: $b = 151$

$$]52, 151[\quad \text{ist ein 80 % - Konfidenzintervall.}$$

16.5.8 Bestimmung der Irrtumswahrscheinlichkeit eines Intervalls

Wollen wir ein kleineres Schätzintervall um den Schätzwert 80 der Punktschätzung, so könnten wir vielleicht]55, 140[nehmen. Wir erhalten eine Irrtumswahrscheinlichkeit von 15,1 % für Werte von höchstens 55 plus eine Irrtumswahrscheinlichkeit von 13,0 % für Werte von mindestens 140, also zusammen eine Irrtumswahrscheinlichkeit von 28,1 % bzw. eine Konfidenz von 71,9 % für das Intervall]55,140[.

16.5.9 Tabelle für die hypergeometrische Verteilung

$$P_{n,N,m}(k) =: P_N(k), \quad k = 0, 1, 2, 3, 4, 5; \quad m = 20, \ n = 20, \quad N \leq 200$$

In der Tabelle bedeutet 0 exakt null; 0.0000 bedeutet nur, dass die ersten vier Ziffern nach dem Komma null sind. $P_N(\leq 4) := P_N(k \leq 4)$, $P_N(\leq 5) := P_N(k \leq 5)$ (Tab. 16.1).

16.6 Ausgewählte Übungsaufgaben

16.6.1 Aufgabe

Bei unabhängigen Untersuchungen auf eine bestimmte Art von Mutationen sei eine erste Mutation aufgetreten bei der 8220., 2170., 7200. bzw. 5000. Pflanze.

Tab. 16.1 Hypergeometrische Verteilung

N	$P_N(0)$	$P_N(1)$	$P_N(2)$	$P_N(3)$	$P_N(4)$	$P_N(5)$	$P_N(\leq 4)$	$P_N(\leq 5)$
<35	0	0	0	0	0	0	0	0
35	0	0	0	0	0	0.0000	0.0000	0.0000
36	0	0	0	0	0.0000	0.0000	0.0000	0.0000
37	0	0	0	0.0000	0.0000	0.0001	0.0000	0.0002
38	0	0	0.0000	0.0000	0.0000	0.0003	0.0000	0.0004
39	0	0.0000	0.0000	0.0000	0.0000	0.0008	0.0000	0.0009
40	0.0000	0.0000	0.0000	0.0000	0.0002	0.0017	0.0002	0.0019
41	0.0000	0.0000	0.0000	0.0000	0.0004	0.0031	0.0004	0.0035
42	0.0000	0.0000	0.0000	0.0001	0.0007	0.0051	0.0008	0.0059
43	0.0000	0.0000	0.0000	0.0001	0.0012	0.0079	0.0014	0.0093
44	0.0000	0.0000	0.0000	0.0002	0.0020	0.0115	0.0023	0.0138
45	0.0000	0.0000	0.0000	0.0004	0.0031	0.0160	0.0035	0.0195
46	0.0000	0.0000	0.0001	0.0006	0.0046	0.0214	0.0053	0.0266
47	0.0000	0.0000	0.0001	0.0010	0.0065	0.0276	0.0076	0.0352
48	0.0000	0.0000	0.0001	0.0015	0.0088	0.0347	0.0104	0.0451
49	0.0000	0.0000	0.0002	0.0021	0.0116	0.0425	0.0140	0.0565
50	0.0000	0.0000	0.0003	0.0029	0.0149	0.0510	0.0182	0.0692
51	0.0000	0.0000	0.0005	0.0039	0.0188	0.0601	0.0232	0.0833
52	0.0000	0.0001	0.0007	0.0051	0.0231	0.0696	0.0290	0.0986
53	0.0000	0.0001	0.0010	0.0066	0.0279	0.0795	0.0356	0.1150
54	0.0000	0.0001	0.0013	0.0083	0.0332	0.0895	0.0429	0.1325
55	0.0000	0.0002	0.0017	0.0102	0.0389	0.0997	0.0511	0.1508
56	0.0000	0.0002	0.0022	0.0125	0.0451	0.1099	0.0600	0.1698
57	0.0000	0.0003	0.0028	0.0150	0.0515	0.1200	0.0696	0.1896
58	0.0000	0.0004	0.0035	0.0178	0.0583	0.1299	0.0799	0.2098
59	0.0000	0.0005	0.0042	0.0208	0.0654	0.1395	0.0910	0.2304
60	0.0000	0.0006	0.0051	0.0241	0.0726	0.1488	0.1026	0.2514
61	0.0000	0.0008	0.0062	0.0277	0.0801	0.1577	0.1148	0.2725
62	0.0001	0.0010	0.0073	0.0315	0.0876	0.1662	0.1275	0.2937
63	0.0001	0.0012	0.0086	0.0356	0.0953	0.1742	0.1407	0.3148
64	0.0001	0.0014	0.0100	0.0399	0.1029	0.1817	0.1543	0.3360
65	0.0001	0.0017	0.0115	0.0444	0.1105	0.1887	0.1683	0.3569

Tab. 16.1 (Forsetzung)

N	$P_N(0)$	$P_N(1)$	$P_N(2)$	$P_N(3)$	$P_N(4)$	$P_N(5)$	$P_N(\leq 4)$	$P_N(\leq 5)$
66	0.0001	0.0020	0.0132	0.0491	0.1181	0.1951	0.1826	0.3777
67	0.0002	0.0024	0.0150	0.0539	0.1257	0.2010	0.1971	0.3982
68	0.0002	0.0028	0.0169	0.0589	0.1330	0.2064	0.2119	0.4183
69	0.0002	0.0033	0.0190	0.0641	0.1403	0.2113	0.2269	0.4381
70	0.0003	0.0038	0.0212	0.0693	0.1474	0.2156	0.2419	0.4575
71	0.0003	0.0043	0.0235	0.0747	0.1542	0.2194	0.2571	0.4765
72	0.0004	0.0049	0.0260	0.0802	0.1609	0.2227	0.2724	0.4950
73	0.0005	0.0055	0.0286	0.0857	0.1673	0.2255	0.2876	0.5131
74	0.0005	0.0062	0.0313	0.0913	0.1735	0.2278	0.3028	0.5306
75	0.0006	0.0070	0.0341	0.0969	0.1795	0.2297	0.3180	0.5477
76	0.0007	0.0078	0.0370	0.1025	0.1851	0.2312	0.3331	0.5643
77	0.0008	0.0087	0.0400	0.1081	0.1905	0.2323	0.3482	0.5804
78	0.0009	0.0096	0.0432	0.1137	0.1956	0.2329	0.3630	0.5960
79	0.0011	0.0105	0.0464	0.1193	0.2005	0.2333	0.3778	0.6111
80	0.0012	0.0116	0.0497	0.1249	0.2050	0.2333	0.3924	0.6256
81	0.0013	0.0127	0.0531	0.1304	0.2093	0.2330	0.4068	0.6397
82	0.0015	0.0138	0.0566	0.1358	0.2133	0.2324	0.4210	0.6533
83	0.0016	0.0150	0.0601	0.1412	0.2170	0.2315	0.4350	0.6665
84	0.0018	0.0162	0.0637	0.1465	0.2205	0.2304	0.4487	0.6791
85	0.0020	0.0176	0.0674	0.1517	0.2236	0.2290	0.4623	0.6913
86	0.0022	0.0189	0.0711	0.1568	0.2266	0.2274	0.4756	0.7031
87	0.0024	0.0203	0.0749	0.1618	0.2292	0.2257	0.4887	0.7144
88	0.0027	0.0218	0.0787	0.1667	0.2316	0.2237	0.5015	0.7253
89	0.0029	0.0233	0.0826	0.1715	0.2338	0.2217	0.5141	0.7357
90	0.0032	0.0249	0.0864	0.1762	0.2357	0.2194	0.5264	0.7458
91	0.0034	0.0265	0.0904	0.1807	0.2374	0.2170	0.5384	0.7555
92	0.0037	0.0282	0.0943	0.1851	0.2389	0.2146	0.5502	0.7648
93	0.0040	0.0299	0.0982	0.1894	0.2401	0.2120	0.5618	0.7738
94	0.0044	0.0317	0.1022	0.1936	0.2412	0.2093	0.5731	0.7824
95	0.0047	0.0335	0.1061	0.1977	0.2420	0.2065	0.5841	0.7906
96	0.0050	0.0354	0.1101	0.2016	0.2427	0.2037	0.5948	0.7985
97	0.0054	0.0373	0.1141	0.2053	0.2432	0.2008	0.6053	0.8062

Tab. 16.1 (Forsetzung)

N	$P_N(0)$	$P_N(1)$	$P_N(2)$	$P_N(3)$	$P_N(4)$	$P_N(5)$	$P_N(\leq 4)$	$P_N(\leq 5)$
98	0.0058	0.0392	0.1180	0.2090	0.2435	0.1979	0.6156	0.8135
99	0.0062	0.0412	0.1220	0.2125	0.2437	0.1950	0.6256	0.8205
100	0.0066	0.0433	0.1259	0.2159	0.2437	0.1920	0.6353	0.8273
101	0.0070	0.0453	0.1298	0.2191	0.2435	0.1889	0.6448	0.8337
102	0.0075	0.0474	0.1337	0.2222	0.2432	0.1859	0.6541	0.8400
103	0.0079	0.0496	0.1376	0.2252	0.2428	0.1828	0.6631	0.8459
104	0.0084	0.0517	0.1415	0.2280	0.2423	0.1798	0.6719	0.8517
105	0.0089	0.0539	0.1453	0.2307	0.2416	0.1767	0.6805	0.8572
106	0.0094	0.0562	0.1491	0.2333	0.2408	0.1737	0.6888	0.8625
107	0.0099	0.0584	0.1528	0.2358	0.2399	0.1706	0.6969	0.8675
108	0.0105	0.0607	0.1565	0.2381	0.2390	0.1676	0.7048	0.8724
109	0.0110	0.0630	0.1602	0.2403	0.2379	0.1646	0.7125	0.8771
110	0.0116	0.0654	0.1639	0.2424	0.2367	0.1616	0.7200	0.8816
111	0.0122	0.0677	0.1675	0.2444	0.2355	0.1586	0.7273	0.8859
112	0.0128	0.0701	0.1710	0.2463	0.2341	0.1557	0.7343	0.8900
113	0.0134	0.0725	0.1745	0.2480	0.2327	0.1528	0.7412	0.8940
114	0.0141	0.0749	0.1780	0.2497	0.2313	0.1499	0.7479	0.8978
115	0.0147	0.0774	0.1814	0.2512	0.2297	0.1470	0.7544	0.9015
116	0.0154	0.0799	0.1848	0.2526	0.2281	0.1442	0.7608	0.9050
117	0.0161	0.0823	0.1881	0.2539	0.2265	0.1414	0.7669	0.9084
118	0.0168	0.0848	0.1914	0.2552	0.2248	0.1387	0.7729	0.9116
119	0.0175	0.0873	0.1946	0.2563	0.2231	0.1360	0.7788	0.9147
120	0.0182	0.0898	0.1978	0.2573	0.2213	0.1333	0.7844	0.9177
121	0.0189	0.0924	0.2009	0.2583	0.2195	0.1307	0.7899	0.9206
122	0.0197	0.0949	0.2039	0.2591	0.2177	0.1281	0.7953	0.9234
123	0.0205	0.0974	0.2069	0.2599	0.2158	0.1256	0.8005	0.9261
124	0.0212	0.1000	0.2099	0.2605	0.2139	0.1231	0.8056	0.9286
125	0.0220	0.1026	0.2128	0.2611	0.2120	0.1206	0.8105	0.9311
126	0.0229	0.1051	0.2156	0.2616	0.2100	0.1182	0.8153	0.9334
127	0.0237	0.1077	0.2184	0.2621	0.2081	0.1158	0.8199	0.9357
128	0.0245	0.1103	0.2211	0.2624	0.2061	0.1135	0.8244	0.9379
129	0.0254	0.1128	0.2238	0.2627	0.2041	0.1112	0.8288	0.9400

Tab. 16.1 (Forsetzung)

N	$P_N(0)$	$P_N(1)$	$P_N(2)$	$P_N(3)$	$P_N(4)$	$P_N(5)$	$P_N(\leq 4)$	$P_N(\leq 5)$
130	0.0263	0.1154	0.2264	0.2629	0.2021	0.1089	0.8331	0.9420
131	0.0271	0.1180	0.2290	0.2631	0.2001	0.1067	0.8373	0.9440
132	0.0280	0.1206	0.2315	0.2632	0.1981	0.1045	0.8413	0.9459
133	0.0289	0.1231	0.2339	0.2632	0.1960	0.1024	0.8452	0.9477
134	0.0299	0.1257	0.2363	0.2632	0.1940	0.1003	0.8491	0.9494
135	0.0308	0.1283	0.2387	0.2631	0.1920	0.0983	0.8528	0.9511
136	0.0317	0.1308	0.2410	0.2629	0.1899	0.0963	0.8564	0.9527
137	0.0327	0.1334	0.2432	0.2627	0.1879	0.0943	0.8599	0.9542
138	0.0337	0.1360	0.2454	0.2624	0.1859	0.0924	0.8633	0.9557
139	0.0346	0.1385	0.2475	0.2621	0.1839	0.0905	0.8667	0.9572
140	0.0356	0.1411	0.2496	0.2617	0.1818	0.0887	0.8699	0.9586
141	0.0366	0.1436	0.2517	0.2613	0.1798	0.0869	0.8730	0.9599
142	0.0376	0.1461	0.2536	0.2609	0.1778	0.0851	0.8761	0.9612
143	0.0387	0.1487	0.2556	0.2604	0.1758	0.0833	0.8791	0.9624
144	0.0397	0.1512	0.2574	0.2598	0.1738	0.0817	0.8820	0.9636
145	0.0407	0.1537	0.2593	0.2593	0.1718	0.0800	0.8848	0.9648
146	0.0418	0.1562	0.2610	0.2586	0.1699	0.0784	0.8875	0.9659
147	0.0428	0.1587	0.2628	0.2580	0.1679	0.0768	0.8902	0.9669
148	0.0439	0.1612	0.2644	0.2573	0.1660	0.0752	0.8928	0.9680
149	0.0450	0.1636	0.2661	0.2566	0.1640	0.0737	0.8953	0.9690
150	0.0461	0.1661	0.2677	0.2558	0.1621	0.0722	0.8978	0.9699
151	0.0472	0.1685	0.2692	0.2550	0.1602	0.0707	0.9001	0.9709
152	0.0483	0.1710	0.2707	0.2542	0.1583	0.0693	0.9025	0.9718
153	0.0494	0.1734	0.2721	0.2534	0.1565	0.0679	0.9047	0.9726
154	0.0505	0.1758	0.2735	0.2525	0.1546	0.0665	0.9069	0.9735
155	0.0517	0.1782	0.2749	0.2516	0.1528	0.0652	0.9091	0.9743
156	0.0528	0.1806	0.2762	0.2507	0.1509	0.0639	0.9112	0.9750
157	0.0540	0.1829	0.2775	0.2497	0.1491	0.0626	0.9132	0.9758
158	0.0551	0.1853	0.2787	0.2488	0.1473	0.0613	0.9152	0.9765
159	0.0563	0.1876	0.2799	0.2478	0.1455	0.0601	0.9171	0.9772
160	0.0575	0.1900	0.2810	0.2468	0.1438	0.0589	0.9190	0.9779

Tab. 16.1 (Forsetzung)

N	$P_N(0)$	$P_N(1)$	$P_N(2)$	$P_N(3)$	$P_N(4)$	$P_N(5)$	$P_N(\leq 4)$	$P_N(\leq 5)$
161	0.0586	0.1923	0.2821	0.2457	0.1420	0.0577	0.9208	0.9785
162	0.0598	0.1946	0.2832	0.2447	0.1403	0.0566	0.9226	0.9792
163	0.0610	0.1968	0.2842	0.2436	0.1386	0.0554	0.9243	0.9798
164	0.0622	0.1991	0.2852	0.2426	0.1369	0.0543	0.9260	0.9804
165	0.0634	0.2014	0.2862	0.2415	0.1352	0.0533	0.9277	0.9809
166	0.0646	0.2036	0.2871	0.2404	0.1336	0.0522	0.9293	0.9815
167	0.0659	0.2058	0.2880	0.2392	0.1319	0.0512	0.9308	0.9820
168	0.0671	0.2080	0.2888	0.2381	0.1303	0.0502	0.9324	0.9825
169	0.0683	0.2102	0.2896	0.2370	0.1287	0.0492	0.9338	0.9830
170	0.0696	0.2124	0.2904	0.2358	0.1271	0.0482	0.9353	0.9835
171	0.0708	0.2145	0.2911	0.2347	0.1256	0.0473	0.9367	0.9840
172	0.0720	0.2167	0.2919	0.2335	0.1240	0.0464	0.9381	0.9844
173	0.0733	0.2188	0.2925	0.2323	0.1225	0.0455	0.9394	0.9849
174	0.0746	0.2209	0.2932	0.2311	0.1210	0.0446	0.9407	0.9853
175	0.0758	0.2230	0.2938	0.2299	0.1195	0.0437	0.9420	0.9857
176	0.0771	0.2251	0.2944	0.2287	0.1180	0.0429	0.9432	0.9861
177	0.0784	0.2271	0.2949	0.2275	0.1166	0.0420	0.9445	0.9865
178	0.0796	0.2291	0.2954	0.2263	0.1151	0.0412	0.9456	0.9869
179	0.0809	0.2312	0.2959	0.2251	0.1137	0.0404	0.9468	0.9872
180	0.0822	0.2332	0.2964	0.2238	0.1123	0.0397	0.9479	0.9876
181	0.0835	0.2352	0.2968	0.2226	0.1109	0.0389	0.9490	0.9879
182	0.0848	0.2371	0.2972	0.2214	0.1096	0.0382	0.9501	0.9882
183	0.0861	0.2391	0.2976	0.2202	0.1082	0.0374	0.9511	0.9885
184	0.0874	0.2410	0.2980	0.2189	0.1069	0.0367	0.9521	0.9889
185	0.0887	0.2429	0.2983	0.2177	0.1056	0.0360	0.9531	0.9892
186	0.0900	0.2448	0.2986	0.2164	0.1042	0.0353	0.9541	0.9894
187	0.0913	0.2467	0.2989	0.2152	0.1030	0.0347	0.9550	0.9897
188	0.0926	0.2486	0.2991	0.2139	0.1017	0.0340	0.9560	0.9900
189	0.0939	0.2504	0.2994	0.2127	0.1004	0.0334	0.9569	0.9903
190	0.0952	0.2523	0.2996	0.2115	0.0992	0.0328	0.9577	0.9905
191	0.0966	0.2541	0.2998	0.2102	0.0980	0.0322	0.9586	0.9908
192	0.0979	0.2559	0.2999	0.2090	0.0968	0.0316	0.9594	0.9910

Tab. 16.1 (Forsetzung)

N	$P_N(0)$	$P_N(1)$	$P_N(2)$	$P_N(3)$	$P_N(4)$	$P_N(5)$	$P_N(\leq 4)$	$P_N(\leq 5)$
193	0.0992	0.2577	0.3001	0.2077	0.0956	0.0310	0.9603	0.9912
194	0.1005	0.2594	0.3002	0.2065	0.0944	0.0304	0.9611	0.9915
195	0.1019	0.2612	0.3003	0.2053	0.0933	0.0298	0.9618	0.9917
196	0.1032	0.2629	0.3004	0.2040	0.0921	0.0293	0.9626	0.9919
197	0.1045	0.2646	0.3004	0.2028	0.0910	0.0288	0.9633	0.9921
198	0.1059	0.2663	0.3004	0.2015	0.0899	0.0282	0.9641	0.9923
199	0.1072	0.2680	0.3005	0.2003	0.0888	0.0277	0.9648	0.9925
200	0.1085	0.2697	0.3005	0.1991	0.0877	0.0272	0.9655	0.9927

Bestimmen Sie nach der Maximum-Likelihood-Methode die Likelihood-Funktion und die Schätzgröße und führen Sie eine Maximum-Likelihood-Schätzung der Wahrscheinlichkeit einer Mutation durch.

Sei eine beliebige Beobachtungsreihe von erstmaligem Auftreten einer Mutation $(x_1, x_2, ..., x_n)$ gefunden, derart, dass die einzelnen Beobachtungen voneiander unabhängig sind. Dann erfordert es etwas mehr Übung mit dem Umgang mit mathematischen Formeln, die allgemeine Formel für den Maximum-Likelihood-Schätzwert herzuleiten. Sie ist sehr einfach und lautet: $\hat{\Theta} = \frac{n}{\sum_{i=1}^{n} x_i}$

16.6.2 Aufgabe

a) Führen Sie bei der Stichprobe aus Abschn. 16.3.1 mit der Schätzgröße
$\hat{\Sigma}_n = \frac{1}{n-1} \Sigma_{i=1}^{n} \left(X_i - \overline{X}\right)^2$ eine Punktschätzung für σ durch. Damit die Rechnungen weniger umfangreich werden, gehen Sie davon aus, dass $\overline{x} = 311$ ist.

b) Gehen Sie davon aus, dass σ unbekannt ist, und bestimmen Sie aus der Stichprobe in Abschn. 16.3.1 ein symmetrisches 90 %-Konfidenz-Intervall für μ. Das dafür benötigte Quantil einer t-Verteilung finden Sie in folgender Tabelle:

α	0,5 %	1 %	2,5 %	5 %	10 %
$t_{19;\alpha}$	2,861	2,539	2,093	1,729	1,328

16.6.3 Aufgabe

Aus vielen Versuchen mit dem Anbau verschiedener Weizensorten sei bekannt, dass der Hektarertrag normalverteilt ist mit einer Standardabweichung von 4 t (t=Tonnen).

12 mit einer neuen Weizensorte bestellte gleich große Versuchsfelder brachten folgende Hektarerträge (in Tonnen):

    71,2 67,4 75,6 62,4 74,4 68,2 71,6 73,2 72,2 79,6 71,2 68,0

a) Berechnen Sie das 95 %-Konfidenzintervall für μ.
b) Wie hoch ist die Konfidenz, wenn eine Angabe von einem Fehler von $d = \pm 1$ t verlangt wird.
c) Soll der Erwartungswert μ bis auf ± 1 t geschätzt werden mit einer Sicherheit von 95 %, wieviele Versuchsfelder der selben Größe muss man dann anlegen?

16.6.4   Aufgabe

Bei Zusatzfütterung seien im Vergleich zu einer Kontrollgruppe von normal gefütterten Meerschweinchen in 14 Tagen folgende Gewichtszunahmen in g gewogen worden:

Kontrollgruppe	45	23	55	32	51
Mit Zusatzfutter	64	75	95	56	44

Man beachte, dass es sich um unverbundene Stichproben handelt. Berechnen Sie die 95 % Konfidenzintervalle für die Erwartungswerte μ_K und μ_B unter der Annahme, dass die Zufallsgröße *„Gewichtszunahme in 14 Tagen"* normalverteilt ist.

16.6.5   Aufgabe

Nach Angabe des Statistischen Bundesamtes in Wiesbaden gab es 2010 in Deutschland 347237 Geburten von Jungen und 330710 von Mädchen. Berechnen Sie ein Konfidenzintervall für die Wahrscheinlichkeit einer Mädchengeburt zur Konfidenz von mindestens 99 %.

16.6.6   Aufgabe

Wir betrachten das Demonstrationsbeispiel 16.5.1 mit dem einzigen Unterschied, dass bei a) $k = 4$ und bei b) $k = 6$ ist.

a) Schätzen Sie N nach unten ab mit einer Irrtumswahrscheinlichkeit von 10 %.
b) Schätzen Sie N nach oben ab mit einer Irrtumswahrscheinlichkeit von 5 %.

Statistische Prüfverfahren

Überblick

Mit einem *statistischen Test* wird geprüft, mit welcher *Irrtumswahrscheinlichkeit* eine Vermutung gültig ist. Da das Kap. 16 mit einer Schätzung bei Hypergeometrischer Verteilung aufgehört hat, kommt daran anschließend ein Test bei

- Hypergeometrischer Verteilung.

Die behandelten Testverfahren geben einen roten Faden durch eine Vielzahl von statistischen Prüfmethoden. Ab dem Gauß-Test ist die Reihenfolge u. a. nach folgendem Gesichtspunkt getroffen: Die Tests haben eine spezielle Voraussetzung. Der nächste Test stellt jeweils ein Verfahren zur Verfügung, diese Voraussetzung zu überprüfen, oder er beantwortet die Frage, was zu tun ist, wenn diese Voraussetzung nicht erfüllt ist.

- Es beginnt mit dem Gauß-Test für den Erwartungswert μ einer Normalverteilung unter der Voraussetzung, dass die Varianz σ^2 bekannt ist.
- Im ersten t-Test geht es wieder um den Erwartungswert μ einer Normalverteilung, wenn die Varianz σ^2 *nicht* bekannt ist. Die weiteren t-Tests gehen um den Vergleich zweier Mittelwerte bei unverbundenen und verbundenen Stichproben unter der Voraussetzung, dass die Varianzen der beiden Zufallsgrößen gleich sind.
- Der F-Test dient dazu die Gleichheit von Varianzen zweier Zufallsgrößen zu testen.
- Beim χ^2-Anpassungstest soll überprüft werden, ob ein statistisches Modell durch geeignete Wahl des Parameters an die beobachteten Häufigkeiten angepasst werden kann.
- Beim Testen mehrerer Stichproben war bisher stets die Unabhängigkeit vorausgesetzt. Der χ^2-Mehrfeldertest und speziell der Vierfeldertest untersucht auf Unabhängigkeit.

© Springer Fachmedien Wiesbaden 2015
A. Riede, *Mathematik für Biowissenschaftler*,
DOI 10.1007/978-3-658-03687-4_17

- In vorausgegangenen Tests war vorausgesetzt, dass bestimmte absolute Häufigkeiten nicht zu klein sind. Der exakte Test von Fisher ist ein Test, der auch bei kleinen Häufigkeiten zum Ziel führt, jedoch unter Umständen eine große Rechnerkapazität benötigt.

Besonderer Wert wird auf die zwei Arten von Fehlern gelegt. Die Untersuchung des Fehlers 2. Art komplettiert ein statistisches Prüfverfahren und gibt dem Schlagwort „Keine Hypothese ohne Alternativhypothese" seinen Sinn. Wichtig ist dabei der Begriff einer *wesentlichen Abweichung*.

Diese Überlegungen zu den beiden Arten von Fehlern haben Konsequenzen für die *Versuchsplanung*, was den Umfang einer zu erhebenden Stichprobe betrifft. Siehe dazu den Überblick im abschließenden Abschn. 17.13.

17.1   Test bei hypergeometrischer Verteilung

17.1.1   Beispiel

Bei einer bestimmten Tierart sei bekannt, dass eine Populationsgröße von mehr als 50 Tieren für das Überleben nötig ist. In der Population seien $m = 20$ Tiere bereits markiert. Durch eine Stichprobe von $n = 20$ Tieren soll getestet werden, ob die Populationsgröße $N > 50$ ist.

17.1.2   Hypothese und Gegenhypothese

Die Praxis hat gezeigt, dass kein Test einer Hypothese durchgeführt werden soll, ohne auch die Gegenhypothese zu beachten. Warum, das werden wir im obigen Beispiel einmal erläutern. Man betrachtet also immer zwei Hypothesen, von denen die eine die Gegenhypothese der anderen ist. Die Hypothese wird mit H_0 und die *Alternativhypothese* mit H_1 bezeichnet. Welche mit H_0 bezeichnet wird und welche mit H_1, dafür kann in der Statistik eine bestimmte Systematik eingeführt werden. Auch diese wollen wir im obigen Beispiel erläutern. Es gibt auch andere Systematiken als die in diesem Beispiel betrachtete. Unsere Hypothesen lauten:

$$H_0 : N > 50 \qquad H_1 : N \leq 50$$

Dabei haben wir zunächst willkürlich die eine mit H_0 und die andere mit H_1 bezeichnet. Unter Umständen ist die Bezeichnung noch zu vertauschen.

17.1.3 Frage

Wie prüfen wir die Hypothesen in diesem Beispiel?
Aus dem Ergebnis der Stichprobe ist zu entscheiden, ob Hypothese H_0 abzulehnen oder anzunehmen ist. Dabei werden Fehlentscheidungen in Kauf genommen. Es gibt zwei Arten von Fehlern, die auftreten können:

- Der *Fehler 1. Art* besteht darin, H_0 abzulehnen, obwohl H_0 wahr ist.
- Der *Fehler 2. Art* ist, H_0 anzunehmen, obwohl H_0 falsch ist.

An dieser Stelle kommt nun eine

17.1.4 Außermathematische Überlegung

Man kann sich überlegen, welcher Fehler in der betreffenden Situation der schlimmere ist. Die in der Statistik mögliche Vereinbarung ist dann, diejenige Hypothese mit H_0 zu bezeichnen, dass der Fehler erster Art der schlimmere ist. In unserem Beispiel ist es schlimmer auf $N > 50$ zu entscheiden, obwohl es falsch ist; denn dann werden wir nicht damit rechnen, dass die Population aussterben könnte und werden nichts zu ihrer Rettung unternehmen. Lautet das Testergebnis $N \leq 50$, obwohl tatsächlich $N > 50$ richtig ist, so wird das entweder dazu führen, die Population besonders zu hegen, obwohl es nicht nötig ist, oder es wird dazu führen, die Population genau zu zählen, um sicher zu sein über ihre Größe. Die Fehlentscheidung erster Art wird jedenfalls eine Aktivität auslösen, die vielleicht überflüssig ist, die aber wenigstens nichts schadet. Es ist also der Fehler 2. Art der schlimmere. Daher benennen wir die Hypothesen um:

$$H_0 : N \leq 50 \quad H_1 : N > 50$$

Um ein Entscheidungsverfahren festzulegen, beachten wir folgendes:

- Wenn N groß ist, wird der Anteil der markierten Tiere klein sein.
- Wenn wir in der Stichprobe also einen kleinen Anteil markierter Tiere finden, werden wir auf eine große Population schließen, also H_0 ablehnen.
- Einen kleinen Anteil markierter Tiere können wir dadurch quantifizieren, dass wir darunter verstehen: $k \leq k_0$ z. B. $k \leq 5$

Damit lautet also das

17.1.5 Entscheidungsverfahren

Ist $k \leq k_0$, dann wird H_0 abgelehnt.

17.1.6 Frage

Wie groß soll k_0 gewählt werden?
Dies richtet sich danach, welches Risiko man eingehen will, bei dem Test falsch zu entscheiden. Dazu wird eine Irrtumswahrscheinlichkeit α festgelegt mit $0 < \alpha < 1$, sagen wir $\alpha = 1\,\%$. Da der Fehler 1. Art uns der schlimmere ist, verlangen wir, dass das Risiko eines Fehlers 1. Art kleiner als α sein soll. Das Risiko für einen Fehler 1. Art ist

$$P_N(Y \leq k_0) \ \text{ für } N \leq 50,$$

wobei Y wie in Abschn. 16.5 die Zufallsgröße „Anzahl der markierten Tiere in der Stichprobe" ist, deren Ausprägungen wir mit k bezeichnet haben. Dieses Risiko hängt von N ab. Es wird also verlangt, dass gilt:

$$P_N(Y \leq k_0) < \alpha \ \text{ für alle } N \leq 50$$

Diese Bedingung braucht nur für $N = 50$ gefordert zu werden; denn es gilt:

$$P_{N_1}(Y \leq k_0) < P_{N_2}(Y \leq k_0) \ \text{ für } N_1 < N_2$$

Für diese Eigenschaft sagt man: P_N ist eine *streng monoton steigende Familie von Verteilungen* oder ein *streng monoton steigendes statistisches Modell*. Die Monotonie zeigt sich in der letzten Spalte der Tabelle 16.5.9.

17.1.7 Bestimmung von k_0

Wir schauen in die Tabelle 16.5.9 bei $N = 50$ und berechnen:

k	0	1	2	3	4	5
$P_{50}(Y \leq k)$	0	0.000023	0.000372	0.003269	0.018219	0.069248

$$\tag{17.1}$$

Als k_0 nehmen wir nun das größte k, so dass $P_{50}(Y \leq k) < \alpha$ ist.

$$k_0 = \mathrm{Max}\{k; \ P_{50}(Y \leq k) \ < \ \alpha\} \tag{17.2}$$

Im Beispiel für $\alpha = 1\,\%$ wird $k_0 = 3$. Das Maximum wird deswegen genommen, weil dann unter allen k bei denen der Fehler 1. Art $< \alpha$ ist, das Risiko eines Fehlers 2. Art am kleinsten wird. Denn ein Fehler 2. Art wird begangen, wenn

$$Y > k_0 \ \text{ und } N > 50 \ \text{ist}.$$

Das Risiko eines Fehlers 2. Art ist also

$$P_N(Y > k_0) \text{ für } N > 50. \tag{17.3}$$

Je größer k_0 gewählt wurde, um so kleiner ist dieses Risiko. Darum ist es günstig, k_0 so groß wie möglich zu wählen, und deshalb wird oben das Maximum genommen.

17.1.8 Definition des Ablehnungsbereichs

Die Menge $\{k \in \mathbb{N};\ k \le k_0\}$ heißt *Ablehnungs-* oder *Verwerfungsbereich.* Es gilt:

$$P_N(\{k \in \mathbb{N};\ k \le k_0\}) = P_N(Y \le k_0)$$

In Worten: Die Wahrscheinlichkeit des Verwerfungsbereichs ist gerade das Risiko eines Fehlers 1. Art. In dem Beispiel ersehen wir aus der Tabelle:
$P_{50}(Y \le 3) = P_{50}(Y = 0) + P_{50}(Y = 1) + P_{50}(Y = 2) + P_{50}(Y = 3) = 0,0032 < 1\%$
und $P_{50}(Y \le 4) = 0,0182 > 1\%$.   Also ist $k_0 = 3 = \text{Max}\{k;\ P_{50}(Y \le k) < 1\%\}$.

17.1.9 Wesentliche Abweichung und genaue Bestimmung des Risikos 2. Art

Der Fehler 2. Art in Gl. (17.3) hängt von N ab. Um einen genauen Wert des Fehlers 2. Art anzugeben, geht man so vor: In der Praxis wird man eine Population, die aus nur wenig mehr als 50 Tieren besteht, nur als unerheblich größer ansehen. Nehmen wir an, ein Wildhüter hält erst eine Population ab 200 Tieren für erheblich größer als von 50 Exemplaren. Es könnte sein, dass erst ab 200 Tieren der Fortbestand der Population als sehr gut gesichert angesehen wird. Wir nennen 150 eine *wesentliche oder erhebliche Abweichung* von $N = 50$ nach oben. Für $N = 200$ ist das Risiko 2. Art gleich $\gamma = P_{200}(\{k > k_0\})$. Wir rechnen mit Hilfe der Tabelle:

$$P_{200}(\{k \le k_0\} = P_{200}(0) + P_{200}(1) + P_{200}(2) + P_{200}(3) = 0,1085 + 0,2697 + 0,3005 + 0,1991 = 0,8778$$

$$\gamma = P_{200}(\{k > k_0\}) = 1 - P_{200}(\{k \le k_0\} = 1 - 0,8778 = 0,1222 \approx 0,12 = 12\%$$

Bei $N > 200$ wird das Auftreten von $k > k_0$ unwahrscheinlicher als bei $N = 200$ und damit das Fehlerrisiko 2. Art kleiner. Wir kommen zum Ergebnis: Bei einer wesentlichen Abweichung ab 150 beträgt das Risiko 2. Art höchsten 12 %.
Eine Verkleinerung des Risikos eines Fehlers 1. Art bedeutet, dass man ein kleineres k_0 wählen muss, was auf eine Vergrößerung des Risikos eines Fehlers 2. Art hinausläuft. Dasselbe gilt auch umgekehrt. Man kann also durch geeignete Wahl von α einen Interessenausgleich bezüglich des 1. und 2. Fehlers versuchen herzustellen (s. Abschn. 17.13.3).

17.2 Der Gauß-Test

17.2.1 Beispiel

Aus jahrelangen Beobachtungen mit einer Population von Mäusen sei bekannt, dass das Gewicht vier Wochen alter Mäuse im Mittel $\mu_0 = 13,0$ g beträgt bei einer Standardabweichung von $\sigma = 2,5$ g; dabei ist das Gewicht eine normalverteilte Zufallsgröße. Es liege eine neue Stichprobe von fünf Mäusen vor:

$$24 \quad 11,5 \quad 12 \quad 14 \quad 21$$

Ihr Mittel beträgt: $\bar{x} = 14,5$ g. Können wir jetzt voller Stolz verkünden, dass wir eine neue Mäuseart entdeckt haben. Oder ist alles nur Zufall, dass wir auf $\bar{x} = 14,5$ g kommen?

Ernsthaft könnte man sich mit folgenden Fragestellungen befassen:

1. Liegt dieser Wert noch innerhalb der biologischen Variabilität? Ist die Abweichung von $13,0$ g noch durch den Zufall zu erklären? Stammt die Stichprobe gar nicht aus der obigen Population, gehört sie einer anderen Population an?
2. Es könnte aus theoretischen Gesichtspunkten gefolgert worden sein, dass $E(X)$ einen bestimmten Wert μ_0 hat. Nun möchte man diese theoretische Folgerung durch ein Experiment bestätigen, indem eine Stichprobe untersucht wird.

Dabei wird bei σ davon ausgegangen, dass der jahrelang erhaltene Wert von $\sigma = 2,5$ g immer noch gültig ist. Wir bezeichnen mit μ den tatsächlichen Mittelwert der Population, aus der die Stichprobe stammt.

17.2.2 Allgemeine Formulierung

Der Gauß-Test

Ausgangssituation: Es liegt eine Stichprobe $(x_1, x_2, ..., x_n)$ für eine (μ, σ)-normalverteilte Zufallsvariable X vor. Die Frage ist, ob die Stichprobe zu einer (μ_0, σ)-normalverteilten Zufallsgröße gehört.

Testziel: Der *Gauß-Test* oder *z-Test* ist ein Test für den Erwartungswert einer (μ, σ)-Normalverteilung, wenn σ bekannt ist.

Hypothesen: $H_0 : \mu = \mu_0, H_1 : \mu \neq \mu_0$

Testgröße: $U := \frac{\bar{X} - \mu_0}{\sigma} \sqrt{n}$. Falls H_0 gilt, ist U $(0,1)$-normalverteilt.

Wahl des Signifikanzniveaus: α mit $0 < \alpha < 1$

Statistische Entscheidung: $-z_{\alpha/2} \leq u \leq z_{\alpha/2}$, d. h. $|u| \leq z_{\alpha/2} \Leftrightarrow H_0$ beibehalten.

Alternative mit dem *P*-Wert: $PW = \Phi(|u|)$, wobei Φ die Verteilungsfunktion der Standardnormalverteilung ist. PW berechnet sich mit Excel durch die Eingabe:
= STANDNORMVERT(|u|)
Testentscheidung: $PW \leq 1 - \alpha/2$, dann H_0 beibehalten.

Die Entscheidung wird so gefällt wie im Kasten, weil die Irrtumswahrscheinlichkeit nur α beträgt; denn wenn H_0 richtig ist, gilt: Der Prüfer irrt sich, wenn u außerhalb des durch die Ungleichungen gegebenen Bereichs liegt. Dieser Bereich hat die Wahrscheinlichkeit α. Die Wahrscheinlichkeit dieses Bereichs ist die Irrtumswahrscheinlichkeit. Die Irrtumswahrscheinlichkeit, d. h. die Wahrscheinlichkeit, H_0 abzulehnen, obwohl H_0 wahr ist, (Fehler erster Art) beträgt α. (Vgl. 16.3 Abb. 16.1. Wegen des Fehlers 2. Art s. Abschn. 17.3.5.)
Wie fällt die Entscheidung aus in obigem Beispiel, etwa für $\alpha = 5\,\%$?

$$u = \frac{14,5 - 13}{2,5}\sqrt{5} = 1,342 < 1,960 = z_{0,025} \quad (0,025 = \alpha/2)$$

H_0 wird nicht abgelehnt.
Entscheidung mit Hilfe des P-Wertes: $\Phi(1,342) = 0,910 < 1 - \alpha/2 = 0,975$. Folglich wird H_0 angenommen.
Hätten wir jedoch folgende Stichprobe gezogen

$$6 \quad 7 \quad 9 \quad 10 \quad 13 \quad \text{mit} \quad \bar{x} = 9,$$

dann wäre $|u| = -\frac{9,0-13,0}{2,5}\sqrt{5} = 3,58 > 1,960 = z_{0,025}$
und wir würden H_0 ablehnen.

17.3 Fehler zweiter Art und Trennschärfe

Wir betrachten den einseitigen Gauß-Test der Hypothesen:

$$H_0 : \ \mu = \mu_0 \ , \quad H_1 : \ \mu_0 < \mu$$

Die Berücksichtigung der Gegenhypothese kommt erst dann zum Tragen, wenn man auch das Risiko γ eines Fehlers zweiter Art in Betracht zieht.

17.3.1 Grundlegende Feststellungen

Sei $a := Q_\alpha$ das obere α-Quantil der $(\mu_0, \frac{\sigma}{\sqrt{n}})$-Normalverteilung, d. h.

$$Q_\alpha = F^{-1}(1 - \alpha) \tag{17.4}$$

Abb. 17.1 Veranschaulichung
von Gl. (17.6)

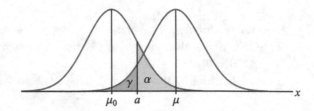

Dabei ist F die Verteilungsfunktion der $(\mu_0, \frac{\sigma}{\sqrt{n}})$-Normalverteilung. Dann folgt:

$$\gamma = \gamma(\mu) = P(\{x < a; \text{ unter der Annahme Erwartungswert } = \mu\}) \qquad (17.5)$$

Man beachte, dass γ von μ abhängt (s. Abb. 17.1). Gleichung (17.5) besagt, dass a bzw. Q_α das untere γ-Quantil der Normalverteilung mit Erwartungswert μ ist:

$$Q_\alpha = q_\gamma \quad \text{d. h.} \quad \mu_0 + z_\alpha \frac{\sigma}{\sqrt{n}} = \mu - z_\gamma \frac{\sigma}{\sqrt{n}} = a \qquad (17.6)$$

17.3.2 Erste Aufgabe

Wenn das Risiko des Fehlers 2. Art durch einen Wert γ_* beschränkt werden soll, etwa, dass wir ihn höchstens bei $\gamma_* = 10\,\%$ haben wollen, wie groß muss dann μ mindestens sein?
Wir können aus Gl. (17.6) eine untere Schranke μ_* für μ berechnen, so dass der Fehler 2. Art höchstens γ_* ist. Wir müssen die Gl. (17.6) für $\gamma = \gamma_*$ nur nach μ auflösen:

$$\mu = \mu_0 + (z_\alpha + z_{\gamma_*}) \frac{\sigma}{\sqrt{n}} =: \mu_* \qquad (17.7)$$

Für $\mu \geq \mu_*$ ist dann $\gamma(\mu) \leq \gamma_*$. Man beachte, dass mit wachsendem μ das γ abnimmt. Für $\alpha = 5\,\%$ und $\gamma_* = 10\,\%$ erhalten wir im Beispiel 17.2.1

$$\mu_* = 13{,}0 + (1{,}645 + 1{,}282) \frac{2{,}5}{\sqrt{5}} = 16{,}272$$

Wenn tatsächlich $\mu \geq 16{,}272$ ist, beträgt das Risiko höchstens 10 %, dass wir dies bei dem Test nicht erkennen.

17.3.3 Zweite Aufgabe

Wenn die Fehlergrenzen 1. und 2. Art vorgegeben werden, wie groß muss dann die Stichprobe mindestens sein?
Vielleicht möchte man schon ab $\mu = \mu_* = 15$ das Risiko eines Fehlers zweiter Art kleiner oder gleich 10 % haben, bei Beibehaltung eines Risikos erster Art von 5 %. Dies

geht nur mit einer Stichprobe von genügend großem Umfang. Genauer, wenn α und γ_* vorgegeben sind, dann folgt aus der Gl. (17.6):

$$n_* = \left(\frac{\sigma}{\mu_* - \mu_0} \right)^2 (z_\alpha + z_{\gamma_*})^2 \tag{17.8}$$

Wählt man $n \geq n_*$, dann ist das Risiko des Fehlers erster Art $\leq \alpha$ und eines Fehlers zweiter Art $\leq \gamma_*$.

Im Beispiel 17.2.1 erhalten wir für $\mu_* = 15$:

$$n_* = \left(\frac{2,5}{15 - 13} \right)^2 (1,645 + 1,282)^2 = 13,4$$

Es ist also mindestens $n = 14$ zu wählen, damit das Risiko eines Fehlers erster Art $\leq \alpha = 5\,\%$ und eines Fehlers zweiter Art $\leq \gamma_* = 10\,\%$ wird.

17.3.4 Dritte Aufgabe

Wie berechnet man das Risiko des Fehlers 2. Art?

In der Praxis gibt es noch einen weiteren Gesichtspunkt, da es auf einen ganz minimalen Unterschied der Erwartungswerte nicht ankommt. Sondern man wird sich dafür interessieren, dass μ eine Mindestgröße $\mu_* > \mu_0$ hat. Dann kann man für den Fall $\mu = \mu_*$ den Fehler 2. Art ausrechnen. Sei F_* die Verteilungsfunktion der $(\mu_*, \frac{\sigma}{\sqrt{n}})$-Normalverteilung.

$$Q_\alpha = q_{\gamma_*} = F_*^{-1}(\gamma_*) \quad \text{folglich} \quad \gamma_* = F_*(Q_\alpha) = F_* \left(F_0^{-1}(1 - \alpha) \right) \tag{17.9}$$

Im Beispiel nehmen wir einmal $\mu_* = 16,272$. Dann müssen wir als Risiko eines Fehlers 2. Art wieder die 10 % von oben zurück bekommen. Es ist $Q_\alpha = 14,8394$ und $F_*(Q_\alpha) = 0,09996 \approx 10\,\%$. Es ist das Risiko eines Fehlers 2. Art $\leq 10\,\%$ für alle $\mu \geq \mu_*$, weil mit größer werdendem μ das γ kleiner wird (s. Abb. 17.1).

17.3.5 Zusammenfassung

Fehler 2. Art beim Gauß-Test

Zum einseitigen Test: $\mu > \mu_0$ (bzw. $\mu < \mu_0$)

1. Soll die Wahrscheinlichkeit eines Fehlers 2. Art höchstens γ_* sein, so muss μ um mindestens $\Delta\mu_* = (z_\alpha + z_{\gamma_*})\frac{\sigma}{\sqrt{n}}$ von μ_0 nach oben (bzw. nach unten) abweichen.

2. Soll die Irrtumswahrscheinlichkeit gleich α sein und die Wahrscheinlichkeit eines Fehlers 2. Art höchstens γ_* betragen, so muss der Stichprobenumfang n

größer oder gleich n_* sein mit $n_* = \left(\frac{\sigma}{\mu_* - \mu_0}\right)^2 (z_\alpha + z_{\gamma_*})^2$. (Man beachte, dass n_* keine natürliche Zahl sein muss.)

3. In der Praxis wird erst ab einem gewissen Wert μ_* eine Abweichung von μ_0 als wesentlich angesehen.

Ist bei einseitigem Test *nach oben* μ mindestens gleich μ_*, so ist die Wahrscheinlichkeit eines Fehlers 2. Art höchstens gleich γ_* mit $\gamma_* = F_* \left(F_0^{-1}(1 - \alpha)\right)$, wobei F_* die Verteilungsfunktion der (μ_*, σ)-Normalverteilung und F_0 die Verteilungsfunktion der (μ_0, σ)-Normalverteilung ist. Bei einseitigem Test *nach unten* ergibt sich $\gamma_* = 1 - F_* \left(F_0^{-1}(\alpha)\right)$.

Zum zweiseitigen Test: $\mu \neq \mu_0$

1. $\Delta\mu_* = (z_{\alpha/2} + z_{\gamma_*/2})\frac{\sigma}{\sqrt{n}}$

2. $n_* = \left(\frac{\sigma}{\mu_* - \mu_0}\right)^2 (z_{\alpha/2} + z_{\gamma_*/2})^2$

3. $\gamma_* = 2 \cdot F_* \left(F_0^{-1}(\alpha/2)\right)$

Verwendung von Excel:

- Sei F die Verteilungsfunktion der (μ, σ)-Normalverteilung. Das untere α-Quantil der $(\mu.\sigma)$-Normalverteilung, $q_\alpha = F^{-1}(\alpha)$, berechnet man in Excel mit der Eingabe: =NORMINV($\alpha;\mu,\sigma$).

- Der Wert der Verteilungsfunktion der $(\mu.\sigma)$-Normalverteilung an der Stelle x berechnet sich durch: = NORMVERT($x; \mu; \sigma$)

17.3.6   Definition

$1 - \gamma_*$ heißt *Trennschärfe* oder *Güte* des Testes.

17.4   *t*-Tests

Diese Tests hat der englische Statistiker William Sealy Gosset (1876–1937) als Mitarbeiter einer Brauerei entwickelt. Damit keine Betriebsgeheimnisse preisgegeben werden, war es den Mitarbeitern nicht erlaubt, Artikel zu veröffentlichen. So publizierte er sein Werk unter dem Pseudonym "Student", was den Namen für die von ihm entdeckte Wahrscheinlichkeitsverteilung lieferte.

17.4.1 Der *t*-Test für einen Erwartungswert

Der *t*-Test für einen Erwartungswert

Dieser *t-Test* ist wie der Gauß-Test, jedoch bei unbekanntem σ. Das unbekannte σ wird durch die empirische Standardabweichung S der Stichprobe ersetzt. Die Testgröße ist

$$T = \frac{\bar{X} - \mu_0}{S} \sqrt{n} \quad \text{mit} \quad S^2 = \frac{1}{n-1} \sum_{i=1}^{n} (X_i - \bar{X})^2 \,.$$

Falls H_0 gilt, hat T die Student-t_{n-1}-Verteilung. Diese Verteilung ist symmetrisch. $t_{n-1;\alpha/2}$ sei ihr oberes $\alpha/2$-Quantil.

Entscheidung $-t_{n-1;\alpha/2} \leq t \leq t_{n-1;\alpha/2}$, d. h. $|t| \leq t_{n-1;\alpha/2}$, $\Leftrightarrow H_0$ beibehalten.

Auch für den Fehler 2. Art geht man wie beim Gauß-Test vor. Die z-Werte werden durch die entsprechenden t_{n-1}-Werte ersetzt.

17.4.2 Beispiel

Für die Stichprobe (16,12,17,16,12) und für $\alpha = 5\%$ folgt:

$$|t| = \frac{14,6 - 13,0}{2,41} \sqrt{5} = 1,48 \leq 2,78 = t_{4;2,5\%}$$

H_0 wird nicht verworfen.

17.4.3 Definition: Verbundene und unverbundene Stichproben

Wenn zwei Stichproben aus zwei Grundgesamtheiten getrennt von einander entnommen wurden, nennt man die Stichproben unverbunden im Gegensatz zu verbundenen Stichproben, die paarweise aus den Grundgesamtheiten gezogen sind. Typische Beispiele sind wenn Tiere zuerst vor einer speziellen Behandlung auf ein Merkmal untersucht werden und einige Zeit nach der Behandlung die selben Tiere noch einmal auf das selbe Merkmal untersucht werden. Oder wenn die zu untersuchenden Objekt bereits paarweise vorliegen wie z. B. Ehepaare oder Zwillingspaare.

17.4.4 Vergleich zweier Mittelwerte bei unverbundenen Stichproben

Bei zwei Gruppen weiblicher Ratten soll die eine Gruppe von $n = 12$ Tieren stark proteinhaltiges Futter bekommen haben, die andere von $m = 7$ Tieren schwach proteinhaltiges Futter. Die Gewichtszunahme in g nach zwei Wochen sei:

Gruppe 1	x_1	x_2	x_3	x_4	x_5	x_6	x_7	x_8	x_9	x_{10}	x_{11}	x_{12}
	134	146	104	119	124	161	107	83	113	129	97	123

Gruppe 2	y_1	y_2	y_3	y_4	y_5	y_6	y_7
	70	118	101	85	107	132	94

Die Frage ist, ob die Mittelwerte μ_1 und μ_2 für stark proteinhaltig ernährte Ratten und schwach proteinhaltig ernährte verschieden sind. Wir gehen dabei davon aus, dass die Standardabweichungen gleich sind, $\sigma_1 = \sigma_2$. Dies begründen wir damit, dass die Streuung der Gewichtszunahme durch die individuellen Unterschiede (kleinerer Magen, geringerer Appetit etc.) verursacht ist, aber nicht von der Art des Futters beeinflusst wird. Wir haben also einen Test zu machen über den Vergleich zweier Mittelwerte.
$\bar{x} \neq \bar{y}$ werden wir als Zeichen für $\mu_1 \neq \mu_2$ ansehen und wir werden letzteres um so sicherer annehmen, je größer $|\bar{x} - \bar{y}|$ ist. Damit kommen wir auf die Testgröße $\bar{X} - \bar{Y}$; Gosset hat diese Größe noch skaliert und gezeigt, dass sie nach der Skalierung eine t-Verteilung besitzt.

17.4.5 Beschreibung des Testes

Zweiseitiger t-Test zum Vergleich zweier Erwartungswerte bei unverbundenen Stichproben
Ausgangssituation: Es seien Stichproben aus einer (μ_1, σ_1)-Normalverteilung und einer (μ_2, σ_2)-Normalverteilung gegeben. σ_1 und σ_2 seien unbekannt, aber es sei bekannt, dass $\sigma_1 = \sigma_2 = \sigma$ ist.
Hypothesen: $H_0 : \mu_1 = \mu_2$, $H_1 : \mu_1 \neq \mu_2$
Testgröße:
$$T = \frac{\bar{X} - \bar{Y}}{N} \sqrt{\frac{nm(n+m-2)}{n+m}} \quad \text{mit } N^2 = (n-1)\,\hat{\Sigma}_n^2(X) + (m-1)\,\hat{\Sigma}_m^2(Y) \text{ und mit}$$
$\hat{\Sigma}_n^2 := \frac{1}{n-1} \sum_{i=1}^{n} \left(X_i - \bar{X}\right)^2$ (wie in 16.1.13)
Testentscheidung: Sei F die Verteilungsfunktion der t_{n+m-2}-Verteilung und $t_{n+m-2;\alpha/2} = Q_{\alpha/2} = F^{-1}(1 - \alpha/2)$ das obere $\alpha/2$- Quantil der t_{n+m-2}-Verteilung. Dann wird genau für $|t| > t_{n+m-2;\alpha/2}$ H_0 abgelehnt.
Alternative mit dem P-Wert: Für $PW = F(|t|) > 1 - \alpha/2$ wird H_0 verworfen.
Zusatzbemerkung: Für die Gleichheit der Varianzen siehe den F-Test 17.5.

17.4.6 Durchführung des Tests

Setzen wir im Beispiel 17.4.4 einmal fest $\alpha = 5\%$, so brauchen wir das Quantil $t_{17;0,025} = 2,1098$. Der Testwert errechnet sich wie folgt:

$$\bar{x} = 120 \qquad\qquad\qquad \bar{y} = 101$$

$$\hat{\sigma}_n^2(x) = 457{,}5 \qquad\qquad \hat{\sigma}_m^2(y) = 425{,}3$$

$$(n-1)\,\hat{\sigma}_n^2(x) = 5032 \qquad (m-1)\,\hat{\sigma}_m^2(y) = 2552$$

$$N = 87$$

$$t = \frac{120-101}{87}\sqrt{\frac{12\cdot 7(17)}{19}}$$

$$t = 1{,}89$$

$$\Rightarrow |t| \; < \; t_{17;2,5\%}$$

H_0 wird nicht abgelehnt, d. h. mit einer Konfidenz von 95 % ist kein Unterschied zwischen beiden Fütterungsarten festzustellen.

17.4.7 Der einseitige Fall

Im Beispiel 17.4.4 sind wir eigentlich daran interessiert, ob $\mu_1 > \mu_2$ ist. Oft weiß man aus theoretischen oder praktischen Überlegungen, dass $\mu_1 \geq \mu_2$ ist. In diesem Fall wird ein einseitiger Test durchgeführt. In unserem Beispiel bedeutet dies zu wissen, dass das proteinhaltigere Futter auf keinen Fall schlechter ist als das andere. Dann können wir die Hypothesen wie folgt formulieren.

> **Einseitiger t-Test zweier Mittelwerte**
> **Hypothesen:** $H_0 : \; \mu_1 \leq \mu_2$, $H_1 : \; \mu_1 > \mu_2$.
> **Entscheidung:** $t > t_{n+m-2;\alpha}$, dann wird H_0 abgelehnt.

Für obiges Beispiel bekommen wir bei $\alpha = 5\%$:

$$t = 1{,}89 > 1{,}74 = t_{17;0,05}, \; H_0 \text{ wird abgelehnt.}$$

Mit 95 % Sicherheit ist also nach dem einseitigen Test die Gewichtszunahme bei der stark proteinhaltiger Fütterung höher.

Tab. 17.1 Paarweise Daten

x_i	64	75	95	56	44	130	106	80	87	117
y_i	45	23	55	32	51	91	74	53	70	84
$d_i = x_i - y_i$	19	52	40	24	−7	39	32	27	17	31

17.4.8   Achtung: Zweiseitiger oder einseitiger Test?

Man muss sich sehr genau überlegen, ob ein ein- oder zweiseitiger Test angebracht ist. In unserem Beispiel ist denkbar, dass das in größerem Maße Protein enthaltende Futter von den Tieren schlechter vertragen wird und sein Genuss eher zu einer Gewichtsminderung als zu einer Zunahme führt. Es ist also hier nicht von vorneherein klar, ob eine Zunahme oder Abnahme zu erwarten ist. Man sollte in diesem Beispiel den zweiseitigen Test bevorzugen. Wenn also nicht klare theoretische oder praktische Gründe für $\mu_1 > \mu_2$ sprechen, sollte man einseitige Tests vermeiden. Auf keinen Fall ist es zulässig aus den vorliegenden Daten auf $\mu_1 > \mu_2$ zu schließen. Vielmehr muss ohne die Daten anzusehen über einseitigen oder zweiseitigen Test entschieden werden. Im Zweifelsfalle ist der zweiseitige Test zu verwenden.

17.4.9   Vergleich zweier Mittelwerte bei verbundenen Stichproben

Bei Zwillingpaaren von Meerschweinchen werde der eine Zwilling mit Normalfutter ernährt, der andere mit Zusatzfutter. Die Frage ist, ob das Zusatzfutter einen Effekt hat. Nach 14 Tagen werden in Gramm die Gewichtszunahmen von Tab. 17.1 ermittelt. Dabei gehören die x_i-Werte zu den Meerschweinchen mit Zusatzfutter und die y_i-Werte zu den Meerschweinchen der Kontrollgruppe, die Normalfutter erhielt.

17.4.10   Beschreibung des Tests

t-Test zum Vergleich zweier Erwartungswerte μ_1 **und** μ_2 **bei verbundenen Stichproben**

Ausgangssituation: Es seien verbundene Stichproben vom Umfang n aus einer (μ_1, σ_1)-Normalverteilung und einer (μ_2, σ_2)-Normalverteilung gegeben. Es sei $\delta = \mu_1 - \mu_2$.

x_1	x_2	...	x_n	mit zugehöriger Zufallsgröße X
y_1	y_2	...	y_n	mit zugehöriger Zufallsgröße Y
d_1	d_2	...	d_n	mit zugehöriger Zufallsgröße D

Dabei ist $d_i = x_i - y_i$ für $i = 1, 2, \ldots, n$.

σ_1 und σ_2 seien unbekannt, aber es sei bekannt, dass $\sigma_1 = \sigma_2 = \sigma$ ist.

Hypothesen:

$H_0 : \delta = 0$, $H_1 : \delta \neq 0$ für den zweiseitigen Test.

$H_0 : \delta \leq 0$, $H_1 : \delta > 0$ für den einseitigen Test von $H_0 : \mu_1 \leq \mu_2$.

$H_0 : \delta \geq 0$, $H_1 : \delta < 0$ für den einseitigen Test von $H_0 : \mu_1 \geq \mu_2$.

Testwert:

$t = \frac{\overline{d}}{s_d} \cdot \sqrt{n}$ mit dem arithmetisches Mittel der d_i $\overline{d} = \frac{1}{n} \sum_{i=1}^{n} d_i$

und der empirische Varianz der d_i $s_d^2 = \frac{1}{n-1} \left(\left(\sum_{i=1}^{n} d_i^2 \right) - n \overline{d}^2 \right)$.

Testentscheidung: Falls H_0 wahr ist, hat die zu dem Testwert t gehörige Testgröße T eine t_{n-1}-Verteilung. Es sei eine Irrtumswahrscheinlichkeit α vorgegeben worden. $t_{n-1;\alpha}$ bezeichnet das obere α-Quantil.

Für $|t| > t_{n-1;\alpha/2}$ wird H_0 bei dem zweiseitigen Test abgelehnt.

Für $t > t_{n-1;\alpha}$ wird H_0 bei dem einseitigen Test von $H_0 : \mu_1 \leq \mu_2$ abgelehnt.

Für $t < -t_{n-1;\alpha}$ wird H_0 bei dem einseitigen Test von $H_0 : \mu_1 \geq \mu_2$ abgelehnt.

Fehler 2. Art: Der Meerschweinchenzüchter und der Hersteller des Futtermittels fordern einen positiven Mindesteffekt des Zusatzfutters von $\Delta_* = 20$, gemessen in g. D. h. wir müssen den einseitigen Test nach oben durchführen. Der Fehlerrisiko 2. Art ist höchstens die Wahrscheinlichkeit von $\{D < t_{n-1;\gamma_*}\}$ unter der Annahme, dass $\mu_2 = \mu_1 + \Delta_*$ d. h. $\overline{D} = \Delta_*$ ist.

Eine allgemeine Formulierung haben wir in Abschn. 17.13.3 zusammengestellt.

17.5 Der F-Test

Für den t-Test war vorausgesetzt worden, dass die beiden normal verteilten Zufallsvariablen X und Y gleiche Varianz haben. Ob diese Voraussetzung erfüllt ist, kann man mit dem F-Test überprüfen. Die F-Verteilung ist benannt nach dem englischen Biowissenschaftler und Statistiker Sir Ronald Aylmer Fisher (1890–1962).

17.5.1   Allgemeine Formulierung

Der F-Test

Testziel: Zwei normal verteilte Zufallsgrößen X und Y mit den Varianzen σ_1^2 und σ_2^2 sollen zweiseitig auf gleiche Varianz überprüft werden.

Hypothesen: $H_0 : \sigma_1^2 = \sigma_2^2$, $H_1 : \sigma_1^2 \neq \sigma_2^2$.

Daten:

Eine Messreihe für X : $x = (x_1, x_2, ..., x_n)$ vom Umfang n und
eine Messreihe für Y : $Y = (y_1, y_2, ..., y_m)$ vom Umfang m.

Testwert: $t = s_1^2 / s_2^2$ mit $s_1^2 = \frac{1}{n-1} \sum (x_j - \overline{x})^2$ und $s_2^2 = \frac{1}{n-1} \sum (y_j - \overline{y})^2$.

Verteilung der Testgröße: F-Verteilung $F_{n-1;m-1}$ mit erstem Freiheitsgrad $n-1$ und zweitem Freiheitsgrad $m-1$.

Entscheidung: Bei einem Signifikanzniveau von α wird im Falle $q_{\alpha/2} \leq t \leq q_{1-\alpha/2}$ H_0 angenommen, sonst abgelehnt. Man beachte, dass die F-Verteilungen nicht symmetrisch sind und daher nicht $q_\alpha = -q_{1-\alpha}$ ist.

Bezeichnet F die Verteilungsfunktion von $F_{f_1;f_2}$, dann berechnet sich $F^{-1}(\alpha)$ mit Excel durch die Eingabe: =FINV$(1 - \alpha; f_1; f_2)$

Alternative mit dem P-Wert $PW = F(t)$:

Falls gilt $\alpha/2 \leq PW \leq 1 - \alpha/2$, wird die Nullhypothese bestätigt.

Berechnung des P-Wertes $F(t)$ mit Excel: $= 1 - \text{FVERT}(t; f_1; f_2)$.

17.5.2   Beispiel

Wir kommen auf das Beispiel 17.4.4 zurück. Die betreffenden Messreihen sind:

$$x \;=\; (134, 146, 104, 119, 124, 161, 107, 83, 113, 129, 97, 123)$$

$$y \;=\; (70, 118, 101, 85, 107, 132, 94)$$

Durchführung des Tests:

x hat den Umfang $n = 12$ und y den Umfang $m = 7$.

Es ist $s_1^2 = 457, 5$ und $s_2^2 = 425, 3$. Dies ergibt einen Testwert von $t = s_1^2 / s_2^2 = 1, 08$.

Für $\alpha = 5\,\%$ ergeben sich $F_{11;6;\alpha/2} = 0, 26$ und $F_{11;6;1-\alpha/2} = 5, 41$.

Es gilt $0, 26 \leq 1, 08 \leq 5, 41$, folglich wird H_0 beibehalten. Der Test spricht nicht gegen $\sigma_1^2 = \sigma_2^2$.

Als P-Wert erhält man: PW$= F(1, 08) = 0, 513$

$0, 025 \leq 0, 513 \leq 0, 975 \Rightarrow H_0$ wird beibehalten.

17.6 Der χ^2-Anpassungstest

Statt des griechischen Buchstabens χ wird auch Chi geschrieben, so wie der griechische Buchstabe ausgesprochen wird.

17.6.1 Beispiel

Wir kommen zurück auf das Beispiel 13.1.5. Auf einer Fläche, die in $n = 50$ gleichgroße Quadrate aufgeteilt ist, ergab die Zählung einer bestimmten Pflanzenart in jedem Quadrat folgende beobachtete Häufigkeiten $h_b(k)$:

k	0	1	2	3	4	5	6	≥ 7
$h_b(k)$	9	15	27	39	42	12	6	0

Es finden sich also Quadrate mit bis zu 6 Pflanzen. Die mittlere Pflanzenzahl ergibt sich aus den Daten zu $\bar{x} = 3$ Pflanzen pro Quadrat. Es soll auf dem 90 % -Konfidenz-Niveau getestet werden, ob eine zufällige Verteilung vorliegt. Nach den Ausführungen in Beispiel 13.1.5 ist zu untersuchen, ob eine Poissonverteilung an die Daten angepasst ist. In der Poissonverteilung ist $P_\lambda(k) = \frac{\lambda^k}{k!}e^{-\lambda}$ die Wahrscheinlichkeit für die Anzahl von Quadraten mit k Pflanzen. Der Parameter λ ist auch der Erwartungswert μ der Poissonverteilung. Es wird nun als μ der Mittelwert der Stichprobe genommen, also $\lambda = \bar{x} = 3$ gesetzt und getestet, ob die Poissonverteilung P_3 sich den Daten gut anpasst.
Die Nullhypothese lautet: Die beobachteten Anzahlen von Quadraten mit k Pflanzen sind nach der Poissonverteilung P_3 verteilt.
Eine Voraussetzung für die Anwendbarkeit des Testes ist, dass jede nach der Poissonverteilung zu erwartende Häufigkeit $h_e \geq 5$ ist. Wenn dies nicht der Fall ist, fasst man mehrere Ausprägungen zusammen. Für die Daten aus Beispiel 13.1.5 müssen keine Ausprägungen zusammengefasst werden. Nun rechnet man die mit der Poissonverteilung für jede Klasse zu erwartende Häufigkeit aus und vergleicht sie mit den beobachteten. Dabei wird die relative Häufigkeit mit der Wahrscheinlichkeit gleichgesetzt. Die (absolute) Häufigkeit ist $h(k) = 150 P_3(k)$.
Um so weniger die beobachteten Häufigkeiten h_b von den erwarteten Häufigkeiten h_e abweichen, um so besser passt die Poissonverteilung zu den Daten. Der χ^2-Anpassungstest verlangt, die Quadrate der Abweichungen durch die erwarteten Häufigkeiten zu dividieren. Die Summe dieser Werte ist der Testwert $\chi^2 = \Sigma(h_b - h_e)^2/h_e$. Er beträgt in unserem Beispiel $\chi^2 = 24,5$.

Quadrate mit k Pflanzen	Beobachtete Häufigkeit h_b	Erwartete Häufigkeit h_e	$(h_b - h_e)^2/h_e$
0	9	7,5	0,3
1	15	22,4	2,4
2	27	33,6	1,3
3	39	33,6	0,9
4	42	25,2	11,2
5	12	15,1	3,1
6	6	7,6	0,3
≥ 7	0	5,0	5,0
Summe	150	150	$\chi^2 = 24,5$

Die Testgröße hat eine χ_f^2-Verteilung. Der Index f heißt *Freiheitsgrad* und berechnet sich aus der Anzahl l von Klassen und der Anzahl m der Verteilungsparameter nach der Formel $f = l - 1 - m$. In unserem Beispiel haben wir $l = 8$ Klassen und $m = 1$ Parameter der Poissonverteilung, woraus sich $f = 6$ ergibt. Wir brauchen das obere 10 %-Quantil $\chi_{6;0,90}^2$. Mit Hilfe von Excel berechnet es sich durch die Eingabe:
=CHIQINV(0,9;6)
Da der Testwert 24,5 größer als das Quantil 10,6 ist, spricht der Test gegen die Nullhypothese. Sie wird verworfen.

17.6.2 Zusammenfassung

Der χ^2-Anpassungstest
Testziel: Anpassung eines statistischen Modells an Daten.
Daten und Bezeichnungen: Es liege eine Stichprobe mit den Ausprägungsklassen $A_1, A_2, ..., A_l$ vor. Es soll überprüft werden, ob ein statistisches Modell durch geeignete Wahl der Parameter an die beobachteten Häufigkeiten $h_b(A_k)$ angepasst werden kann.
Hypothesen: H_0: Die Stichprobe ist nach dem statistischen Modell verteilt.
H_1: Sie ist nach einem anderen Modell verteilt.
Als ersten Schritt kann man die Parameter so festsetzen, dass der Erwartungswert des statistischen Modells mit dem Mittelwert der Stichprobe übereinstimmt. Hat

Abb. 17.2 Dichte der χ_f^2-Verteilungen für $f = 1, 3, 5$

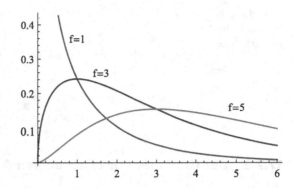

man für alle Parameter eine Wahl getroffen, so berechnet man die nach dem Modell zu erwartenden Häufigkeiten $h_e(A_k)$.

Voraussetzungen: Die erwarteten Häufigkeiten sind alle ≥ 5, was man gegebenenfalls durch Zusammenfassen von Klassen erreichen kann.

Testwert: $\chi^2 = \sum_{k=1}^{l} \frac{(h_b(A_k) - h_e(A_k))^2}{h_e(A_k)}$

Die Testgröße hat eine χ_f^2-Verteilung mit $f = l - 1 - m$ Freiheitsgraden, wobei m die Anzahl der Parameter ist.

Quantile: Zu bestimmen ist das obere Quantil $Q_\alpha = F^{-1}(1 - \alpha)$, wobei F die Verteilungsfunktion der χ_f^2-Verteilung bezeichnet.

Testentscheidung: $\chi^2 < Q_\alpha$, dann wird H_0 beibehalten.

Alternative mit P-Wert: $PW = F(\chi^2)$

Testentscheidung: $PW < 1 - \alpha$ ist das Kriterium für das Beibehalten von H_0.

17.7 χ^2-Verteilungen

17.7.1 Zur Gestalt der χ^2-Verteilungen

Eine Summe von Quadraten von n Zufallsgrößen mit Standard-Normalverteilung hat eine χ_n^2-Verteilung, d. h. eine χ^2-Verteilung mit n Freiheitsgraden. Auf dieser grundlegenden Erkenntnis beruht, dass auch andere ähnlich definierte Zufallsgrößen eine χ^2-Verteilung besitzen. Die Dichte einer χ^2-Verteilung ist auf der negativen Achse gleich 0 und ist nicht symmetrisch. In Abb. 17.2 sind die Dichtefunktionen für $f = 1, 3, 5$ dargestellt.

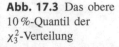

Abb. 17.3 Das obere
10 %-Quantil der
χ_3^2-Verteilung

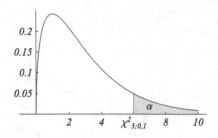

17.7.2 Der Grund für nur einen oberen Ablehnungsbereich

Der Testwert beim χ^2-Test ist ≥ 0 und je kleiner er ist, um so mehr wird durch den Test
bestätigt, dass die vermutete Verteilung zu den Daten passt. Liegt x im Annahmebereich,
so auch jeder Wert $< x$. Daher besteht der Ablehnungsbereich nur aus einem oberen Teil,
der durch das obere Quantil Q_α begrenzt wird. In der Abb. 17.3 sieht man für $f = 3$ das
obere α-Quantil $Q_\alpha = \chi_{f;\alpha}^2$.

17.8 Der χ^2-Mehrfelder-Test auf Unabhängigkeit

17.8.1 Beispiel

Mehltau ist eine häufige Pilzerkrankung, die in Landwirtschaft und Gärten große Schä-
den verursacht. Unter einer Pflanzenart werde eine ganzrandige Unterart beobachtet, von
der man vermutet, dass sie weniger anfällig gegen Mehltau ist. Wir stellen uns vor, dies
soll in einem statistischen Test überprüft werden. Nachdem in einem Versuchsfeld die
220 Pflanzen zum Blühen gekommen sind, wird gezählt, wie viele Pflanzen mit welchem
Gesundheitszustand und welchem Blattrand vorhanden sind. Beim Blattrand werden die
Ausprägungen $A_1 = $ „ganzrandig" und $A_2 = $ „nicht ganzrandig" und beim Gesundheitszustand die Ausprägungen B_1 „gesund", $B_2 = $ „nur an den Blättern befallen" und $B_3 = $
„an Blättern und Blüten" befallen beachtet. Die beobachteten Häufigkeiten $h_b(A_i$ und $B_j)$
sind in folgender Tabelle eingetragen, $i = 1, 2$ und $j = 1, 2, 3$. In der Statistik werden
solche Tabellen $k \times l$-*Mehrfeldertafeln* genannt, wobei k die Anzahl der Zeilen und l die
Anzahl der Spalten ist ohne die Randzeilen und Randspalten. In unserem Falle dreht es
sich um eine 2×3-Feldertafel. Eine 2×2-Feldertafel wird auch *Vierfeldertafel* genannt,
wozu der *Vierfeldertest* gehört. Die Zeilensummen ZS stellen nach dem Satz von der
totalen Wahrscheinlichkeit 4.4.2 die Häufigkeiten von A_i dar und die Spaltensummen SS

sind die Häufigkeiten von B_j.

	B_1	B_2	B_3	ZS
A_1	75	15	10	100
A_2	96	14	10	120
SS	171	29	20	220

$$(17.10)$$

Es soll getestet werden, ob die Mehltauempfindlichkeit von der Form des Blattrandes abhängig ist oder nicht. Dies kann mit dem χ^2-*Mehrfelder-Test* geschehen. Dieser ist also ein *Unabhängigkeitstest*. Die Hypothesen lauten:

H_0 : Die Ereignisse A_i und B_j sind unabhängig von einander.

H_1 : Sie sind von einander abhängig.

H_0 bedeutet, dass die Mehltauempfindlichkeit nicht von der Blattform abhängt. Nach 4.3.7 sind die Ereignisse A_i und B_j unabhängig von einander, falls

$$P(A_i \text{ und } B_j) = P(A_i) \cdot P(B_j).$$ $$(17.11)$$

Wir brauchen also die Wahrscheinlichkeiten von A_i und B_j. Diese schätzen wir durch die relativen Häufigkeiten ab. Dann erhalten wir die bei Annahme der Unabhängigkeit zu erwartenden absoluten Häufigkeiten wie folgt:

$$h_e(A_i \text{ und } B_j) = nP(A_i \text{ und } B_j) = nP(A_i)P(B_j) = n \cdot \frac{h(A_i)}{n} \cdot \frac{h(B_j)}{n}$$
$$h_e(A_i \text{ und } B_j) = \frac{h(A_i) \cdot h(B_j)}{n}$$

Nach dieser Formel bekommen wir folgende Tabelle von Schätzwerten für die erwarteten Häufigkeiten. Hier darf man sich nicht wundern, dass Dezimalzahlen herauskommen; denn es sind ja keine Häufigkeiten, sondern *Schätzwerte* für Häufigkeiten. Der tiefere Grund, mit diesen Dezimalzahlen zu rechnen, ist, dass die im folgenden aus diesen Dezimalzahlen und den Ausgangsdaten berechnete Testgröße eine Verteilung hat, die mathematisch erforscht ist und durch Tabellen und Rechner-Programme vorrätig ist.

	B_1	B_2	B_3	
A_1	77,73	13,18	9,09	100
A_2	93,27	15,82	10,91	120
	171	29	20	220

$$(17.12)$$

Nun haben wir in Tabelle (17.10) die beobachteten Häufigkeiten h_b und in Tabelle (17.12) die unter Annahme der Nullhypothese erwarteten Häufigkeiten h_e. Für jede Stelle in den Tabellen berechnet man den Quotienten:

$$\frac{(\text{beobachtete Häufigkeit} - \text{erwartete Häufigkeit})^2}{\text{erwartete Häufigkeit}} = \frac{(h_b - h_e)^2}{h_e}$$

Die Summe dieser 6 Quotienten bildet den Testwert χ^2. Die zugehörige Testgröße hat eine χ_f^2-Verteilung mit $f = (k-1) \cdot (l-1)$ Freiheitsgraden. In unserem Beispiel sind dies 2 Freiheitsgrade. Bezeichnet $F(t)$ die Verteilungsfunktion der χ_2^2-Verteilung, dann lauten die benötigten Befehle in Excel:

$F(t) = \text{CHI Q VERT}(t; 2)$ und $F^{-1}(\alpha) = \text{CHI Q INV}(\alpha; 2)$

Als Testwert errechnet man $\chi^2 = 0,712$ und das obere 10 %-Quantil ist das untere 90 %-Quantil $\chi_{2;0,9}^2 = 4,605$. Wegen $0,712 < 4,605$ gibt es keinen Grund, die Nullhypothese zu verwerfen. D. h. Es gibt keine Begründung dafür, dass die Mehltauempfindlichkeit von den Unterarten abhängt.

Wenn man mit dem P-Wert arbeitet, dann wird bei einem Signifikanzniveau von $\alpha = 0,1$ wegen P-Wert $= 0,70 \le 0,9$ die Nullhypothese beibehalten.

17.8.2 Zusammenfassung

Der χ^2-Unabhängigkeitstest

Testziel: Ein Merkmal A mit k Ausprägungen soll auf Unabhängigkeit von einem Merkmal B mit l Ausprägungen untersucht werden. α ist die Irrtumswahrscheinlichkeit.

Voraussetzungen: Die bei Unabhängigkeit erwarteten Häufigkeiten müssen ≥ 5 sind. Andernfalls muss man auf den exakten Test von Fisher zurückgreifen, der in Abschn. 17.10 erklärt wird.

Hypothesen: H_0 : A ist unabhängig von B. H_1: Sie sind abhängig.

Vorgehensweise: Bilde die Tabelle der beobachteten Häufigkeiten, die hier für $k = 2$ und $l = 3$ angegeben wird und die Zeilensummen ZS und Spaltensummen SS:

	B_1	B_2	B_3	ZS
A_1	$h_b(A_1 \text{ und } B_1)$	$h_b(A_1 \text{ und } B_2)$	$h_b(A_1 \text{ und } B_3)$	$h_b(A_1)$
A_2	$h_b(A_2 \text{ und } B_1)$	$h_b(A_2 \text{ und } B_2)$	$h_b(A_2 \text{ und } B_3)$	$h_b(A_2)$
SS	$h_b(B_1)$	$h_b(B_2)$	$h_b(B_3)$	n

(17.13)

n ist die Gesamtzahl der Beobachtungen. Berechne die bei Unabhängigkeit erwarteten Häufigkeiten:

$$h_e(A_i \text{ und } B_j) = \frac{h_b(A_i) \cdot h_b(B_j)}{n}$$

Testwert: Bestimme für jede Stelle in der $k \times l$-Tafel die Größen $\frac{(h_b - h_e)^2}{h_e}$ und summiere diese Größen auf. Die Summe ist der Testwert χ^2. Für eine Vierfeldertafel vereinfacht sich diese Formel. Siehe Abschn. 17.9.1.

Testentscheidung: Für $\chi^2 < \chi_{f;\alpha}^2$ wird H_0 beibehalten.

Der Freiheitsgrad bei einem $(k \times l)$-Feld ist $f = (k-1)(l-1)$.

$\chi^2_{f;\alpha}$ ist das obere α-Quantil Q_α der χ^2_f-Verteilung. $Q_\alpha = F^{-1}(1-\alpha)$.

Bezeichnet $F(t)$ die Verteilungsfunktion der χ^2_f-Verteilung, dann lauten die benötigten Befehle in Excel:

$F(t) = \text{CHI Q VERT}(t;f)$ und $F^{-1}(\alpha) = \text{CHI Q INV}(\alpha;f)$

Alternative mit dem P-Wert: $PW = F(\chi^2)$

Testentscheidung: $PW < 1 - \alpha$ ist das Kriterium für das Beibehalten von H_0.

17.9 Der Mediantest als Beispiel eines Vierfeldertestes

17.9.1 Allgemeine Bezeichnungen und Testwert beim Vierfeldertest

Beim Vierfeldertest werden folgende Bezeichnungen verwendet.

	B_1	B_2	ZS
A_1	a	b	$a+b$
A_2	c	d	$c+d$
SS	$a+c$	$b+d$	$a+b+c+d =: N$

(17.14)

Wie man nachrechnen kann, vereinfacht sich der Testwert bei Vierfeldertafeln:

$$\chi^2 = \sum \frac{(h_b - h_e)^2}{h_e} = \frac{N \cdot (ad - bc)^2}{(a+b)(a+c)(c+d)(b+d)} \qquad (17.15)$$

17.9.2 Anwendbarkeit des Vierfeldertestes

Hat man es nicht mit zwei dichotomem Merkmalen zu tun, so kann man durch Zusammenfassen von Ausprägungen zu dichotomen Merkmalen wechseln. Dann hat man einen im Vergleich zu einem Mehrfeldertest einfacheren Test durchzuführen, der für das ursprüngliche Testziel ausreichen kann. Wegen der Bedeutung der Zentralwerte ist die Zusammenfassung der Ausprägungen bis zum unteren Zentralwert und die Zusammenfassung aller Ausprägungen über dem unteren Zentralwert ein interessantes Beispiel.

17.9.3 Mediantest bzw. Test des unteren Zentralwertes

Vergleichstest in zwei Stichproben

Aufgabe: Vergleich zweier Verteilungen, indem man ihre unteren Zentralwerte vergleicht. Signifikanzniveau 10 %.

Voraussetzungen: Die beiden Stichproben sind unverbunden, untereinander und zwischeneinander unabhängig. Die zwei Verteilungen müssen wenigstens annähernd die gleiche Gestalt haben. Die Merkmale müssen mindestens ordinal skaliert sein.

Als Beispiel betrachten wir die Erkrankung mit den Schweregraden $L = leicht$, $M = mittel$, $S = schwer$, $G = lebensgefährlich$.

Daten: Unter männlichen (m) und weiblichen (w) Patienten habe man folgende Stichproben gezogen mit Zeilensummen ZS und Spaltensummen SS:

$$
\begin{array}{c|cccc|c}
 & L & M & S & G & ZS \\
\hline
m & 11 & 6 & 20 & 15 & 52 \\
w & 20 & 19 & 9 & 12 & 60 \\
\hline
SS & 31 & 25 & 29 & 27 & 112
\end{array}
\tag{17.16}
$$

Hypothesen: H_0: Die unteren Zentralwerte der männlichen und weiblichen Patienten stimmen überein. H_1: Sie stimmen nicht überein.

Vorgehensweise: Bei allen Patienten sind 56 höchstens mittelschwer erkrankt und ebenfalls 56 mindestens schwer. Der untere Zentralwert der Stichprobe bei allen Patienten ist also $Z_u = M$. Dieser wird als Schätzwert für den unteren Zentralwert bei der Gesamtheit aller Patienten (nicht nur der in der Stichprobe) genommen. Bis Z_u bzw. nach Z_u haben wir dann unter den männlichen wie weiblichen Patienten folgende Anzahlen:

$$
\begin{array}{c|cc|c}
 & L \text{ und } M & S \text{ und } G & ZS \\
\hline
m & 17 & 35 & 52 \\
w & 39 & 21 & 60 \\
\hline
SS & 56 & 56 & 112
\end{array}
\tag{17.17}
$$

Weitere Voraussetzungen: Alle erwarteten Werte müssen ≥ 5 sein. Sonst verwendet man Fishers exakten Test.

Testwert: $\chi^2 = 11,63$.

Entscheidung: Das obere α-Quantil ist $\chi^2_{1;0,9} = 2,71$ und folglich ist $\chi^2 > \chi^2_{1;0,9}$. Die Nullhypothese wird abgelehnt. Insbesondere sind Frauen und Männer unterschiedlich von der Krankheit betroffen.

Wir verzichten auf eine allgemeine Formulierung dieses Testes. Es sollte keine Schwierigkeit sein, die Vorgehensweise in diesem Beispiel auf andere Situationen zu übertragen.

17.10 Beispiel eines exakten Tests von Fisher

17.10.1 Grundlagen des Tests

Es soll geprüft werden, ob die Gesundheit vom Raucherverhalten abhängt. Dazu werden N Personen auf die zwei dichotomen Merkmale X_1 gesund/krank (g/k) und X_2 Raucher/Nichtraucher (R/NR) beobachtet. Ein Merkmal heißt *dichotom*, wenn es genau zwei Ausprägungen hat. Dabei ist X_1 das Untersuchungsmerkmal und X_2 das Einteilungsmerkmal. Der Test führe auf folgende Vierfeldertafel (vgl. 17.8.1):

$$
\begin{array}{c|cc|c}
 & R & NR & ZS \\
\hline
g & 7 & 2 & 9 \\
k & 1 & 6 & 7 \\
\hline
SS & 8 & 8 & 16
\end{array}
\tag{17.18}
$$

SS bezeichnet wieder die Spaltensumme und ZS die Zeilensumme. Der Test wird verwendet, wenn unter den Einträgen so kleine auftreten, dass der χ^2-Vierfeldertest nicht angewendet werden kann. Die Hypothesen lauten:

H_0 : Rauchverhalten und Gesundheit sind unabhängig von einander.
H_1: Sie sind voneinander unabhängig.

Es soll mit einer Irrtumswahrscheinlichkeit von $\alpha = 5\,\%$ zweiseitig getestet werden. Als Testgröße T wird die Anzahl der gesunden Raucher genommen. Die Wahrscheinlichkeit der gesunden Raucher kann unter Annahme der Nullhypothese genau ausgerechnet werden; es ist keine Approximation etwa durch eine Normalverteilung erforderlich. Daher kommt der Name *exakter* Test. Er ist nach dem englischen Biowissenschaftler und Statistiker Sir Ronald Aylmer Fisher (1890–1962) benannt. Die Berechnung in absehbarer Zeit ist im allgemeinen erst durch die Verwendung elektronischer Rechner möglich geworden. Fisher hat gezeigt, dass T bei Unabhängigkeit eine hypergeometrische Verteilung $P(l)$, $l = 1, 2, ..., n$ hat. Diese kann man am besten beschreiben, wenn man in der Vierfeldertafel spezielle Bezeichnungen verwendet, nämlich folgende:

$$
\begin{array}{c|cc|c}
 & R & NR & ZS \\
\hline
g & l & m-l & m \\
k & n-l & d & N-m \\
\hline
SS & n & N-n & N
\end{array}
\qquad (17.19)
$$

n ist die Anzahl der Raucher, m die der Gesunden und l die der gesunden Raucher und N die Anzahl aller Personen. Dann gilt:

$$
P(l) = P_{n,N,m}(l) = \binom{m}{l}\binom{N-m}{n-l} \Big/ \binom{N}{n} \qquad (17.20)
$$

17.10.2 Durchführung des Tests

Der Testwert beträgt für die Vierfeldertafel (1) $t = 7$. Wir werden sehen, dass die Zahl 7 im Ablehnungsbereich liegt.

Der Erwartungswert der Hypergeometrischen Verteilung ist $\mu = n\frac{m}{N} = 4,5$. Um ihn herum streuen die Werte von T so, dass weit entfernte Werte wenig wahrscheinlich sind. Jetzt muss am unteren wie am oberen Ende der Verteilung ein Bereich gesucht werden, dessen Wahrscheinlichkeit gleich $\alpha/2$ ist. Bei einer diskreten Verteilung kommen nun nur diskrete Werte für die Wahrscheinlichkeiten vor, so dass man i.a. keinen Bereich findet, für welchen die Wahrscheinlichkeit genau $\alpha/2$ ist. Deshalb bestimmt man den unteren Ablehnungsbereich so groß wie möglich, dass seine Wahrscheinlichkeit $<\alpha/2$ ist. Man berechnet $P(0) = 0$, $P(1) = 0,0007$, $P(2) = 0,0196$ und $P(3) = 0,1371$. Folglich ist $P(\{0,1,2\}) = P(0) + P(1) + P(2) = 0,0203 < 0,025 = \alpha/2$ und $P(\{0,1,2,3\}) = P(0) + P(1) + P(2) + P(3) = 0,1520 > 0,025 = \alpha/2$. $\{0,1,2,3\}$ kommt als unterer Ablehnungsbereich nicht in Frage wegen der zu hohen Wahrscheinlichkeit. Aber wir können $\{0,1,2\}$ nehmen, dann ist die Wahrscheinlichkeit nicht nur gleich $\alpha/2$ wie bei kontinuierlichen Modellen sondern sogar $< \alpha/2$. Ebenso berechnen wir $P(8) = 0,0007$, $P(7) = 0,0196$ und $P(6) = 0,1371$. Folglich ist $P(\{7,8\}) = P(8) + P(7) = 0,0203 < 0,025 = \alpha/2$, jedoch $P(\{6,7,8\}) = P(8) + P(7) + P(6) = 0,1520 > 0,025 = \alpha/2$.

Somit haben wir entsprechend dem unteren Teil mit $\{7,8\}$ den oberen Teil des Ablehnungsbereiches für H_0 gefunden. Der Annahmebereich ist also $\{3,4,5,6\}$.

Dabei sind die Ausprägungen 3 und 6 das untere und das obere $\alpha/2$-Quantil. Diese Quantile müssen bei einem diskreten Merkmal etwas anders definiert werden als bei einem kontinuierlichem Merkmal (s. unten). Jeder der beiden Teile des Ablehnungsbereiches hat eine Wahrscheinlichkeit $< \alpha/2$. Die Testgröße 7 gehört also dem Ablehnungsbereiches an. H_0 wird verworfen. Die Gesundheit hängt vom Raucherverhalten ab.

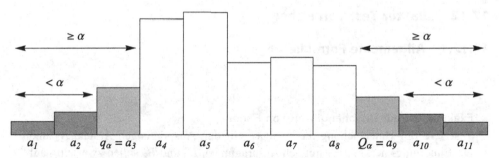

Abb. 17.4 Veranschaulichung der Quantile am Balkendiagramm

17.11 Quantile bei diskretem Ordnungsmerkmal

17.11.1 Definition

Für ein diskretes Ordnungsmerkmal X mit den Ausprägungen $a_1, a_2, ..., a_k$ sind das *untere α-Quantil q_α* und das *obere α-Quantil Q_α* erklärt durch:

$$q_\alpha : = \text{Min}\{a_j; P(a_1 + P(a_2) + ... + P(a_j) \geq \alpha\} \tag{17.21}$$

$$Q_\alpha : = \text{Max}\{a_i; P(a_k) + P(a_{k-1}) + ... + P(a_i) \geq \alpha\} \tag{17.22}$$

Wir veranschaulichen dies durch Abb.17.4 für $k = 11$.

Es ist die linke ganz dunkel eingefärbte Fläche kleiner als α und die linke ganze eingefärbte Fläche hat den Inhalt größer oder gleich α. Anders ausgedrückt: Von unten kommend erreicht oder überschreitet die Balkenfläche bis q_α zum ersten Mal α. q_α ist also ein *Schwellenwert*.

Entsprechend ist die rechte ganz dunkel eingefärbte Fläche kleiner als α und alle eingefärbten Balkenflächen rechts haben einen Flächeninhalt größer oder gleich α. Mit anderen Worten: Wenn man von a_k nacheinander nach unten (nach links) gehend die Balkenflächen zusammenzählt, so erreicht oder überschreitet man bei Q_α zum ersten Mal α. Für $\alpha \leq 0,5$ ist $q_\alpha \leq Q_\alpha$. Vorsicht: In speziellen Fällen gilt nicht $q_{1-\alpha} = Q_\alpha$ sondern $q_{1-\alpha} < Q_\alpha$.

17.12   Exakter Test von Fisher

17.12.1   Allgemeine Formulierung

Exakter Test auf Unabhängigkeit von Fisher

Testziel: Ein Untersuchungsmerkmal X_1 mit den Ausprägungen A_1 und A_2 und ein Einteilungsmerkmal X_2 mit den Ausprägungen B_1 und B_2 sollen zweiseitig auf Unabhängigkeit getestet werden.

Hypothesen: H_0: X_1 und X_2 sind voneinander unabhängig. H_1: Sie sind abhängig.

Daten und Bezeichnungen:

$$
\begin{array}{c|cc|c}
 & B_1 & B_2 & \text{ZS} \\
\hline
A_1 & a =: l & b & a+b =: m \\
A_2 & c & d & c+d \\
\hline
\text{SS} & a+c =: n & b+d & a+b+c+d =: N
\end{array}
\tag{17.23}
$$

Anwendungssituation: Der Test wird durchgeführt, wenn $N < 20$ ist oder manche bei Unabhängigkeit zu erwartende Häufigkeiten < 5 sind, so dass der χ^2-Vierfeldertest nicht angewendet werden kann. Die Stichproben in beiden Spalten müssen unverbunden sein.

Testwert: $t = l$.

Quantile: Man bestimme das untere und obere $\alpha/2$-Quantil der Hypergeometrischen Verteilung $P(k) = P_{n,N,m}(k) = \binom{m}{k} \binom{N-m}{n-k} / \binom{N}{n}$.
In Excel wird $P_{n,N,m}(k)$ mit der Eingabe $= \text{HYPGEOMVERT}(k; n; m; N)$ berechnet.

Testentscheidung:

Für $q_{\alpha/2} \leq t \leq Q_{\alpha/2}$ wird H_0 beibehalten, sonst abgelehnt.   (17.24)

Alternative mit dem P-Wert:

Für $\alpha/2 \leq P(t) \leq 1 - \alpha$ wird H_0 beibehalten.   (17.25)

17.12.2   Weitere Erläuterung

Der Beibehaltungsbereich für H_0 ist also der Bereich von $q_{\alpha/2}$ bis $Q_{\alpha/2}$, die Grenzen eingeschlossen. Das Signifikanz-Niveau ist α, wie es sein soll; denn der Ablehnungsbereich besteht aus den Ausprägungen, die vor $q_{\alpha/2}$ kommen, und denen, die nach $Q_{\alpha/2}$ kommen und hat daher eine Wahrscheinlichkeit kleiner als $\alpha/2 + \alpha/2 = \alpha$. Bei Gültigkeit von

Tab. 17.2 Mögliche Testergebnisse

	H_0 ist richtig	H_1 ist richtig
H_0 wird angenommen	Entscheidung ist richtig	Fehler 2. Art
	Spezifität: $1 - \alpha$	Irrtumswahrscheinlichkeit: γ
H_1 wird angenommen	Fehler 1. Art	Entscheidung ist richtig
	Irrtumswahrscheinlichkeit: α	Sensitivität: $1 - \gamma$

H_0 fällt die Testgröße t also in den Ablehnungsbereich nur mit einer Wahrscheinlichkeit $< \alpha$. Der Tester irrt sich in weniger als in $100 \times \alpha$ Prozent aller Fälle.

17.13 Zusammenfassung: Fehler 1. und 2. Art und Versuchsplanung

17.13.1 Mögliche Ergebnisse eines Tests

Die Wahrscheinlichkeit $1 - \alpha$ einer richtigen Entscheidung für H_0 wird *Spezifität* genannt. Sie gibt an, wie spezifisch der Test dafür geeignet ist, die Gültigkeit von H_0 zu bestätigen. Synonyme für Spezifität sind: $(\alpha\text{-})$*Sicherheitsniveau*, *Konfidenzniveau* und *Vertrauensniveau*.

Die Wahrscheinlichkeit $1 - \gamma$, bei Gültigkeit von H_1 richtig zu entscheiden, wird als *Sensitivität* bezeichnet. Sie gibt an, wie weit der Test geeignet ist, die Richtigkeit von H_1 zu erkennen. Als Synonyme werden verwendet: *Trennschärfe*, $(\beta\text{-})$*Überzeugungskraft*, *Macht* (engl. *power*).

Als Ergebnisse eines Testes gibt es folgende Möglichkeiten:

17.13.2 Fehler 1. und 2. Art und wesentliche Abweichung

In der Praxis wird erst eine *wesentliche oder erhebliche Abweichung* von H_0 relevant sein. Wir betrachten die Hypothesen $H_0 : \rho = \rho_0$ und $H_1 : \rho \neq \rho_0$, wobei ρ ein Parameter oder eine Maßzahl ist. Bei einem Test wird der Bereich der Ausprägungen Ω in einen Annahmebereich Ω_0 und einen Annahmebereich Ω_1 von H_1 zerlegt. Die Sensitivität $1 - \alpha$ ist die Wahrscheinlichkeit dafür, dass die Testgröße T im Bereich Ω_0 liegt unter der Annahme, dass H_0 richtig ist. Entsprechend ist die Irrtumswahrscheinlichkeit die Wahrscheinlichkeit von Ω_1 unter der Annahme, dass H_0 richtig ist.

$$1 - \alpha = P\left(T \in \Omega_0 \mid \rho = \rho_0\right), \quad \alpha = P\left(T \in \Omega_1 \mid \rho = \rho_0\right) \tag{17.26}$$

Die Irrtumswahrscheinlichkeit γ ist die Wahrscheinlichkeit, dass die Testgröße T im Annahmebereich von H_0 liegt unter der Annahme, dass H_1 gilt.

$$\gamma = P\left(T \in \Omega_0 \mid \rho \neq \rho_0\right) \tag{17.27}$$

γ hängt von ρ ab. Es ist also insoweit nicht möglich als Sensibilität einen bestimmten Zahlenwert anzugeben. Dem kann man dadurch abhelfen, dass man berücksichtigt, dass in der Praxis eine Abweichung von ρ_0 erst ab einer gewissen Größe Δ_* von Bedeutung ist, die der Experimentator für jedes betreffende Beispiel festlegen kann.

Bei einer *intervallskalierten* Testgröße T kann man dann als Sensibilität $1 - \gamma_*$ und als Irrtumswahrscheinlichkeit γ_* nehmen:

$$1 - \gamma_* = P\left(T \in \Omega_1 \mid |\rho - \rho_0| = \Delta_*\right), \quad \gamma_* = P\left(T \in \Omega_0 \mid |\rho - \rho_0| = \Delta_*\right) \tag{17.28}$$

Der Fehler 2. Art ist kleiner als γ_*, falls ρ noch mehr von ρ_0 abweicht als um Δ_*. Wir haben also gefunden:

Weicht ρ um mindestens Δ_* von ρ_0 ab, so ist der Fehler 2. Art höchstens γ_*.

Bei einer *ordinalskalierten* Testgröße T kann man statt $|\rho - \rho_0| = \Delta_*$ eine Abweichung von ρ_0 um r_* Ausprägungen nach oben oder unten nehmen und entsprechend vorgehen.

17.13.3 Versuchsplanung

A-posteriori-Analyse

Wir gingen von einer gezogenen Stichprobe aus, haben eine statistische Entscheidung getroffen und dann eine Fehler-Analyse durchgeführt. Dabei konnten wir die Irrtumswahrscheinlichkeit α vorgeben und somit a-priori kontrollieren. Nach Wahl einer minimalen Abweichung Δ_*, die wir also auch unter Kontrolle hatten, konnten wir die Irrtumswahrscheinlichkeit γ_* a-posteriori berechnen aber nicht mehr beeinflussen. Dies nennt man *a-posteriori-Analyse*.

A-priori-Analyse

Wollen wir auch γ kontrollieren, so müssen wir den Stichprobenumfang genügend groß wählen. Bevor eine Studie statt findet, sollte im Rahmen der Versuchsplanung eine *a-priori-Analyse* durchgeführt werden, die α, γ_* und Δ_* festlegt und dann den erforderlichen Stichprobenumfang n berechnet. Dies spart Mühe und Kosten, wenn sich nachträglich herausstellt, dass der Test nicht genügend *Überzeugungskraft* hat. Was Überzeugungskraft bedeutet, kann mit den besprochenen Begriffen quantifiziert werden; es muüssen die Fehlerrisiken 1. und 2. Art klein genug sein, d. h. die Spezifität $1 - \alpha$ und die Sensitivität $1 - \gamma_*$ müssen groß genug sein.

$$\text{Überzeugungskraft} = (1 - \alpha, 1 - \gamma_*)$$

Ausgleichs-Analyse

Nun kann es vorkommen, dass der in einer a-priori-Analyse ermittelte notwendige Stichprobenumfang nicht erreichbar ist. Die Reise in ein fernes Land für mehrere zur Datensammlung benötigte Personen kann die verfügbaren finanziellen Mittel übersteigen. Oder man möchte wegen Untersuchungen am lebenden Objekt die Anzahl der Untersuchungen begrenzen. In diesem Falle kann man versuchen, einen gewissen Ausgleich zwischen dem Fehler 1. Art und dem Fehler 2. Art herzustellen, indem man z. B. festlegt, dass das Fehlerrisiko 2. Art das Vierfache des Fehlerrisikos 1. Art sein darf. Anders ausgedrückt, es wird a-priori der Quotient $q = \gamma_*/\alpha$ festgelegt. Man entscheidet hierdurch, wie wichtig einem der Fehler 1. Art im Vergleich mit dem Fehler 2. Art ist. Dann können aus den kontrollierten Größen n, q, Δ_* die Werte von α, γ_* berechnet werden. Z. B. beim Gauß-Test haben wir die Gleichung $z_\alpha + z_{q\alpha} = \Delta_*$ nach α aufzulösen. Für diese Auflösung gibt es keine einfache Formel. Sie muss mit Methoden der Numerik durchgeführt werden. Dafür gibt es ein kostenloses Computerprogramm von Mayr u. a. (s. unter [Ma] im Literaturverzeichnis).

17.14 Excel-Eingaben

17.14.1 Für die Wahrscheinlichkeiten bei diskreten Verteilungen

Man beachte, dass bei jedem Excel-Befehl als erstes das Gleichheitszeichen einzugeben ist! Bei den folgenden Excel-Befehlen dürfen die Zwischenräume nicht mit eingegeben werden. Sie dienen hier zur Verdeutlichung der einzelnen Befehlsbestandteile.

Binomialverteilung

$b_{n,p}(l) = \text{BINOM VERT}(l; n; p; 0)$
Ersetzt man die 0 als letztem Parameter duch die 1, so erhält man die Summenwahrscheinlichkeit.

Hypergeometrische Verteilung

$P_{n,N,m}(l) = \text{HYP GEOM VERT}(l; n; m; N)$

Multinomiale Verteilung

$\frac{n!}{k_1! k_2! ... k_r!} p_1^{k_1} p_2^{k_2} \cdots p_r^{k_r} = \text{POLY NOMIAL}(k_1; k_2; ... ; k_r) * (p_1 \wedge k_1) * (p_2 \wedge k_2) * ... * (p_r \wedge k_r)$

Poissonverteilung

$P_\lambda(k) = \text{POISSON}(k; \lambda; 0)$
Ersetzt man die 0 als letztem Parameter duch die 1, so erhält man die Summenwahrscheinlichkeit.

Geometrische Verteilung

$g_p(k) = (q \wedge (k - 1)) * p$

17.14.2 Für die Verteilungsfunktion F und ihre Inverse F^{-1} bei kontinuierlichen Verteilungen

Exponentialverteilung

$F(t) = \text{EXPON VERT}(t; \lambda; 1)$ $F^{-1}(\alpha) = -\text{LN}(1 - \alpha)/\lambda$

Setzt man bei EXPONVERT den letzten Parameter gleich 0, so erhält man die Dichtefunktion.

Standard-Normalverteilung

$F(t) = \text{STAND NORM VERT}(t)$ $F^{-1}(\alpha) = \text{STAND NORM INV}(\alpha)$

(μ, σ)-**Normalverteilung**

$F(t) = \text{NORM VERT}(t; \mu; \sigma; 1)$.

Beim dritten Parameter bedeutet 0, dass die Dichtefunktion und 1, dass die Verteilungsfunktion aufgerufen werden soll.

$F^{-1}(\alpha) = \text{NORM INV}(\alpha; \mu; \sigma)$

T-Verteilung mit f Freiheitsgraden

TVERT bezeichnet bei Excel nicht, wie man vermuten könnte, die Verteilungsfunktion einer t-Verteilung! Sondern es gilt:

$$F(t) = \begin{cases} 1 - \text{T VERT}(t;f;1) & \text{für } t \geq 0. \quad \text{Dann ist } \alpha = F(t) \geq 1/2. \\ \text{T VERT}(-t;f;1) & \text{für } t \leq 0. \quad \text{Dann ist } \alpha = F(t) \leq 1/2. \end{cases}$$

Die Eingabe einer 1 für den zweiten Parameter führt zu einer einseitigen Betrachtung und 2 auf eine zweiseitige.

T INV bezeichnet bei Excel nicht, wie man vermuten könnte, die Inverse der Verteilungsfunktion sondern das obere $\alpha/2$-Quantil! Daraus ergibt sich folgende Formel:

$$F^{-1}(\alpha) = \begin{cases} -\text{T INV}(2 * \alpha;f) & \text{für } \alpha \leq 1/2 \\ \text{T INV}(2 * (1 - \alpha);f) & \text{für } \alpha \geq 1/2 \end{cases}$$

F-Verteilung mit Freiheitsgraden f_1, f_2

Die Verteilingsfunktion ist: $F(t) = 1 - \text{F VERT}(t;f_1;f_2)$

$\text{F INV}(\alpha;f_1;f_2)$ ist nicht die Inverse der Verteilungsfunktion, sondern es liefert das obere α-Quantil. Folglich ist: $F^{-1}(\alpha) = \text{F INV}(1 - \alpha;f_1;f_2)$

χ^2-Verteilung mit f Freiheitsgraden

$F(t) = \text{CHI Q VERT}(t;f)$ $F^{-1}(\alpha) = \text{CHI Q INV}(\alpha;f)$

Dabei ist F die Verteilungsfunktion der χ_f^2-Verteilung.

17.15 Ausgewählte Übungsaufgaben

17.15.1 Aufgabe

Angenommen für einen Arzneimittelhersteller ist als Gütemerkmal für ein Medikament festgelegt worden, dass der Mittelwert einer Tagesproduktion mindestens $\mu_0 = 300$ mg Wirkstoff betragen muss, andernfalls darf die Tagesproduktion nicht in den Handel gebracht werden. Es sei bekannt, dass produktionsbedingt die Standardabweichung $\sigma = 20$ mg beträgt. Es wird täglich durch eine Stichprobe von 20 Tabletten überprüft, ob der Mittelwert $\mu_0 = 300$ mg eingehalten wird. Wir können als Hypothesen aufstellen:

$H_0 : \mu \geq \mu_0 = 300$ mg, $H_1 : \mu < 300$ mg.

Das Risiko eines Fehlers 1. Art ist dann das Produzentenrisiko, die Tagesproduktion nicht abgenommen zu bekommen, obwohl sie das festgelegte Gütemerkmal erfüllt. Das Risiko eines Fehlers 2. Art ist das Patientenrisiko, mit Medikamenten beliefert zu werden, bei denen der Mittelwert nicht eingehalten worden ist.

Führen Sie den Test durch für die Stichprobe 16.3.1 mit 1 % Produzentenrisiko.

17.15.2 Aufgabe

Diese Aufgabe bezieht sich auf Aufgabe 16.6.4.

Kontrollgruppe	45	23	55	32	51
Mit Zusatzfutter	64	75	95	56	44

Angenommen, die Varianzen der Gewichtszunahme bei Normalfütterung und Zusatzfütterung sind gleich. Testen Sie auf Gleichheit der mittleren Gewichtszunahme in 14 Tagen mit einer Irrtumswahrscheinlichkeit von 5 %.

17.15.3 Aufgabe

Diese Aufgabe bezieht sich auf das Demonstrationsbeispiel 16.5.1. Angenommen, es werden $k = 2$ Tiere markierte wieder eingefangen. Testen Sie die Hypothese $H_0 : \quad N \leq 80$ gegen $H_1 : \quad N > 80$ mit einem Risiko ≤ 20 % für einen Fehler 1. Art.

17.15.4 Aufgabe

Führen Sie für das Beispiel 17.4.9 für $\alpha = 5$ % den zweiseitigen Test von $H_0 : \mu_1 = \mu_2$ gegen $H_1 : \mu_1 \neq \mu_2$ und den einseitigen Test von $H_0 : \mu_1 \geq \mu_2$ gegen $H_1 : \mu_1 < \mu_2$ durch.

17.15.5   Aufgabe

In Aufgabe 17.15.2 war angenommen worden, das $\sigma_1^2 = \sigma_2^2$ ist. Testen Sie mit einer Irrtumswahrscheinlichkeit von $\alpha = 5\,\%$, ob diese Annahme für die Daten aus Aufgabe 16.6.4 richtig ist.

17.15.6   Aufgabe

Ein Mitspieler bei einem Würfelspiel will beobachtet haben, dass der vom Gegenspieler benutzte Würfel besonders häufig eine 6 liefert. Er macht einen Versuch und findet bei 360-maligem Würfeln 290 Mal nicht die 6 und bei 70 Mal die 6. Entspricht das der Verteilung von 5/6 zu 1/6 bei einem ehrlichen Würfel? Untersuchen Sie dies mit einer Signifikanz von 95 %?
Wie lautet die Antwort auf die gleiche Frage, wenn er 280 Mal nicht die 6 und 80 Mal die 6 erhält?
Verwenden Sie die Quantil- wie auch die P-Wert-Methode.

17.15.7   Aufgabe

In 4.3.8 hatten wir uns schon einmal damit befasst, ob Farbenblindheit und Geschlecht unabhängige Merkmale sind. Eine Datenerhebung an 10.000 Personen habe folgende Vierfeldertafel ergeben. m bedeutet männlich, $\bar{m}$ das Gegenereignis weiblich. f bedeutet farbenblind und $\bar{f}$ nicht farbenblind.

	m	$\bar{m}$	
f	418	70	488
$\bar{f}$	4853	4659	9512
	5271	4729	10.000

Untersuchen Sie mit dem χ^2-Test diese beiden Merkmale auf Unabhängigkeit mit einer Signifikanz von 95 %.

17.15.8   Aufgabe

Es sollen zwei Tomatensorten auf den höheren Ertrag getestet werden, indem man ihre unteren Zentralwerte vergleicht. Auf insgesamt 92 Beeten sei der untere Zentralwert des Ertrages 9 kg. Es gebe folgende Anzahlen von Beeten, die mit der einen oder anderen Sorte bepflanzt sind, mit einem Ertrag ≤ 9 kg bzw. > 9 kg.

	≤ 9 kg	> 9 kg	
1. Sorte	27	15	42
2. Sorte	19	31	50
	46	46	92

Mit 95 % Sicherheit soll durch die Untersuchung des unteren Zentralwertes getestet werden, ob die beiden Sorten gleich ertragreich sind.

17.15.9 Aufgabe

Ein Händler bietet acht mal ein Produkt einfach verpackt an und acht mal aufwendig verpackt und hat Verkaufserfolge wie in folgender Tabelle:

	Verkauft	Nicht verkauft	
Einfach verpackt	0	8	8
Aufwendig verpackt	5	3	8
	5	11	16

Ist der Verkaufserfolg von der Art der Verpackung abhängig? Testen Sie zum Signifikanzniveau von 95 %. Geben Sie auch den oberen und unteren Ablehnungsbereich an.

Literatur

[Ba] Bach, G.: Mathematik für Biowissenschaftler. G. Fischer, Stuttgart (1989)

[B] Batschelet, E.: Einführung in die Mathematik für Biologen. Springer, Heidelberg (1980)

[Br] Braun, M.: Differentialgleichungen und ihre Anwendungen. Springer, Heidelberg (1988)

[G] Gigerenzer, G.: Das Einmaleins der Skepsis. Über den richtigen Umgang mit Zahlen und Risiken. Berlin Verlag, Berlin (2002)

[H] Hadeler, K.P.: Mathematik für Biologen. Springer, Heidelberg (1974)

[He] Hecht, S. The visual discrimination of intencity and the Weber-Fechner law. J. Gen. Physiol., **7**, 235–267 (1924)

[K] Kinder, H.-P., Osius, G., Timm, J.: Statistik für Biologen und Mediziner. Vieweg, Wiesbaden (1982)

[M] Metzler, W.: Dynamische Systeme in der Ökologie. B.G. Teubner, Stuttgart (1987)

[Ma] Mayr, S., Erdfelder, E., Buchner, A., Faul, F.: A short tutorial of GPower. Tutor. Quant. Methods Psychol., **3**, 51–59 (2007)

[Mu] Murray, J.D.: Mathematical Biology. Springer, Heidelberg (1989)

[N] Nöbauer, W., Timischl, W.: Mathematische Modelle in der Biologie. Vieweg, Wiesbaden (1979)

[R] Riede, A.J.I.: Modeling the sensorial perception in the classroom. In: Lesh, R. , Galbraith, P.L., Hurford, A. (eds.) Modeling Students' Mathematical Modeling Competencies, pp. 201–212. Springer, New York (2010)

[V] Vogt, H.: Grundkurs Mathematik für Biologen. B.G. Teubner, Stuttgart (1983)

[Wa] Waltmann, P.: Competition Models in Population Biologie. SIAM, Philadelphia (1983)

[We] Weiß, C.: Basiswissen Medizinische Statistik. Springer, Berlin (2013)

[W] Weber, E.: Grundriß der biologischen Statistik. G. Fischer, Jena (1986)

© Springer Fachmedien Wiesbaden 2015
A. Riede, *Mathematik für Biowissenschaftler,*
DOI 10.1007/978-3-658-03687-4

Sachverzeichnis

A

Änderung pro Zeiteinheit, 127
Änderungsrate
   mittlere, 128
   momentane, 130
A-posteriori-Analyse, 282
A-priori-Analyse, 282
Abbildung, 95
   identische, 96
   konstante, 96
   Nullabbildung, 96
Abhängigkeit, 217
   stochastische, 217
Ablehnungsbereich, 257
Ableitung, 131
   zweite, 131
Abnahme, exponentielle, 78
Abnahmeprozess, exponentieller, 74
Abnahmerate, momentane, 130
Abschätzung
   nach unten, 243
   nach oben, 244
Abweichung
   mittlere absolute, 37
   mittlere quadratische, 37, 52, 220
   wesentliche, 254, 257, 281
Additionsregel, 51, 89
Amplitude, 225
Anfangsgröße, 72
Anordnung, 3
Asymptotisch erwartungstreu, 230
Ausgleichs-Analyse, 283
Ausgleichsgerade, 219

Ausprägungen, 16
Auswahlmöglichkeiten, 9

B

Bel, 120
Betrag einer Funktion, 97
Binomialkoeffizient, 5
Binomialverteilung und Normalverteilung, 212
Binomische Formel, 8

D

Darstellung von Funktionen, logarithmische, 124
Dezibel, 120
Dichotom, 275
Differenz von Funktionen, 97
Differenzengleichung, 147
Differenzenquotient, 129
Differenzialgleichung, 135
   logistische, 178
   Pearl-Verhulstsche, 178
Differenzialquotient, 129
Differenziationregel, 132
Disjunkt, 47, 63
Dominant, 68
Dreisatz, 81
Durchschnitt, 47
   leerer, 63

E

Einspielen, 151
Empfindung, Helligkeitsempfindung, 122
Entscheidungsverfahren, 255

© Springer Fachmedien Wiesbaden 2015
A. Riede, *Mathematik für Biowissenschaftler,*
DOI 10.1007/978-3-658-03687-4

Entwicklungsgesetz, logistisch diskret, 86
Epidemie, 181
Ereignis
    Elementarereignis, 46
    Gegenereignis, 48
    sich ausschließendes, 47
    unabhängiges, 55
    zufälliges, 46
Ergänzung, quadratische, 98
Erwartungstreue, 229
Erwartungswert, 52, 187
    einer kontinuierlichen Zufallsgröße, 200
Experiment, Bernoulliexperiment, 63
Exponentialfunktion, 110
Exponentialreihe, 144
Exponentialverteilung, 195, 198, 200
$\exp^a$, 111
$\exp^a(y)$, 111

F
Fakultät, 4
Fehler, 13
    absoluter, 13
    erster Art, 255, 257, 281
    relativer, 13
    zweiter Art, 255, 257, 259, 281
Fehlerschranke, 12
Fixpunkt, 148
Flächeninhalt, 159
Folge, 96
    beschränkte, 75
    divergente, 76
    geometrische, 75
    monoton fallende, 75
    monoton wachsende, 75
    reeller Zahlen, 74
    rekursiv definierte, 75
Formel, binomische, 8
Freiheitsgrad, 270
Funktion
    differenzierbare, 131
    exponentielle, 174
    integrierbare, 162
    konkave, 138
    konvexe, 138
    Likelihood-Funktion, 232
    Log-Likelihood-Funktion, 233
    monoton fallende, 99

    monoton wachsende, 99
    rationale, 101
    reelle, 96
    sinusförmige, 224
    stetige, 100
    streng monoton fallende, 138
    streng monoton wachsende, 138

G
Güte, 262
Geschwindigkeit
    mittlere, 129
    momentane, 130
Gesetz
    psycho-physikalisches, 117
    von Weber-Fechner, 117
    Weber-Fechnersches, 119
    Webersches, 115, 117
Gleichartigkeit, 15
Gleichgewicht, 86, 148
    asymptotisch stabiles, 176, 180
    Natur im, 84
    stabiles, 151
Gleichverteilung, 52
Grad eines Polynoms, 98
Graph, 97
Grenzwert, 76
Grenzwertsatz, zentraler, 212
Grundgesamtheit, 15, 215

H
Häufigkeit
    absolute, 21
    relative, 22
Häufigkeitspolygon, 22, 23
Häufigkeitstafel, 216
Hörbarkeitsgrenze, 120
Hardy-Weinberg-Gleichgewicht, 91
Hauptsatz
    1.Version, 163
    2.Version, 165
Heterozygot, 9, 68
Hintereinanderausführung, 99
Histogramm, 22
Homozygot, 9, 68
Hypothese, 254
    Gegenhypothese, 254

I

Identität, 96
Instabil, 152
Integral, 159
    unbestimmtes, 167
    uneigentliches, 170
Integration, partielle, 167
Integrationsregeln, 166
Integrierbar, 198
Intervall, 96
Intervallschätzung
    einer Wahrscheinlichkeit, 240
    einseitige, 243
Irrtumswahrscheinlichkeit, 253, 256

K

Kapazität, 180
Kettenregel, 133
Klassenbildung, 26, 195
Klassenbreite, 29
Klassengrenzen, 28
Klassenmitte, 29
Konfidenzintervall, 236
Konfidenzniveau, 236, 281
Konsistenz des Schätzverfahrens, 230
Kontingenz, 217
Kontingenztafel, 216
Konvergenz
    gegen ∞, 76
    von Folgen und Reihen, 74
    von Reihen, 77
Korrelation, 217
    lineare, 217
    negative, 217
    perfekte, 217
    positive, 217
Korrelationskoeffizient, linearer, 218
Korrelationstafel, 216
Kovarianz, empirische, 218
Kreisfrequenz, 225

L

l-Tupel, 3
Lösung einer Differenzialgleichung, 179
Lautstärke, 119
Lebensraum, freier, 85
Limes, 76
Logarithmus, 111
Logistisch, 178, 182

M

Macht, 281
Maximum, 233
    absolutes, 98, 102
    lokales, 139
    relatives, 139
Maßzahlen, 200
Median, 31, 32
Mehrfeldertafel, 272
Menge, Komplementärmenge, 48
Merkmal, 15
    diskretes, 17
    endliches, 21
    kontinuierliches, 19
Messreihe, 20
    Länge der, 20
    Umfang der, 20
Messung, 10
    diskrete, 10
    kontinuierliche, 10
    unabhängige, 61
Minimum
    absolutes, 98, 102
    lokales, 139
    relatives, 139
Mittel
    arithmetisches, 34
    klassifiziertes arithmetisches, 41
Mittelwert
    einer Funktion, 225
    einer kontinuierlichen Zufallsgröße, 200
Mittelwertsatz
    der Differenzialrechnung, 137, 162
    der Integralrechnung, 165
Modell
    deterministisches, 72
    diskretes logistisches, 152, 155
    logistisches, 177
    rationales, 155, 181
    statistisches, 227
    stochastisches, 72
    streng monoton steigendes
    statistisches, 256
    Wahrscheinlichkeitsmodell, 227
Modellgleichung, 147
Multiplikationsregel, 89
Mutation, 189

N

n-Tupel, 96
Normalverteilung, 199, 201
    Standardnormalverteilung, 208
Nullstellensatz, 102

O

Oder-Regel, 51

P

Parabel, 98
Pascalsches Dreieck, 7
Permutation, 4
    identische, 4
Phase, 225
Phasenverschiebung, 225
Poissonverteilung, 185
Polynom, 98
Population, ideale, 87
Potenz, 11
    Ableitung der allgemeinen, 137
    allgemeine, 113
    einer Funktion, 97
    n-te, 11
Power, 281
Produkt von Funktionen, 97
Produktintegration, 167
Produktregel, 132
    für unbestimmtes Integral, 167
Prozess
    deterministischer, 72
    kontinuierlicher exponentieller, 173
Punktwolke, 217

Q

Q-Plot, 210
Quantil
    α-, 205
    α- oberes, 205
    α- unteres, 205
    bei diskretem Ordnungsmerkmal, 279
    Diagramm, 210
    für kontinuierliche Verteilungen, 204
Quartile, 39
Quartilsabstand, 40
Quotient von Funktionen, 97
Quotientenregel, 132

R

Rückfangmethode, 66, 242
Regel, Vorzeichenwechselregel, 140
Regression
    durch Potenzfunktion, 224
    durch sinusförmige Funktion, 226
    exponentielle, 223
    lineare, 222
    logarithmische, 223
    nichtlineare, 223
Regressionsgerade, 219
Reihe
    geometrische, 77, 144
    konvergente, 77
    unendliche, 76
Reproduktionsfunktion, 147

S

Schätzung
    Intervallschätzung, 236
        einseitige, 240
        zweiseitige, 245
    Punktschätzung, 227
Schätzwert, 228
Schwelle, absolute, 117
Sehne, 138
Sekante, 129, 138
Sensitivität, 281
Sicherheitsniveau, 236, 281
Skala, 16
    Intervallskala, 18
    logarithmische, 122
    namensmäßige, 16
    nominale, 16
    ordinale, 17
    qualitative, 18
    quantitative, 18
    Verhältnisskala, 18
Skalenwechsel, 206
Skalierung, 224
Spannweite, 36
Spezifität, 281
Stabdiagramm, 22
Stabilität, 84
    lokale, 151
Stammfunktion, 163
Standardabweichung, 52, 202
    empirische, 37

klassifizierte, 42
vertikale, 222
Standardisierung, 207
Stelle
n-te, 11
signifikante, 12
Stichprobe, 215, 228
verbundene, 216, 263
von Objekten, 215, 228
von Realisierungen, 215, 228
unverbundene, 263
Stochastik, 46
Strichtafel, 216
Substitutionsregel, 169
Summe von Funktionen, 97
Summenhäufigkeit, 24
absolute, 25
relative, 25
System, dynamisches, 148

T
Tangente, 130
Taylorpolynom, 142
Taylorreihe, 142
Teilsumme, 77
Test
χ^2-Anpassungstest, 269
χ^2-Mehrfeldertest, 272
t-, 262, 263
einseitiger, zweier Mittelwerte, 265
exakter, von Fisher, 277, 280
F-Test, 267
Gauß-Test, 258
Mediantest, 275
Mehrfeldertest, 273
statistischer, 253
Unabhängigkeitstest, 273
Vierfeldertest, 272, 275
z-Test, 258
Tonhöhe, 121
Tragfähigkeit, 180
Transformation, lineare, 206
Trennschärfe, 259, 262, 281

U
Überzeugungskraft, 281, 282
Umkehrfunktion, 99, 102, 134
Ableitung der, 134
Und-Regel, 55

Ungleichung von Tschebyscheff, 203

V
Variablen-Substitution, 168
Varianz, 52, 187
asymptotisches Verschwinden der, 229
einer kontinuierlichen Zufallsgröße, 202
empirische, 37
klassifizierte, 42
Variationsbreite, 36
Variationsreihe, 32
Vereinigung, 48
Verlauf, sinusförmiger, 224
Versuchsplanung, 254
Vertauschung, 4
Verteilung
χ^2-Verteilung, 271
geometrische, 189
Verteilungsfunktion, 193, 198
empirische, 28
Vertrauensniveau, 236, 281
Verwerfungsbereich, 257
Vierfeldertafel, 272

W
Wachstum
beschränktes, 82, 151
exponentielles, 73
Wachstumsfaktor, 85
Wachstumsrate, 127
momentane, 130
spezifische, 174
Wahrscheinlichkeit, 50
bedingte, 53, 88
Wahrscheinlichkeitsdichte, 195, 196
Wahrscheinlichkeitsverteilung, 50, 96
kontinuierliche, 195
mit Dichte, 196
symmetrische, 201, 205
unendliche diskrete, 186
Wende in der Vitalität, 180
Wendepunkt, 180
Wertebereich, 99
Wertepaar, zentrales, 31, 32

Z
Zahl
Dezimalzahlen, 10
Eulersche, 108

ganze, 10
natürliche, 2
rationale, 11, 22
reelle, 10
Zentralwert, 32
klassifizierter, 40
obere, 32
untere, 32, 276
Zerlegung, 63
Zerlegungssumme, 161, 200

Zufallsgröße
-n,
Addition von, 210
unabhängige, 211
Realisierung einer, 215
Zufallsmerkmal, 45
Zufuhr, konstante, 78
Zusammenhang, 217
Zwischenwertsatz, 101

Printed in the United States
By Bookmasters